"十二五"国家重点出版规划项目

国家出版基金项目
NATIONAL PUBLICATION FOUNDATION

/现代激光技术及应用丛书/

激光导星技术

张凯　叶一东　王锋　鲁燕华　陈天江　向汝建　田飞　编著

国防工业出版社

·北京·

内 容 简 介

本书系统地介绍了激光导星的原理、技术和应用等方面的研究进展,全书共分为八章。第 1 章概要地介绍研究背景、大气光学及湍流的基础知识、激光导星的概念与原理;第 2 章、第 3 章分别介绍瑞利激光导星和钠激光导星的原理与技术;第 4 章、第 5 章重点介绍激光导星中涉及的关键技术,主要包括发射和接收技术、激光导星探测和波面恢复技术;第 6 章重点分析激光导星的非等晕性;第 7 章介绍多导星技术;第 8 章系统地分析导星激光器技术及最新研究进展。

本书可供从事大口径光学成像技术、激光技术、自适应光学技术研究的工程技术人员、高等院校相关专业的师生阅读参考。

图书在版编目(CIP)数据

激光导星技术/张凯等编著. —北京:国防工业
出版社,2016.11
(现代激光技术及应用)
ISBN 978 - 7 - 118 - 11188 - 0

Ⅰ.①激…　Ⅱ.①张…　Ⅲ.①激光应用—导星
Ⅳ.①TN249 ②P151

中国版本图书馆 CIP 数据核字(2016)第 298951 号

※

国防工业出版社出版发行

(北京市海淀区紫竹院南路 23 号　邮政编码 100048)
北京嘉恒彩色印刷有限责任公司印刷
新华书店经售

*

开本 710×1000　1/16　印张 14¼　字数 279 千字
2016 年 11 月第 1 版第 1 次印刷　印数 1—2500 册　定价 66.00 元

(本书如有印装错误,我社负责调换)

国防书店:(010)88540777　　　发行邮购:(010)88540776
发行传真:(010)88540755　　　发行业务:(010)88540717

丛书学术委员会 （按姓氏拼音排序）

主　任　金国藩　周炳琨

副主任　范滇元　龚知本　姜文汉　吕跃广

　　　　桑凤亭　王立军　徐滨士　许祖彦

　　　　赵伊君　周寿桓

委　员　何文忠　李儒新　刘泽金　唐　淳

　　　　王清月　王英俭　张雨东　赵　卫

丛书编辑委员会 （按姓氏拼音排序）

主　任　周寿桓

副主任　何文忠　李儒新　刘泽金　王清月

　　　　王英俭　虞　钢　张雨东　赵　卫

委　员　陈卫标　冯国英　高春清　郭　弘

　　　　陆启生　马　晶　沈德元　谭峭峰

　　　　邢海鹰　阎吉祥　曾志男　张　凯

　　　　赵长明

序

　　世界上第一台激光器于 1960 年诞生在美国,紧接着我国也于 1961 年研制出第一台国产激光器。激光的重要特性(亮度高、方向性强、单色性好、相干性好)决定了它五十多年来在技术与应用方面迅猛发展,并与多个学科相结合形成多个应用技术领域,比如光电技术、激光医疗与光子生物学、激光制造技术、激光检测与计量技术、激光全息技术、激光光谱分析技术、非线性光学、超快激光学、激光化学、量子光学、激光雷达、激光制导、激光同位素分离、激光可控核聚变、激光武器等。这些交叉技术与新的学科的出现,大大推动了传统产业和新兴产业的发展。可以说,激光技术是 20 世纪最具革命性的科技成果之一。我国也非常重视激光技术的发展,在《国家中长期科学与技术发展规划纲要(2006—2020 年)》中,激光技术被列为八大前沿技术之一。

　　近些年来,我国在激光技术理论创新和学科发展方面取得了很多进展,在激光技术相关前沿领域取得了丰硕的科研成果,在激光技术应用方面取得了长足的进步。为了更好地推动激光技术的进一步发展,促进激光技术的应用,国防工业出版社策划并组织编写了这套丛书。策划伊始,定位即非常明确,要"凝聚原创成果,体现国家水平"。为此,专门组织成立了丛书的编辑委员会。为确保丛书的学术质量,又成立了丛书的学术委员会。这两个委员会的成员有所交叉,一部分人是几十年在激光技术领域从事研究与教学的老专家,一部分人是长期在一线从事激光技术与应用研究的中年专家。编辑委员会成员以丛书各分册的第一作者为主。周寿桓院士为编辑委员会主任,我们两位被聘为学术委员会主任。为达到丛书的出版目的,2012 年 2 月 23 日两个委员会一起在成都召开了工作会议,绝大部分委员都参加了会议。会上大家进行了充分讨论,确定丛书书目、丛书特色、丛书架构、内容选取、作者选定、写作与出版计划等等,丛书的编写工作从那时就正式地开展起来了。

　　历时四年至今日,丛书已大部分编写完成。其间两个委员会做了大量的工作,又召开了多次会议,对部分书目及作者进行了调整,组织两个委员会的委员对编写大纲和书稿进行了多次审查,聘请专家对每一本书稿进行了审稿。

　　总体来说,丛书达到了预期的目的。丛书先后被评为"十二五"国家重点出版规划项目和国家出版基金项目。丛书本身具有鲜明特色：①丛书在内容上分三个部分，激光器、激光传输与控制、激光技术的应用，整体内容的选取侧重高功率高能激光技术及其应用；②丛书的写法注重了系统性，为方便读者阅读，采用了理论—技术—应用的编写体系；③丛书的成书基础好，是相关专家研究成果的总结和提炼，包括国家的各类基金项目，如973项目、863项目、国家自然科学基金项目、国防重点工程和预研项目等，书中介绍的很多理论成果、仪器设备、技术应用获得了国家发明奖和国家科技进步奖等众多奖项；④丛书作者均来自国内具有代表性的从事激光技术研究的科研院所和高等院校，包括国家、中科院、教育部的重点实验室以及创新团队等，这些单位承担了我国激光技术研究领域的绝大部分重大的科研项目，取得了丰硕的成果，有的成果创造了多项国际纪录，有的属国际首创，发表了大量高水平的具有国际影响力的学术论文，代表了国内激光技术研究的最高水平，特别是这些作者本身大都从事研究工作几十年，积累了丰富的研究经验，丛书中不仅有科研成果的凝练升华，还有着大量作者科研工作的方法、思路和心得体会。

综上所述，相信丛书的出版会对今后激光技术的研究和应用产生积极的重要作用。

感谢丛书两个委员会的各位委员、各位作者对丛书出版所做的奉献，同时也感谢多位院士在丛书策划、立项、审稿过程中给予的支持和帮助！

丛书起点高、内容新、覆盖面广、写作要求严，编写及组织工作难度大，作为丛书的学术委员会主任，很高兴看到丛书的出版，欣然写下这段文字，是为序，亦为总的前言。

2015 年 3 月

深空天文观测、空间目标监测、地空激光远距离传输等应用中,需采用大口径光学望远镜实现对空间目标的光学成像或采用大口径光学系统进行激光发射和远距离高性能传输。地基大口径望远镜对空间目标成像时,光束需通过全程大气传输,大气湍流效应将会引起大口径光学成像系统成像质量的严重退化,这是制约成像系统目标探测和成像能力的主要瓶颈。采用自适应光学系统对大气湍流引起的光学波面畸变进行实时校正是实现高分辨率光学观测和高质量激光传输的重要手段。

自适应光学系统需实时探测成像或激光传输路径上大气湍流引起的光学波面畸变,通过实时高速数据处理系统后,采用快速倾斜镜(FSM)和变形反射镜(DM)实时补偿动态变化的光学波面畸变,从而提升大口径光学系统的成像质量和激光远距离传输后光束的聚焦能力。自适应光学校正系统实现高精度波面校正的前提是具备能准确反映传输路径上光学畸变信息的导星光源(或信标源)。导星光源的基本要求是具有较小的空间尺寸、满足波面探测的光亮度,并与成像光束(或激光发射光束)方向一致(即满足等晕条件)。天文成像中,较亮的空间目标成像可采用目标自身发光作为导星光源,当成像目标光强不能满足导星探测要求时,可选取成像目标附近的满足等晕角要求的亮星作为导星源,但满足以上两种校正成像条件的自然星天空覆盖度非常低,在可见光到近红外波段,满足导星条件的自然星的天空覆盖度平均概率在0.1%左右。

采用激光导星是实现全天空覆盖成像校正的有效手段,激光导星技术是指采用发射望远镜主动发射一束激光,通过大气后向瑞利散射或距地面100km高度附近钠原子层共振后向散射作为导星光源,为自适应光学系统实时校正提供大气传输光学畸变信息。

近年来,激光导星技术在大型光学系统中的应用取得了快速的进展,目前,全世界口径大于3m的近40座大型光学系统中大多采用自适应光学系统提高光学成像质量、改善激光传输特性。导星技术在提高自适应校正的空间覆盖率、提高望远镜的成像质量和适应能力等方面发挥了重要的作用。

本书由中国工程物理研究院应用电子学研究所张凯、叶一东、王锋、鲁燕华、陈天江、向汝建、田飞共同编著。其中，第1章由张凯、向汝建编写，第2章主要由叶一东编写，第3章主要由王锋编写，第4章主要由陈天江、田飞编写，第5章主要由向汝建、张凯编写，第6章主要由王锋编写，第7章主要由叶一东编写，第8章主要由鲁燕华编写。书稿的编写得到了中国电子科技集团第十一研究所周寿桓院士的精心指导，中国工程物理研究院应用电子学研究所相关技术人员给予了大力的帮助，在此表示衷心的感谢。

作者

2016 年 6 月

目录

第4章　激光导星的发射与接收

第5章　激光导星探测和波面恢复

第6章　激光导星非等晕性

第7章　多导星技术

第8章 导星激光器技术

第 1 章

概　论

1.1　研究背景

深空天文观测、空间目标监测、地空激光远距离传输等应用中，需采用大口径光学望远镜实现对空间目标的光学成像或采用大口径光学系统进行激光发射和远距离高性能传输。地基大口径望远镜对空间目标成像时，光束需通过全程大气传输，大气湍流效应将会引起大口径光学成像系统成像质量的严重退化，这是制约成像系统目标探测和成像能力的主要瓶颈。采用自适应光学系统对大气湍流引起的光学波面畸变进行实时校正是实现高分辨率光学观测和高质量激光传输的重要手段。

自适应光学系统实时探测成像路径上大气湍流引起的光学畸变，通过实时高速数据处理系统后，采用变形反射镜实时补偿动态变化的光学畸变，从而提升大口径光学系统的成像质量。高质量的导星(也称信标)是满足光学波前实时探测要求，实现自适应闭环校正的前提。自适应光学校正系统需获取能反映传输路径上光学畸变信息的导星光源，导星光源的基本要求是具有足够小的尺度(点光源)、足够的亮度和等晕条件。天文成像中，较亮的空间目标成像可采用目标自身发光作为导星光源，当成像目标光强不能满足导星探测要求时，可选取成像目标附近的满足等晕角要求的亮星作为导星源，但满足以上两种校正成像条件的自然星天空覆盖度非常低，在可见光到近红外波段，满足导星条件的自然星的天空覆盖度平均概率在 0.1% 左右。

采用激光导星是实现全天空覆盖自适应光学成像的有效手段，激光导星技术是指采用发射望远镜主动发射一束激光，通过大气后向瑞利散射或距地面 100km 钠原子层共振后向散射作为导星光源，为自适应光学系统实时校正提供大气传输光学畸变信息。

1985 年，福伊(Foy)等提出了人造导星的概念[1]；1987 年，汤普森(Thompson)等实验证明了特定波段的激光在 100km 大气稀薄钠原子层散射产生激光导星的可行性；1990—2010 年，美国以大口径光学成像系统天文成像和激光全程大气传输的军事应用为背景,开展了较为系统的钠导星技术试验。目前,全世界口径大于3m的近40座大型光学系统中大多采用自适应光学系统提高光学成像质量、改善激光传输特性。近年来,激光导星技术在大型光学系统中的应用取得了快速进展,在提高自适应校正的空间覆盖率、提高望远镜的成像质量和适应能力等方面发挥了重要的作用。

1.2 大气光学及大气湍流特性

大气光学性质主要取决于大气成分、气溶胶分布和大气流动等特性,大气对在其中传输的光束产生的效应可以分为线性效应和非线性效应。大气光学线性效应包括气体分子、气溶胶对光束的散射和吸收、大气湍流对光束造成的抖动和对光斑造成的扩展等。其中,大气在空间和时间上的分布不均匀性和局部密度涨落,就是通常所指的大气湍流,大气湍流的不均匀性将导致大气折射率在空间、时间上表现出随机起伏的结构特征,这种时空起伏结构的存在严重地影响了大气光学特性的均匀性、各向同性以及时间演化过程。当气候、气象条件发生变化时,特别是在辐射活动较强的太阳光照条件下,这种结构最易演变为局部动态扰动,正因如此,研究大气光学特性、大气湍流等问题时通常都只能采用数学统计方法,特别是随机函数理论和随机场理论等。

大气运动存在层流与湍流两种基本形态。层流是一种宏观尺寸的运动,是有序、确定的流体运动。湍流则是一种随机变化的运动,在宏观尺度上表现为无序、非确定性的流体运动。层流与湍流之间没有绝对的界限。1883年,雷纳德首先对流体湍流特性进行了系统性研究,通过研究黏性流体在管道内的运动规律发现,当流速较小时流线光滑,流体处于层流状态,当流速超过一定值后,整个流体就会出现无规则运动,即湍流状态。雷纳德采用相似性原理,采用无量纲数(即雷诺数)表征流体这一状态,雷诺数定义如下[2,3]:

$$Re = \frac{\rho v L}{\eta} \qquad (1-1)$$

式中　ρ ——流体密度(kg/m³);

L ——特征尺度(m);

v ——流速(m/s);

η ——流体黏滞系数(kg/(m·s))。

雷诺数表征了流体动能和耗散能的比值。当雷诺数处于临界值附近时,湍流的特征与初始条件有关;当 $Re > Re_{cr}$ 时,流体的运动表现出随机、无规则特性,这种情况下,只能采用统计特征来描述流体的运动。通常认为,当大气雷诺数小于2000时为层流,大于3000时主要表现为湍流。

大气参数在时间与空间上随机变化,需要用统计方法来描述。湍流会造成大气折射率的随机变化,在大气中传播的光波受此影响,其强度、相位、传输方向等参数都会发生随机变化。

在光学频率范围内,忽略地面水汽对折射率变化的贡献,对于17km以下的流层中的空气折射率一般可近似表示为[4]

$$n = 1 + 77.6(1 + 7.52 \times 10^{-3} \lambda^{-2}) \frac{p}{T} \times 10^{-6} \qquad (1-2)$$

式中 p——大气气压(mbar;1mbar = 100Pa);

T——热力学温度(K);

λ——光束波长(μm)。

大气湍流对光束传输的影响与湍流尺度、强度和光束直径的相对大小密切相关:当湍流尺度显著大于光束直径时,湍流作用后将主要导致光束的整体漂移;当湍流尺度显著小于光束直径时,光束的强度与相位分布均受到湍流的扰动,而在远场表现为光斑的闪烁、相位的起伏、光束的扩展等。

1941年,科尔莫哥洛夫(Kolmogorov)等针对大气湍流特性,建立了大雷诺数下表征湍流微结构的方法,其描述湍流发展的基本过程如图1-1所示。

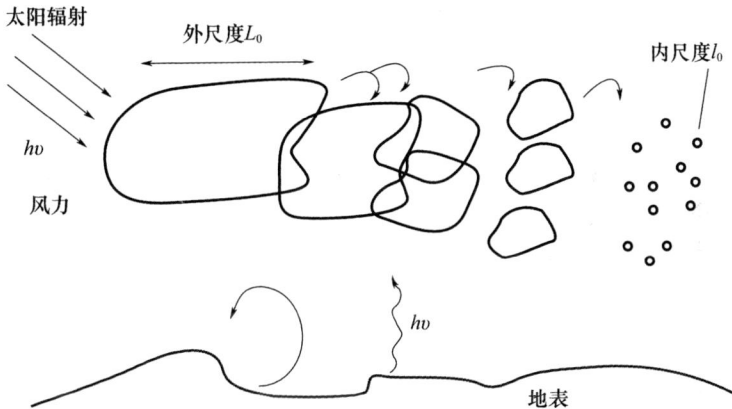

图1-1 大气湍流发展模型

按照科尔莫哥洛夫理论,湍流平均速度的变化使湍流获得能量,例如,大气对太阳辐射的吸收、近地面平均风速随高度的变化等造成大气平均速度的变化。平均场将能量传输给湍流的尺度称为湍流的外尺度,以 L_0 表示,尺度大于 L_0 的涡旋通常都不是各向同性的。根据雷诺数的定义,尺度大的湍流耗散能小,尺度小的涡旋耗散能大,因此,在大涡旋运动发展过程中,动能逐级传递到尺度更小的涡旋中,直到某一最小尺度涡旋时动能与耗散能相当,这个最小尺度就是湍流的内尺度,以 l_0 表示。

科尔莫哥洛夫研究了空间相距 r 的两点速度差随时间的变化规律,并采用结构函数表征湍流统计特性,只要两点间距 r 在湍流惯性子区间内,对于局部均匀和各项同性涡流,折射率正比于标量距离 r 的 2/3 次方,其变化用折射率结构函数 $D_n(r)$ 表示为[4]

$$D_n(r) = <[n(r_1 + r) - n(r_1)]^2> = C_n^2(h)r^{2/3} \tag{1-3}$$

式中 $D_n(r)$ ——两个观测点间折射率增量的统计平均均方值;

C_n^2 ——大气湍流折射率结构常数,代表 h 处的平均湍流强度($m^{-2/3}$)。

湍流具有宏观流体运动的特点,大气湍流在总体上并非各项同性,但在给定小区域内可以近似看作均匀各向同性。需要指出的是,结构函数的这种形式仅在 $l_0 \leqslant r \leqslant L_0$ 的条件下才成立,而在近地面时 l_0 通常是毫米量级,L_0 是米量级,一般为 $1 \sim 100m$。

计算折射率变化函数必须知道折射率变化与温度和压力变化之间的关系,对式(1-2)求导并取 $\lambda = 0.6 \times 10^{-6} \mu m$,可得

$$dn = \frac{79p}{T}\left(\frac{dp}{p} - \frac{dT}{T}\right) \times 10^{-6} \tag{1-4}$$

由于自由状态下折射率 n 与压力变化关系不大,可以忽略,因此,折射率变化 dn 主要由温度起伏 dT 产生。根据温度势 Θ 的定义,在某一高度处折射率变化将仅是 $d\Theta$ 的函数:

$$dn = -79p\frac{d\Theta}{T^2} \times 10^{-6} \tag{1-5}$$

通常小尺寸的时空范围内,大气压和水气压的变化较小,而温度变化较大,所引起的大气折射率变化较大,因此温度起伏是引起光束参数变化的主要因素。温度变化可用温度场结构函数表征如下:

$$D_T(r) = <[T(r_1 + r) - T(r_1)]^2> = C_T^2(h)r^{2/3} \tag{1-6}$$

式中 C_T^2 ——h 处的温度结构常数。

大气湍流折射率结构常数与温度结构常数之间的关系为

$$C_n^2(h) = \left[\frac{10^{-6}}{T}\left(77.6P + \frac{0.584P}{T\lambda^2}\right)\right]^2 C_T^2 \tag{1-7}$$

大气湍流折射率结构常数 C_n^2 的单位为 $m^{-2/3}$,其随海拔高度不断变化,存在以下两个特点[1]:

通常情况下,不同的地域、地貌特征条件下 C_n^2 有一定的区别,近地面处的 C_n^2 典型值处于 $10^{-12}m^{-2/3}$ (较强湍流)至 $10^{-18}m^{-2/3}$ (较弱湍流)之间。

(1) C_n^2 在低空随高度呈现幂级次的降低,总体趋势符合塔塔尔斯基的理论分析,即按 $-2/3$ 次幂减弱。

(2) 在特定高度以上,C_n^2 按负指数规律急剧下降。

由于 C_n^2 代表了大气湍流的强弱与空间分布,国内外对其进行了大量的理论与实验研究,提出了多种湍流模型,简单列举如下。

(1) Hufnagal 湍流模型:

$$C_n^2(h) = 2.72 \times 10^{-16}(3\bar{v}^2(h/10000)^{10}e^{-h/1000} + e^{-h/1500}) \qquad (1-8)$$

式中　h——海拔高度(m);

　　　$\bar{v}$——风速因子,取值 27m/s。

(2) Hufnagal – Valley(HV)湍流模型:

$$C_n^2(h) = 5.94 \times 10^{-53}(\bar{v}/27)^2 h^{10}e^{-h/1000} + 2.7 \times 10^{-16}e^{-h/1500} + Ae^{-h/100}$$

$$(1-9)$$

式中　A——常数;

　　　$\bar{v}$——风速因子。

A 取值 $1.7 \times 10^{-14}\mathrm{m}^{-2/3}$, $\bar{v}$ 取值 21m/s 时,为 HV – 21 模型; A 取值 $3.189 \times 10^{-14}\mathrm{m}^{-2/3}$, $\bar{v}$ 取值 25.7m/s 时,为 HV – 25 模型。

(3) 改进型 HV 湍流模型:

$$C_n^2(h) = 8.16 \times 10^{-53}h^{10}e^{-h/1000} + 3.02 \times 10^{-17}e^{-h/1500} + 1.9 \times 10^{-15}e^{-h/100}$$

$$(1-10)$$

或

$$C_n^2(h) = 8.16 \times 10^{-53}h^{10}e^{-h/1000} + 3.02 \times 10^{-17}e^{-h/1500} + 6.4 \times 10^{-15}e^{-h/100}$$

$$(1-11)$$

各种湍流模型适用地点、适用范围不一,但能够在一定程度上正确描述特定情况下的湍流的高度分布。

折射率起伏可以用空间功率谱密度 $\Phi_n(\boldsymbol{K})$(即科尔莫哥洛夫谱密度)来表示,若 $\boldsymbol{K}$ 为空间波矢,K 为标量空间波数,塔塔尔斯基证明科尔莫哥洛夫谱密度函数(即折射率起伏频谱密度函数)为[1,5]

$$\Phi_n(K) = 0.033C_n^2 K^{-11/3} \qquad (1-12)$$

式中　C_n^2——折射率结构常数;

　　　K——湍流的空间波数,$K_0 = 2\pi/L_0$, $K_m = 5.92/l_0$, $K_0 \ll K \ll K_m$,其中 l_0、L_0 为湍流的内尺度与外尺度。

光在湍流中传播时相位会受到扰动,相位空间结构函数 $D_\varphi(r)$ 和空间相关函数 $R_\varphi(r)$ 之间关系如下[5]:

$$D_\varphi(r) = \langle R_\varphi(0) - R_\varphi(r) \rangle \qquad (1-13)$$

湍流中折射率存在起伏,由此引起的相位漂移为

$$\varphi = 2\pi\lambda^{-1}\int n\mathrm{d}z \qquad (1-14)$$

利用式

$$R_\varphi(r) = <\varphi(r_2)\varphi(r_1)> \tag{1-15}$$

经过推导可以得到由折射率结构常数表示的、与标量位移 r 相关的相位空间结构常数如下：

$$D_\varphi(r) = 2.905k^2 r^{\frac{5}{3}} \int_0^L C_n^2 \mathrm{d}z \tag{1-16}$$

式中　k——与波长 λ 相对应的标量波数；

　　　z——沿光路路径的积分变量；

　　　L——路径长度。

激光在穿过大气传输的过程中会受到湍流的扰动，其最终结果应为全路径湍流影响的积分[4]，即

$$\mu_n = \int C_n^2 h^n \mathrm{d}h \tag{1-17}$$

式中　μ_n——湍流的 n 阶矩。

弗雷德引入大气相干长度 r_0 描述大气对光束传输的积分效应，在 r_0 尺度内光波波面位相差小于 π，大于此尺度后，区域内波阵面便无同相位性，将产生相干相消。大气相干长度表征了能够被探测和校正的相位差的最大尺度，其与大气折射率结构常数的关系为

$$r_0 = \left\{ 0.423k^2 \sec(\Omega) \int C_n^2(h) \mathrm{d}h \right\}^{-3/5} \tag{1-18}$$

式中　Ω——观察方向天顶角。

对于球面波，其大气相干长度可表示为

$$r_0 = \left\{ 0.423k^2 \sec(\Omega) \int C_n^2(h) \left[\frac{R(h)}{R(0)} \right]^{3/5} \mathrm{d}h \right\}^{-3/5} \tag{1-19}$$

通常，可见光波段 r_0 的典型值为数厘米。在好的天文站址处，r_0 在高海拔和稳定的周边气候的条件下可达 20cm。在大气湍流相干长度较大的条件下，光学系统可获得较好的空间目标观测图像的质量，而且能够大大降低大气湍流校正自适应光学系统的指标要求。

C_n^2 和 r_0 表征的都是大气湍流的空间统计特性，对于成像系统和自适应光学系统而言，湍流的时间频率特性也是十分重要的，弗雷德还定义了大气相干时间 τ_0 来表征湍流的时间特性[5]。其物理意义：在时间间隔 τ_0 内，湍流位相变化量的均方根（RMS）值为 1rad。湍流扰动在时间域上的相干尺度不会超过大气相干时间，即在大气相干时间内，湍流不会有大的扰动，可以近似认为湍流产生的畸变波前保持不变。因此，测量湍流特性的波前探测设备曝光时间的设置必须小于大气相干时间。

大气相干时间与大气相干长度有如下关系：

$$\tau_0 = 0.314 r_0 / v \tag{1-20}$$

为了直观地表征湍流的频率特性,1976 年,格林伍德引入了大气湍流特征频率 f_G 的概念[6,7],其物理含义:畸变波面上高于该频率的位相功率谱的 RMS 值为 1rad。该特征频率称为格林伍德频率,其值越大,表征湍流扰动越强,其值越小,表征湍流强度越弱:

$$f_G = \left[0.102k^2 (\cos\Omega)^{-1} \int_0^\infty C_n^2(z) (\bar{v}_\perp(z))^{5/3} dz \right]^{3/5} \qquad (1-21)$$

针对以速度 $\bar{v}$ 运动的单层湍流,利用式(1-19),其可化简为

$$f_G = 0.43 \frac{\bar{v}}{r_0} \qquad (1-22)$$

一般大气湍流的格林伍德频率与大气相干时间存在一定的关系:

$$f_G = 0.134/\tau_0 \qquad (1-23)$$

假定天文站址处在大气状况良好的情况下,大气相干长度可达 20cm,风速为 10m/s,则格林伍德频率约为 22Hz,在近红外乃至中波波段,此值将以波长的 6/5 次幂降低。

大口径光学系统自适应光学成像校正过程中,可以利用格林伍德频率推断闭环后的校正残差,当设 f_{3dB} 为补偿器的 3dB 闭环带宽时,残余的位相方差为

$$\sigma^2 = \left(\frac{f_G}{f_{3dB}} \right)^{5/3} \qquad (1-24)$$

1.3　大气传输对天文成像、激光传输的影响

光学成像系统中,成像系统经一定距离成像或光传输通过大气湍流时,大气湍流对光束特殊的整体影响程度通常用传递函数 $H(\Omega)$ 来描述,考虑圆口径为 D 的理想光学系统,其平均光学传递函数(OTF)的形式可以表述为

$$\langle H(\Omega) \rangle = H_0(\Omega) e^{-57.4 \frac{\int_0^z C_n^2(z') dz'}{\lambda^{1/3}} \Omega^{5/3}} \qquad (1-25)$$

式中　$H_0(\Omega)$——无大气湍流影响时的系统 OTF:

$$H_0(\Omega) = \begin{cases} \frac{2}{\pi} \left[\arccos\left(\frac{\Omega}{\Omega_0}\right) - \frac{\Omega}{\Omega_0} \sqrt{1 - \left(\frac{\Omega}{\Omega_0}\right)^2} \right], & \Omega \leq \Omega_0 \\ 0, & \text{其他} \end{cases} \qquad (1-26)$$

式中　$\Omega_0 = D/\lambda$——成像光学系统的截止频率。

系统的分辨率 R 与传递函数的关系可以表述为

$$R = 2\pi \int_0^\infty \Omega H(\Omega) d\Omega \qquad (1-27)$$

将式(1-25)、式(1-26)代入式(1-27)中,并做变量置换 $\mu = \frac{\Omega}{\Omega_0} = \lambda\Omega/D$,

可得

$$R = 4\left(\frac{D}{\lambda}\right)^2 \int_0^1 \mu(\arccos\mu - \mu\sqrt{1-\mu^2})e^{-57.4\frac{\int_0^z C_n^2(z')dz'}{\lambda^{1/3}}\left(\frac{D}{\lambda}\right)^{5/3}\mu^{5/3}}d\mu \quad (1-28)$$

引入定义:

$$r_0 \equiv 0.185\left[\frac{\lambda^2}{\int_0^z C_n^2(z')dz'}\right]^{3/5} \quad (1-29)$$

代入式(1-28),得

$$R = 4\left(\frac{D}{\lambda}\right)^2 \int_0^1 \mu(\arccos\mu - \mu\sqrt{1-\mu^2})e^{-3.44\left(\frac{D}{r_0}\right)^{5/3}\mu^{5/3}}d\mu \quad (1-30)$$

分辨率 R 与不同 D/r_0 的关系如图1-2所示。

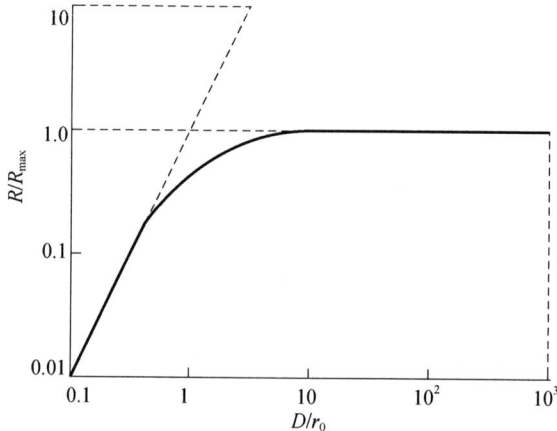

图1-2　长曝光成像光学系统归一化分辨率 R/R_{max} 与 D/r_0 的关系

　　注意到,对于 $D/r_0 \ll 1$,分辨率 R 随着 D/r_0 的平方成正比,而对于 $D/r_0 \gg 1$,分辨率 R 则趋近于一个常数,其值可以用 R_{max} 表示。这两条线在 $D/r_0 = 1$ 处相交,这正是大气相干长度 r_0 定义的基础,在有大气湍流影响的情况下,大型光学成像系统的分辨率受限于大气相干长度 r_0,在没有自适应光学校正的情况下,大型光学系统的分辨率不会比口径为 r_0 的光学系统成像分辨率更高。

　　天文成像系统的大型光学望远镜口经一般达到米级到十几米,天文成像通常选择海拔较高、大气宁静度较好的站址,以提高对空间目标的探测能力并减小整层大气湍流对成像光学质量的影响。当天文望远镜的口径达到一定的尺寸后,单纯地增加口径已无法提高大口径望远镜的成像质量,自适应光学系统在大口径光学系统天文观测中发挥了重要的作用。图1-3给出的是大口径地基天文望远镜系统记录的土星模糊的影像和经过校正后的图像。

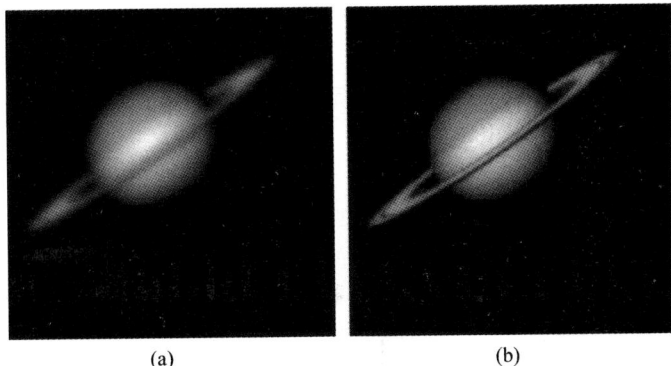

(a)   (b)

图 1-3 大口径地基天文望远镜系统记录的土星模糊的影像和经过校正后的图像
(a)校正前;(b)校正后。

近年来,高能激光通过大口径光学系统远距离传输的应用得到全世界范围内的广泛关注。强激光传输过程中,大气的影响将更加复杂,对自适应校正系统的要求更高。除了大气湍流对激光传输特性和远距离聚焦能力的影响,激光传输通道中的大气吸收激光能量产生的热效应(热晕效应)将使激光束出现散焦、偏折等效应;当传输光束能量或脉冲功率超过非线性阈值时,还会产生各种非线性效应,造成传输光束的能量损失,从而影响远距离传输应用效果。

1.4 自适应光学原理

1953 年,天文学家巴布科克(H. Babcock)首先提出实时校正动态干扰的自适应光学构想,直到 20 多年后,自适应光学技术才得到初步发展,而在 20 世纪 70 年代到 90 年代的 20 多年里,自适应光学技术获得了长足的进步,并真正应用到天文观测领域中。20 世纪 90 年代以来,随着微型计算机、波前传感器、波前校正器和闭环控制系统等技术的提升,运算规模越来越大,系统成本越来越低,自适应光学技术正在向空间观测、空间通信、精密跟踪、激光约束核聚变、太阳能利用等领域逐渐拓展。随着强激光技术的发展,自适应光学技术在强光光束质量主动控制领域中,正扮演着日益重要的角色。

自适应光学系统主要是由导星、波前传感器、波前控制器、波前校正器组成的闭环控制系统,其结构框图如图 1-4 所示。

使用导星的目的是为自适应光学系统提供光束传输路径上光波相位畸变信息。大口径光学系统接收和发射通常采用同一个传输光路实现共孔径发射接收,导星光经过光学系统接收后,波前传感器探测其波前畸变量,波前控制器将根据波前探测结果,计算畸变波前的共轭波面形状,并控制波前校正器,产生所需要的反射表面面型,预先校正光束传输路径上介质引起的波前畸变,使到达成像探测器上的成像特性得到改善,提高系统的成像分辨率和目标探测能力。如果用于激光发射系统,可使通过光学系统发射的光束到达远距离目标上的远场光斑能量集中度和漂移角大幅度减小。

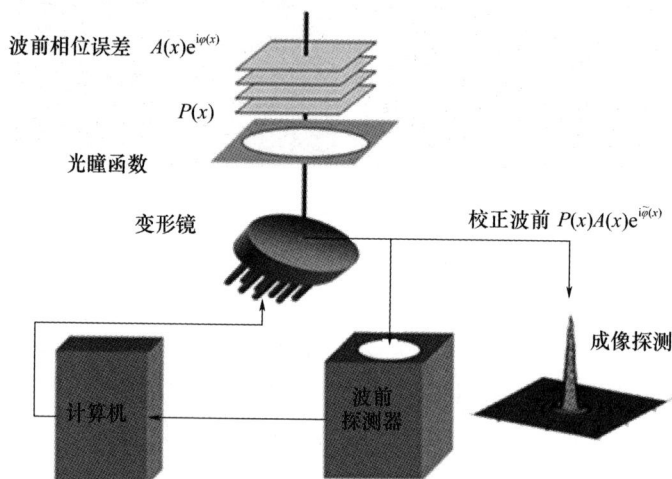

图 1 – 4 典型的成像应用自适应光学系统结构框图

自适应光学系统对导星提出了严格的要求。如前所述的自适应光学系统中,要实现动态闭环校正,必须通过导星获得光束传输通道上的波前畸变信息,导星必须满足一定的条件,才能确保探测的波前畸变可以准确表征目标光束在传输通道上的波前畸变信息。自适应光学系统对导星有以下基本要求:

(1)满足波前探测子孔径点光源的条件;

(2)产生参考光的导星应与目标光束传输通道在同一等晕角内;

(3)导星光源必须有足够的亮度,确保波前探测系统的探测强度和信噪比要求。

由于在可见光波段,大气等晕角仅为几弧秒(约 $1.22\lambda/r_0$),所以,基于自然星导星的天文成像自适应光学系统不能提供足够的天空覆盖度。正因如此,部分研究者甚至探索性地研究了在天文成像中部分大气校正技术[8,9]。从 20 世纪 80 年代后,美国空军实验室[10-13]和空间通信研究人员[14-17]研究了利用人造导星技术校正大气湍流的可行性。

1.5 激光导星原理

采用激光导星可为自适应光学全程大气校正提供有效的导星,实现全天空覆盖率空间目标成像的自适应光学校正[18,19]。激光导星的基本原理见图 1 – 5,

通过成像望远镜主孔径或在望远镜附近的独立孔径向天空成像目标方向发射特定波长的激光,激光在大气上行传输过程中,与大气分子和气溶胶作用形成散射光,其后向散射光回到接收光学系统,由望远镜接收后,经传输变换光学系统进入自适应光学系统波前探测器,采用时间选通技术截取天空中一定传输路径内的激光大气散射回光,采用波前传感器测量激光回光光束倾斜量分布信息,经过激光波前恢复计算获取控制信息,驱动快速倾斜镜和变形反射镜实现对大气湍流激光波面畸变的动态校正,提高系统对空间目标的探测和成像分辨性能。为满足1.4节中描述的自适应光学导星点光源、等晕性和亮度等三个基本条件,对激光导星系统提出了特殊的要求。

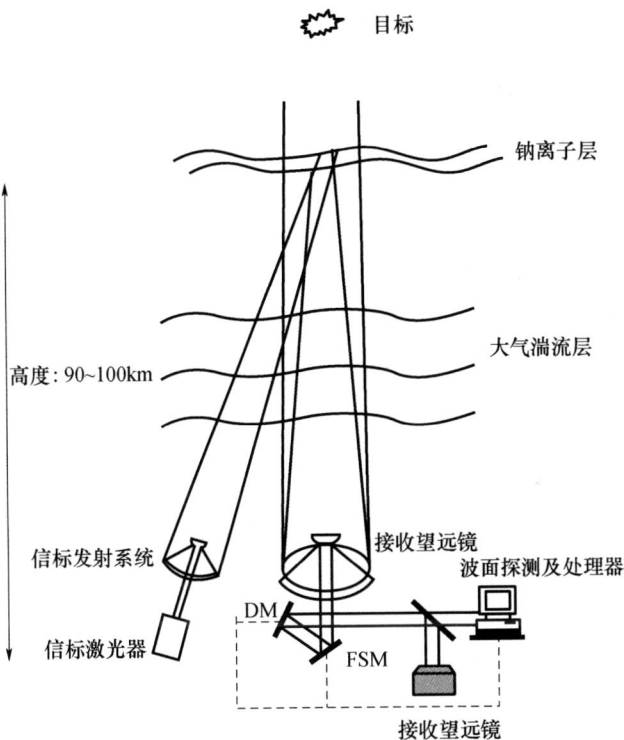

图1-5 激光导星的基本原理

1.5.1 瑞利导星

实现激光导星的技术途径主要有瑞利导星和钠导星两种。瑞利导星是截取数千米到20km大气分子或气溶胶对激光的后向瑞利散射作为导星源,由于瑞利散射导星区域的高度较低,对瑞利导星激光光源波长没有特殊的要求,选用较短波长激光可获取较强的瑞利散射回光,通过瑞利散射导星实现自适应光学大气校正的技术难度不大。但瑞利导星技术存在一定的局限,通常满足波面探测的人造瑞利散射导星高度很难大于20km,空间目标成像需对全程大气湍流畸变进行自适应校正,而导星高度以上的大气湍流无法得到校正。同时由于导星高度和被测目标高度不一致,瑞利导星校正存在聚焦非等晕性误差。考虑到激光大气散射强度与波长的4次方成反比,为保证导星回光的强度,一般采用较短的波长作为瑞利导星光源,铜蒸气激光、准分子激光、半导体泵浦的固体激光都可作为瑞利导星激光器,当前,倍频Na∶YAG固体激光被认为是较为成熟、经济的技术途径。

1.5.2　钠导星

钠导星是利用特定波长激光与距地面90~100km大气钠原子层共振后向散射光作为导星源,为自适应光学系统实时校正提供大气传输光学畸变信息[19]。采用高层大气钠原子层共振散射特性,钠导星对激光光源波长和光谱宽度等特性提出了特殊的要求。钠导星对波长的要求取决于90~100km高度稀薄大气钠原子层的散射特性,钠原子D_2能级跃迁经多普勒展宽后,散射线宽约为3GHz,且由相距2GHz左右的D_{2a}(中心波长589.159)和D_{2b}(中心波长589.157)两个峰构成,满足反射截面要求的线宽约为1GHz,由此可见,钠导星激光波长应严格对准D_{2a}或D_{2b}散射谱线中心,谱线对准精度一般要求达到100MHz量级,同时谱线宽度应小于1GHz。

采用钠导星的自适应光学系统中,钠导星应满足导星与无限远点光源导星的等效性要求。在导星激光发射传输过程中,由于激光器光束质量、光学系统像差、光学口径衍射效应和大气湍流等因素的综合影响,在90km高度导星激光光斑存在一定的横向扩展。在传输方向上,由于钠原子共振散射层的厚度大致为10km,一般不需要采用时间选通的方法截取回光"光柱"的高度(瑞利导星需采用时间选通的方法截取一定高度上的瑞利散射回光,以选择确定导星回光的高度和光柱的长度)。如果在天顶方向,就会形成直径为米级、长度约10km的导星光柱,其散射回光相对于接收望远镜系统一般为扩展光源。导星系统设计中,应综合考虑导星发射口径、激光光束质量、主望远镜接收口径及与导星发射系统的匹配关系,以确保激光导星与无限远点光源导星的等效性,满足自适应光学校正要求。如果是分孔径发射,会造成导星后向散射回光成像光斑的横向扩展拉长,影响激光回光波面探测的测量精度,这种现象在大口径望远镜系统中尤其严重,这时需使导星发射系统光柱与主发射系统光轴距离尽量靠近,以保证钠导星激光的有效性。

钠导星同样存在聚焦非等晕性问题。由于前面提到的激光导星后向散射光的高度有限,激光导星回光存在一定的锥角效应,且与来自远距离目标光之间传输路径不同,无法带回高于导星散射区域的大气传输波面信息。由激光导星有限高度造成的波面测量误差称为导星的聚焦非等晕性误差,非等晕性误差对于大口径望远镜系统尤其严重,这也是制约激光导星自适应光学校正能力的主要因素之一。钠导星高度(90~100km)远高于瑞利导星高度(<20km),导星的非等晕性对系统校正能力的影响大为缓解,但仍是大口径望远镜系统应用中需解决的重要问题。

遗憾的是,激光导星无法提供成像波面的整体倾斜信息,这是由于导星是由导星激光通过大气传输到一定高度上形成的,上行激光传输到高空的过程中,大气湍流将使激光导星光点位置表现出随机起伏特性,导星回光经接收望远镜到达哈特曼(Hartmann)波前传感器上,在探测子孔径上成像光束反映出来的整体倾斜量信息不能代表成像波面的整体倾斜信息。解决办法之一是把波前测量分成整体倾斜和高阶像差测量两部分,高阶像差量由激光导星获取,波前的整体倾斜量由目标光或在整体倾斜等晕角内的自然星光作为导星获得。与高阶量波面测量相比,整体倾斜量的测量对光强的要求低、等晕角大,这种方法在近红外波段具有较好的应用价值。

参考文献

[1] Foy R, Labeyrie A. Feasibility of adaptive optics telescope with laser probe[J]. Astron Astrophys, 1985 (152): L29.

[2] 宋正方. 应用大气光学基础[M]. 北京:气象出版社, 1990.

[3] 孙景群. 激光大气探测[M]. 北京:科学出版社, 1986.

[4] 张逸新, 迟泽英. 光波在大气中的传输与成像[M]. 北京:国防工业出版社, 1997.

[5] Fried D L. Time – delay – induced mean – square error in adaptive optics[J]. J. Opt. Soc. Am. A, 1990, 07 (07): 1224 – 1225.

[6] Roddier F. Adaptive optics in astronomy[M]. Cambridge: Cambridge university press, 1999.

[7] Greenwood D P. Bandwidth specification for adaptive optics systems[J]. J. Opt. Soc. Am. , 1977, 67(03): 390 – 393.

[8] Nisenson P, Barakat R. Partial atmospheric correction with adaptive optics[J]. J. Opt. Soc. Am. , 1987 (A4): 2249.

[9] Smithson R C, Peri M L. Partial correction of astronomical images with active mirrors[J]. J. Opt. Soc. Am. , 1989(A6): 92.

[10] Duffner R W. The adaptive optics revolution: a History[M]. NM: University of New Mexico Press, 2009.

[11] Fugate R Q. Observations of faint objects with laser beacon adaptive optics[J]. Proc SPIE, 1994 (2201): 10.

[12] Fugate R Q, Higgins C H, et al. Laser beacon adaptive optics with an unintensified CCD wavefront sensor and fiber optic synthesized array of silicon avalanche photodiodes for fast guiding[J]. Proc ICO – 16 Satellite Conf on Active and Adap Opt, ESO Conf and Workshop Proc, 1993(48): 487.

[13] Fugate R Q , Riker J F, et al. Laser beacon compensated images of Saturn using a high-speed, near-

infrared correlation tracker [J] . Proc Top Mtg on Adap Opt, ESO Conf and Workshop Proc, 1996 (54): 287.

[14] Foy R, Migus A, et al. The polychromatic artificial sodium star: a new concept for correcting atmospheric tilt[J]. Astron Astrophys Supp Ser, 1995(111): 569.

[15] Foy R, Pique J P, Bellanger V, et al. Feasibility study of the polychromatic laser guide star[J] . Proc SPIE, 2003(4839): 484.

[16] Foy R, Tallon M, et al. ATLAS experiment to test the laser probe technique for wavefront measurements [J]. Proc SPIE, 1989(1114): 174.

[17] Thomas S. SAM – the SOAR adaptive module[J]. EAS Pub Series, 2004(12): 177.

[18] Ageorges N, Dainty C. Laser Guide Star Adaptive Optics for Astronomy[M]. Dordreckt: Kluwer Academic Publishers, 2000.

[19] Friedman H, Erbert G, et al. Sodium beacon laser system for the lick observatory[J]. Proc SPIE, 1995 (2534): 150.

[20] Gardner C S, Welsh B M, Thompson L A. Design and performance analysis of adaptive optical telescopes using laser guide stars[J]. Proc IEEE,1990(78): 1721.

第2章

瑞利激光导星

2.1 大气层和光散射

2.1.1 大气层高度分布和成分

地球表面覆盖着大气层,整层大气根据大气状况可分为对流层、平流层、中层、电离层、热成层和外逸层等,其高度分布见图 2 – 1[1-3]。

1. 对流层

对流层位于地面至海拔 11km 处。这一层大气最接近地表面,地面吸收太阳辐射时,向低层大气输送,使得近地层大气的温度较高,而较高层大气的温度较低,形成气温随高度递减的分布特征,常产生强烈的大气对流现象。在对流层中,从地面至对流层顶的气温平均递减率为 6.5K/km(即 6.5℃/km)。在赤道附近,对流层顶处的气温低达 190K(或 – 83℃);在极地附近,对流层顶处的气温约为 220K(或 –53℃)。对流层顶的高度随纬度和季节而异,在中纬地区,对流层顶的平均高度为 11km 左右,在极地约 9km,而在赤道地区则可达 17km 左右。对流层的厚度虽不大,却包含了整层大气质量的 3/4 左右,并包含了几乎全部的水汽和绝大部分气溶胶。

2. 平流层

平流层从 11km 高度左右的对流层顶到 50km 高度附近。在平流层中,气温随高度不变或缓慢增加,这一等温区一直延伸到 20km 高度附近。在此高度以上出现了臭氧层,由于臭氧层强烈吸收波长小于 2900Å(1Å = 0.1nm)的太阳紫外辐射,从而使气温随高度增加递增。到了 50km 高度附近,温度最高,约为 270K(或 – 3℃),这就是平流层顶。在平流层中,因气温随高度呈等温和逆温分布,因此大气稳定,垂直运动很弱,以大尺度的平流运动为主。

3. 中层(中间层)

中层大气从 50km 高度左右的平流层顶到 85km 高度附近。这一大气层中,气温随高度增加而递减,到 80 ~ 96km 高度达最低值,为 180 ~ 190K(或 – 93 ~ – 83℃),这就是中间层顶。中层大气中进行着强烈的光化学反

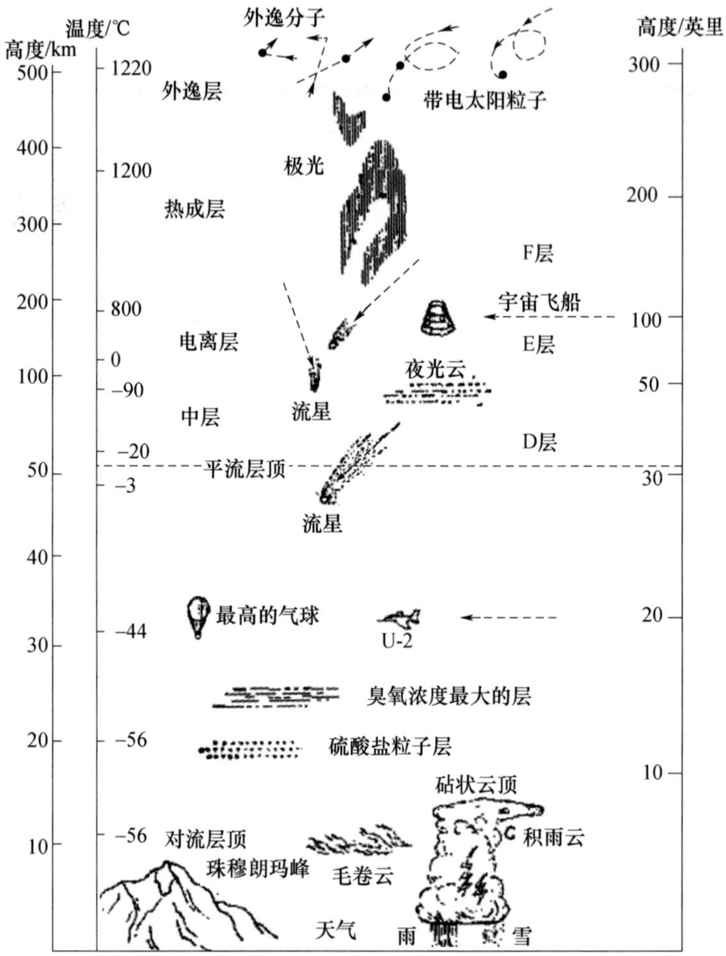

图 2-1　大气按海拔高度分布

应,经常观测到的夜天光(气晖)就是光化学反应的结果。

4.热成层

热成层从85km高度左右的中间层顶到500km高度附近。在热成层大气中,氧原子大量吸收波长小于1750Å的太阳紫外辐射,使气温随高度急剧上升。此外,太阳的微粒辐射和宇宙空间的高能粒子对热成层大气的热状况也有显著影响。在500km高度附近,气温可达1500K左右,此为热成层顶。然后,气温随高度缓慢增加。

5.外逸层

外逸层从500km高度附近的热成层顶到1000km高度左右的大气边界。从热成层顶开始的大气层统称为外层大气。外逸层中由于大气十分稀薄,地球引力较弱,各种粒子不断向星际空间逃逸,因此也称逃逸层。

除了根据大气热状况将大气分为上述五层，还可按大气成分随高度的分布，将大气分为均质大气和非均质大气。从地面到90km高度附近的气层，由于各种气体混合均匀，除了水汽和臭氧等少数气体，大气中所含各种气体成分的比例几乎保持不变，所以称为均质层。从90km高度到大气边界则情况相反，由于太阳的光化离解作用和重力分离作用等，大气中所含各种气体成分的比例随高度不断发生变化，较轻的气体成分将逐渐占优势。因此，这层大气称为非均质层。

根据标准大气模式，年平均气温及大气分层结构如图2-2所示。

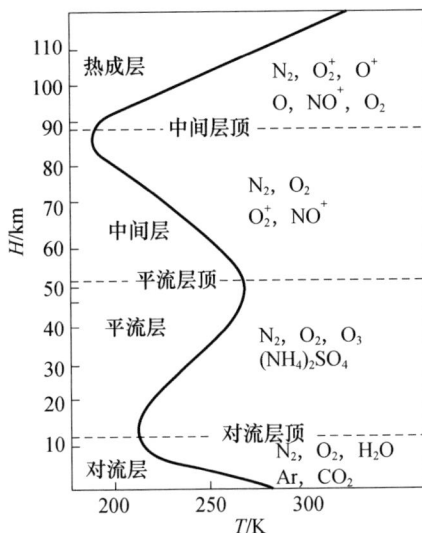

图2-2　年平均气温及大气分层结构

大气层温度随高度发生变化，用表示垂直温度梯度的"温度递减率"γ表示：

$$\gamma = -dT/dZ \qquad (2-1)$$

式中　T——大气温度；

　　　　Z——高度。

负号是为了使通常温度随高度降低情况下的递减率为正。温度随高度而降低的情况从地表一直到约11km。在平衡态自由大气条件下的温度递减率称为"环境递减率"或"标准递减率"，通常取该高度以下的平均值$\gamma = 6.5℃/km$。空气上升时，由于膨胀而冷却，没有从四周得到热量，上升气团绝热递减率大于标准递减率，其标定值为9.8℃/km。

按照1976年美国标准大气模型，不同高度下的大气温度、压力、密度和分子数密度见表2-1。

表 2-1　不同高度下的大气温度、压力、密度和分子数密度

高度/m	温度/℃	压力/100Pa	密度/(kg/m³)	分子数密度/m⁻³
0	15	1.01325×10^3	1.2250	2.5476×10^{25}
1000	8.5	8.9874×10^2	1.1116	2.3113×10^{25}
2000	2.0	7.9495×10^2	1.0065	2.0928×10^{25}
3000	-4.825	7.0106×10^2	0.90912	1.8962×10^{25}
4000	-11	6.1640×10^2	0.81913	1.7031×10^{25}
5000	-17.5	5.4919×10^2	0.73612	1.5305×10^{25}
6000	-24	4.7181×10^2	0.65970	1.3716×10^{25}
7000	-30.5	4.1060×10^2	0.58950	1.2257×10^{25}
8000	-37	3.5599×10^2	0.52717	1.0919×10^{25}
9000	-43.5	3.0742×10^2	0.46635	9.6961×10^{24}
10000	-50	2.6436×10^2	0.41271	8.5806×10^{24}
11000	-56.5	2.2632×10^2	0.36392	7.5664×10^{24}
12000	-56.5	1.9350×10^2	0.31083	6.4625×10^{24}
13000	-56.5	1.6510×10^2	0.26548	5.5198×10^{24}
14000	-56.5	1.4101×10^2	0.22675	4.7075×10^{24}
15000	-56.5	1.2044×10^2	0.19367	4.0493×10^{24}
16000	-56.5	1.0267×10^2	0.16542	3.4612×10^{24}
17000	-56.5	8.7866×10	0.14129	2.9576×10^{24}
18000	-56.5	7.5048×10	0.12058	2.5292×10^{24}
19000	-56.5	6.4105×10	0.10367	2.1622×10^{24}
20000	-56.5	5.4748×10	0.088035	1.8486×10^{24}
21000	-55.5	4.6776×10	0.074874	1.5742×10^{24}
22000	-54.5	3.9997×10	0.063727	1.3413×10^{24}
23000	-53.5	3.4224×10	0.054280	1.1437×10^{24}
24000	-52.5	2.9304×10	0.046267	9.759×10^{23}
25000	-51.5	2.5110×10	0.039466	8.3341×10^{23}
26000	-50.5	2.1530×10	0.033688	7.1225×10^{23}
27000	-49.5	1.8474×10	0.028777	5.9832×10^{23}
28000	-48.5	1.5862×10	0.024599	5.1145×10^{23}
29000	-47.5	1.3629×10	0.021042	4.3750×10^{23}
30000	-46.5	1.1718×10	0.018012	3.7450×10^{23}

不包含水汽和气溶胶粒子的大气称为干洁大气。在对流层和中层的干洁大气由两部分构成:一部分为常定成分,即氮、氧、氩、氖、氦、氪、氙等,它们的含量随地点和时间变化很小,比例基本固定;另一部分为可变成分,即二氧化碳、一氧化碳、甲烷、氮氧化物、臭氧、二氧化硫、氨、碘等,其含量随地点和时间有明显变化。表 2 - 2 列出了干洁大气的基本成分。从表中可以看出,氮和氧占了干洁大气的 99%,并且在 85km 以下的大气中二者的比例非常稳定。

表 2 - 2　干洁大气的基本成分(海平面)

(取自美国标准大气模型,1976 年)

气体		分子式	体积百分比含量/%	分子量
常定成分	氮	N_2	78.0840	28.0134
	氧	O_2	20.9476	31.9988
	氩	Ar	0.934	39.948
	氖	Ne	0.001818	20.183
	氦	He	0.000524	4.0026
	氪	Kr	0.000114	83.8
	氙	Xe	0.87×10^{-7}	131.3
可变成分	二氧化碳	CO_2	0.0322	44.00995
	一氧化碳	CO	0.19×10^{-4}	28.01055
	甲烷	CH_4	1.5×10^{-4}	16.04303
	臭氧	O_3	0.04×10^{-4}	47.9982
	二氧化硫	SO_2	1.2×10^{-7}	64.0628
	一氧化二氮	N_2O	0.27×10^{-4}	44.0128
	二氧化氮	NO_2	1×10^{-7}	46.0055
	氢	H_2	0.5×10^{-4}	2.01594
	碘	I_2	5×10^{-7}	253.8088
	氨	NH_3	4×10^{-7}	17.63061

实际大气中还有水汽和气溶胶粒子。水汽与氮和氧相比含量很少,占空气的0.1%～0.3%,但水汽是大气中非常活跃的成分,是产生云雨的基础,对大气的光学特性有重要影响。水汽的分布很不均匀,而且随时间变化很快,表 2 - 3 给出了水汽随纬度、高度和季节的变化。从表中可以看出:低层大、高层小;低纬大、高纬小;夏季大,冬季小。但这也只是一种平均情况,实际大气中水汽的变化远比表中所列的变化大得多。

表 2-3 水汽随纬度、高度和季节的变化 （单位:g/m³）

高度/km	标准大气	热带大气	中纬度地区		高纬度地区	
			夏	冬	夏	冬
0	5.9	19.0	14.0	3.5	9.1	1.20
1	4.2	13.0	9.3	2.5	6.0	1.20
2	2.9	9.3	5.9	1.8	4.2	0.94
3	1.8	4.7	3.3	1.2	2.7	0.68
4	1.1	2.2	1.9	0.66	1.7	0.41
5	0.64	1.5	1.0	0.38	1.0	0.20
6	0.38	0.85	0.61	0.21	0.54	0.98×10^{-1}
7	0.21	0.47	0.37	0.85×10^{-1}	0.29	0.54×10^{-1}
8	0.12	0.25	0.21	0.35×10^{-1}	0.13	0.11×10^{-1}
9	0.46×10^{-1}	0.12	0.12	0.16×10^{-1}	0.42×10^{-1}	0.84×10^{-2}
10	0.18×10^{-1}	0.50×10^{-1}	0.64×10^{-1}	0.75×10^{-2}	0.15×10^{-1}	0.55×10^{-2}
15	0.72×10^{-3}	0.76×10^{-3}	0.76×10^{-3}	0.76×10^{-3}	0.76×10^{-3}	0.76×10^{-3}
20	0.44×10^{-3}	0.45×10^{-3}	0.45×10^{-3}	0.45×10^{-3}	0.45×10^{-3}	0.45×10^{-3}
25	0.66×10^{-3}	0.67×10^{-3}	0.67×10^{-3}	0.67×10^{-3}	0.67×10^{-3}	0.67×10^{-3}
30	0.38×10^{-3}	0.36×10^{-3}	0.36×10^{-3}	0.36×10^{-3}	0.36×10^{-3}	0.36×10^{-3}
40	0.67×10^{-4}	0.43×10^{-4}	0.43×10^{-4}	0.43×10^{-4}	0.43×10^{-4}	0.43×10^{-4}
50	0.12×10^{-4}	0.63×10^{-5}	0.63×10^{-5}	0.63×10^{-5}	0.63×10^{-5}	0.63×10^{-5}
70	0.15×10^{-6}	0.14×10^{-6}	0.14×10^{-6}	0.14×10^{-6}	0.14×10^{-6}	0.14×10^{-6}

大气中除了气体成分,还悬浮着大量固体和液体粒子,称为气溶胶粒子。通常把半径小于 $0.1\mu m$ 的粒子称为爱根核,半径在 $0.1\sim1\mu m$ 之间的粒子称为大粒子,半径大于 $1\mu m$ 的粒子称为巨粒子。在不同地区不同情况下大气中气溶胶粒子的数浓度可有很大差异,表 2-4 给出了不同地区的平均状况,其中背景值系指在无任何明显影响条件下,中纬度地区大气中的本底值。可以看出,城市地区粒子的数浓度比极地或背景值大 10^4 倍,沙暴中的巨粒子数可增加千倍以上。

表 2-4 大气气溶胶平均数浓度分布特征

地理特征	$10^{-3}<r<10^{-1}/\mu m$ 爱根核 N/cm^{-3}	$10^{-1}<r<1/\mu m$ 大粒子 N/cm^{-3}	$r>1/\mu m$ 巨粒子 N/cm^{-3}
极地	1.63×10^1	5.83×10^0	1.53×10^{-2}
背景	1.03×10^2	4.19×10^1	7.71×10^{-2}

（续）

地理特征	$10^{-3}<r<10^{-1}/\mu m$ 爱根核 N/cm^{-3}	$10^{-1}<r<1/\mu m$ 大粒子 N/cm^{-3}	$r>1/\mu m$ 巨粒子 N/cm^{-3}
海面	4.65×10^{2}	1.10×10^{2}	2.47×10^{0}
远离大陆	1.26×10^{3}	8.11×10^{1}	4.37×10^{-1}
乡村	6.86×10^{3}	2.09×10^{3}	3.66×10^{-1}
城市	1.35×10^{5}	1.41×10^{3}	7.61×10^{-1}
沙暴	1.26×10^{3}	1.85×10^{2}	1.47×10^{1}
平流层（20km） （无火山时）	4.07×10^{-1}	4.10×10^{0}	1.78×10^{-2}

在重力场作用下，粒子数浓度随高度按指数递减，在对流层中粒子的数浓度随高度的分布满足如下经验公式：

$$N(Z)=N_0 e^{-Z/Z_0} \tag{2-2}$$

式中　N_0——地面浓度；

Z_0——特征高度，它与地区和气候条件有关，量级在千米左右。

图2-3所示为一典型分布，可以看出，在对流层中，地面粒子的数浓度最大，到对流层顶达到最小，而在平流层20km处又有一次高峰值。

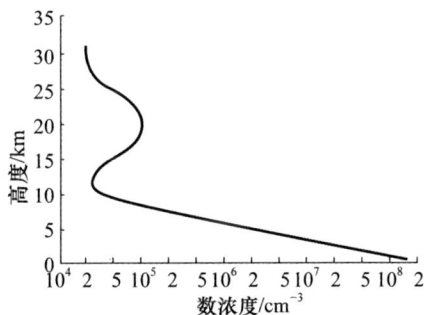

图2-3　气溶胶粒子浓度随高度的典型分布

2.1.2　大气对光的弹性散射

大气对光波散射过程中，散射光频率和入射光频率相同的散射称为"弹性散射"。米（Mie）散射和瑞利（Rayleigh）散射都是弹性散射。

大气散射是这样一种过程：当电磁波在大气中传输时，其路径上的每一个粒子（可以是分子、气溶胶粒子或沉降物）将连续地从入射波中吸取能量，并把吸收的能量再发射到以该粒子为中心的全部立体角中去。粒子的存在使电磁波的传播介质产生了光学不连续，而且从微观上看，粒子的原子性质决定了其内部也是不均匀的,从而使入射波发生散射。如果用电磁波理论和物质的电子理论来解释,是因为入射波的电场使粒子中的电荷产生振荡,振荡的电荷形成一个或多个电偶极子,这些电偶极子辐射出次级的球面波。由于电荷的振荡是与入射波同步的,所以次级波与原电磁波有相同的频率和固定的相位关系。从时间上,散射过程是一个连续过程,并且在整个周期内平均而言不产生粒子内能的净变化。

大气中粒子的尺度在很大的范围内变化,如表 2-5 所列。可以看出,从分子到雪花粒子尺度变化了 8 个数量级。粒子尺度不同,散射特性也不相同。粒子的散射特性极大地依赖于粒子尺度与入射波长的比值。当粒子的尺度小于入射波长的 1/10 时,粒子向前半球和向后半球的散射基本相等,前后散射强度的射线是对称的,并且散射的强度也较弱;当粒子的尺度增大至接近于入射波长的 1/4 时,不但散射强度增强而且更集中于前半球,前后对称受到破坏。如果粒子的尺度远大于入射波长,情况就更加复杂。除了整体散射更强并且绝大部分集中于前半球,在不同的角度出现了若干次级的极大和极小值。所有这些差异都是因粒子的折射率和周围介质的折射率不同而引起的。粒子尺度与入射波长之比不同,所适用的理论模型也不同。

表 2-5 大气中散射粒子的尺度和数浓度

粒子类型	半径/μm	数浓度/cm^{-3}
空气分子	10^{-4}	10^{19}
爱根核	$10^{-3} \sim 10^{-2}$	$10^2 \sim 10^4$
霾粒子	$10^{-2} \sim 10^0$	$10^1 \sim 10^3$
雾滴	$10^0 \sim 10^1$	$10^1 \sim 10^2$
云滴	$10^0 \sim 10^2$	$10^1 \sim 10^2$
雨滴	$10^2 \sim 10^3$	$10^{-5} \sim 10^{-2}$
冰晶雪花	$10^3 \sim 10^4$	—
沙尘	$10^2 \sim 10^3$	$10^0 \sim 10^1$

当分子或粒子半径 r 远小于波长 λ 时,散射服从瑞利公式,而当粒子的尺度增大到一定程度时,瑞利散射公式失效。定义尺度参数 $x = 2\pi r/\lambda$,一般认为当尺度参数 x 大于 0.1 时,应采用米散射理论。由于气溶胶主要分布在地面附近的较低高度,对于可见光和紫外线,在对流层以下,尤其地面附近气溶胶导致的米散射占主要成分,在平流层中大气分子导致的瑞利散射起主要作用。大量文献对大气光散射理论进行了总结,这里引用文献中的部分内容[2,3]。

米散射理论把尺度相对较大球体的散射用反射、折射和衍射的原理来逼近,可用一个级数表示各种尺度粒子的散射。实际上,瑞利散射公式只是米散射理论中级数的第一项,即米散射理论同样适用于相对尺度较小的粒子,瑞利散射理论只是其一个特例。尽管如此,人们习惯上仍然把米散射理论或米散射体这种词语用于瑞利模型不适用的较大粒子的散射问题上。

但是,并不是米散射理论把所有尺度粒子的散射问题都解决了。因为在米散射理论中假定散射粒子是理想的圆球体,而实际上粒子的形状,特别是大粒子的形状,是极其不规则的,与圆球相差甚远。对于不规则形状的粒子,米散射公式只是一种近似,甚至会有较大的出入。但是,对于形状各异的大粒子散射问题,要用统一的理论来解决是相当困难的。在实际问题中常常更看重经验模型和实测数据,而不刻意追求理论上的完美。

2.1.3　瑞利散射

考虑一线性偏振单色平面波沿 z 轴传播,其偏振平面与 y 轴的夹角为 φ。该电磁波的电场分量将诱使光路上的分子(或原子)产生偶极矩,并向周围空间(4π 立体角)辐射同频电磁波。

设电子位于坐标原点(图 2 - 4),在电场作用下做经典简谐振动,其运动方程为

$$\ddot{\zeta} + \delta \dot{\zeta} + \omega_0^2 \zeta = -\frac{e}{m_e} \boldsymbol{E} \qquad (2-3)$$

式中　ζ——电子位移;

　　　ω_0——共振角频率;

　　　δ——阻尼常数;

　　　e——电子电荷;

　　　m_e——电子质量。

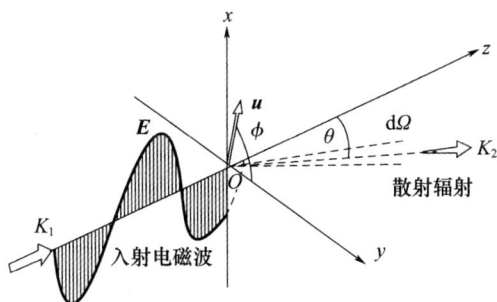

图 2 - 4　电磁辐射的散射

入射电场可用角频率和单位偏振向量 $\hat{\boldsymbol{\varepsilon}}$ 表示:

$$E = \hat{\boldsymbol{\varepsilon}} E_0 e^{-i\omega t} \qquad (2-4)$$

设运动方程的简谐稳态解具有

$$\zeta = \hat{\boldsymbol{\varepsilon}} \zeta_0 e^{-i\omega t} \qquad (2-5)$$

则受约束电子的诱导加速度为

$$\dot{\boldsymbol{u}} = \ddot{\boldsymbol{\zeta}} = -\left(\frac{\omega^2}{\omega_0^2 - \omega^2 - \mathrm{i}\delta\omega}\right)\frac{e}{m_e}\boldsymbol{E} \tag{2-6}$$

该加速电子在位置 $\rho(r, \theta)$ 所产生的散射电磁辐射可写成

$$E_s = -\frac{e\,\dot{\boldsymbol{u}}}{4\pi\varepsilon_0 cr}(\hat{\boldsymbol{u}}_1 \sin\phi + \hat{\boldsymbol{u}}_2 \cos\theta\cos\phi) \tag{2-7}$$

式中　θ——散射角；

ϕ——偏振角；

ε_0——真空中的介电常数；

c——光速；

$\hat{\boldsymbol{u}}_1$、$\hat{\boldsymbol{u}}_2$——加速度在垂直于散射方向的平面内的垂直分量和平行分量的单位向量。

射入立体角元 $\mathrm{d}\Omega$ 的功率元可以表示为

$$\mathrm{d}P(\theta, \phi) = \frac{1}{2}\varepsilon_0 c |E_s|^2 r^2 \mathrm{d}\Omega \tag{2-8}$$

由式(2-6)~式(2-8)，并利用加速度两个分量彼此正交的特点($\hat{\boldsymbol{u}}_1 \cdot \hat{\boldsymbol{u}}_2 = 0$)，得

$$\mathrm{d}P(\theta, \phi) = \frac{1}{2}\varepsilon_0 c |E_0|^2 r^2 \left(\frac{\omega^2}{\omega_0^2 - \omega^2 - \mathrm{i}\delta\omega}\right)^2 (\cos^2\phi \cos^2\theta + \sin^2\phi)\mathrm{d}\Omega \tag{2-9}$$

引入微分散射截面 $\mathrm{d}\sigma$ 的概念，并令 $I_0 = \frac{1}{2}\varepsilon_0 c |E_0|^2$，得

$$\mathrm{d}\sigma = \frac{\mathrm{d}P(\theta, \phi)}{I_0} = r^2 \left(\frac{\omega^2}{\omega_0^2 - \omega^2 - \mathrm{i}\delta\omega}\right)^2 (\cos^2\phi \cos^2\theta + \sin^2\phi)\mathrm{d}\Omega \tag{2-10}$$

可以假设 $\omega_0 + \omega \approx 2\omega$，有

$$\mathrm{d}\sigma(\theta, \phi) = \frac{1}{4}r^2 (\cos^2\phi \cos^2\theta + \sin^2\phi) \left(\frac{\omega^2}{\omega_0^2 - \omega^2 - \mathrm{i}\delta\omega}\right)^2 \mathrm{d}\Omega \tag{2-11}$$

积分后得到单个分子(原子)的总瑞利散射截面：

$$\sigma_R = \frac{2\pi}{3}r^2 \frac{\omega^2}{(\omega_0 - \omega)^2 + (\delta/2)^2} \tag{2-12}$$

设 N_s 为散射体的数密度，考虑到折射率与频率有如下关系：

$$n^2 - 1 = N_s \frac{e^2}{\varepsilon_0 m_e (\omega_0^2 - \omega^2 - \mathrm{i}\delta\omega)} \tag{2-13}$$

可得到瑞利散射截面公式：

$$\sigma_R(\lambda) = \frac{8\pi}{3} \frac{\pi^2 (n^2 - 1)^2}{N_s^2 \lambda^4} \tag{2-14}$$

这就是常用的瑞利散射截面公式。散射截面 σ_R 的量纲是 L^2，常用单位

是 cm^2。式(2-14)表明,分子散射截面与波长的 4 次方成反比。这是在忽略大气色散条件下得到的,如果考虑色散作用,与波长的关系应为 -4.08 次方。

在激光瑞利导星技术研究中,感兴趣的是后向散射截面 $\sigma_R(\pi)$ 和体积散射系数 $\beta_R(\pi)$。单位体积中的气体分子向各个方向散射的总能量与入射波辐照度之比称为体散射系数,记为 β_R,它反映的是单位体积中 N_s 个分子的总散射效能,它是由 N 个分子的散射截面的总和构成的。

在式(2-11)中令 $\theta = \pi$,对 ϕ 积分后可得

$$\sigma_R(\pi) = \frac{\pi^2 (n^2-1)^2}{N_s^2 \lambda^4} \tag{2-15}$$

$$\beta_R(\pi) = N_s \sigma_R(\pi) = \frac{\pi^2 (n^2-1)^2}{N_s \lambda^4} \tag{2-16}$$

在标准大气条件 ($p = 1.0132 \times 10^5 \mathrm{Pa}$, $T = 273.15\mathrm{K}$) 下, $N_s = 2.687 \times 10^{19}$ $\mathrm{mol/cm^3}$, $n = 1.000278$,对于可见光 $\lambda = 0.55\mu m$,有

$$\sigma_R(\pi) = 4.61 \times 10^{-28} \mathrm{cm^2 \cdot Sr^{-1}}$$

$$\beta_R(\pi) = 1.24 \times 10^{-8} \mathrm{cm^{-1} \cdot Sr^{-1}}$$

其他波长上的 $\sigma_R(\pi)$ 和 $\beta_R(\pi)$ 可按 λ^{-4} 推算。

如果入射辐射是非偏振光,则可对偏振角取平均。也可以将非偏振光分解为两个线偏振分量的方式来求得,其中一个分量平行于散射平面 yz,另一分量垂直于此平面。对于平行于 x 轴(即 $\phi = \pi/2$)的偏振分量,单位立体角内的微分散射截面为

$$\frac{\mathrm{d}\sigma_R(\theta, \pi/2)}{\mathrm{d}\Omega} = \sigma_R(\pi) \tag{2-17}$$

由分子散射至单位立体角内的功率为

$$\frac{\mathrm{d}P(\theta, \pi/2)}{\mathrm{d}\Omega} = \frac{1}{2} I_0 \sigma_R(\pi) \tag{2-18}$$

式中　I_0——入射光强。

等式右边的 1/2 因子,是假定两个偏振分量各占入射辐射的 1/2 得到的。

对于平行于 y 轴($\phi = 0$)的偏振分量,类似地有

$$\frac{\mathrm{d}P(\theta, 0)}{\mathrm{d}\Omega} = \frac{1}{2} I_0 \cos^2\theta \cdot \sigma_R(\pi) \tag{2-19}$$

因此,总功率为

$$\frac{\mathrm{d}P(\theta)}{\mathrm{d}\Omega} = \frac{1}{2} I_0 (1 + \cos^2\theta) \sigma_R(\pi) \tag{2-20}$$

图 2-5 给出了瑞利散射截面随散射角 θ 的变化曲线。该曲线反映了散射截面在前向和后向是对称的。在 $\theta = \pi/2$ 时平行分量变为 0,这时散射辐射是垂直于散射平面的平面偏振光。

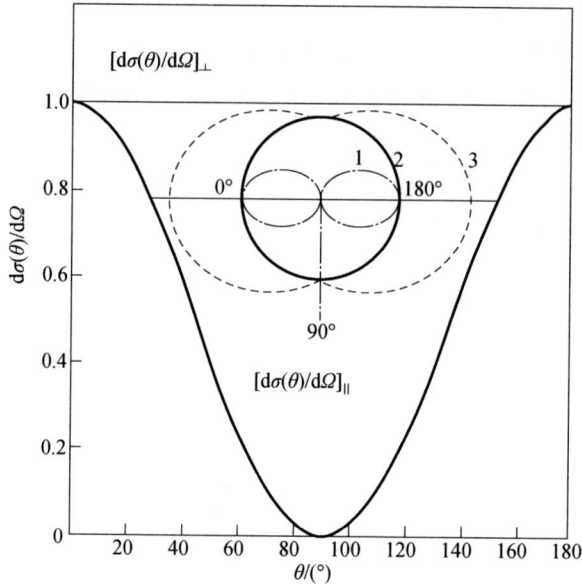

图 2-5 瑞利散射截面的角分布

$1—I_{\parallel};2—I_{\perp};3—I_{\parallel}+I_{\perp}$。

为了表征散射辐射的偏振性质,定义光束的偏振度为

$$p = \frac{I_{\parallel} - I_{\perp}}{I_{\parallel} + I_{\perp}} \tag{2-21}$$

式中 $\parallel$、$\perp$——平行偏振与垂直偏振。

$$I_{\perp} = \frac{\sigma_R(\pi)I_0}{2r^2} \tag{2-22}$$

$$I_{\parallel} = \frac{\sigma_R(\pi)I_0}{2r^2}\cos^2\theta \tag{2-23}$$

显然,非偏振入射光束的偏振度为 0,而瑞利散射的偏振度为

$$p = \frac{1 - \cos^2\theta}{1 + \cos^2\theta} \tag{2-24}$$

这就是说,一束非偏振光经过分子散射后,散射光束成为偏振光,其偏振度随散射角而变化。

另一个常用的表征偏振性质的参数为退偏振率 δ_p,定义为

$$\delta_p = \frac{I_{\perp}}{I_{\parallel}} \tag{2-25}$$

对瑞利散射而言,退偏振率具有很简单的形式:

$$\delta_p = (\cos^2\theta)^{-1} \tag{2-26}$$

事实上,大气分子是各向异性的,实测的值不完全符合上述关系,具体数值

与很多因素有关。实际大气中还存在气溶胶粒子,它们不遵循瑞利散射定律。

大气分子的各向异性也导致瑞利散射截面需要进行退偏振修正,常用的修正形式为

$$\sigma_R(\lambda) = \frac{8\pi^3}{3} \frac{(n^2-1)^2}{N_s^2 \lambda^4} \frac{6+3\delta_p}{6-7\delta_p} \qquad (2-27)$$

在辐射传输研究工作中还经常用到散射相函数 $F(\theta)$ 的概念。这是描述散射角 θ 方向上单位立体角内散射辐射相对大小的一个函数。对于瑞利散射,显然可以由归一化因子乘以 $(1+\cos^2\theta)$ 来给出 $F(\theta)$,而归一化因子是由对 $(1+\cos^2\theta)$ 在整个单位立体角范围内进行积分获得的。如果用 $\Delta\Omega/4\pi$ 作立体角单位,很容易证明:

$$F(\theta) = \frac{3}{4}(1+\cos^2\theta) \qquad (2-28)$$

利用相函数的定义,散射强度公式可写为

$$I(\theta) = \frac{\sigma_R I_0}{4\pi r^2} F(\theta) \qquad (2-29)$$

这就是散射强度的普遍表达式,不仅适用于瑞利散射,而且适用于粒子尺度大于入射波长的情况。

同散射截面的退偏振修正一样,散射相函数也应该进行修正,这时相函数可写成

$$F(\theta) = \frac{3}{4} \frac{6(1+\delta_p)}{6-7\delta_p} \left(1 + \frac{1-\delta_p}{1+\delta_p}\cos^2\theta\right) \qquad (2-30)$$

2.2 瑞利激光导星系统的设计

C. A. Primmerman 等对瑞利激光导星自适应光学系统设计进行了深入的研究,分析了瑞利激光导星的尺寸、采样厚度和回光强度等问题[4]。在天文自适应光学应用中,导星激光束通常从天文望远镜卡塞格林次镜后面扩束并发射出去,激光束被聚焦到设计的大气层高度上。激光发射之前通过光束抖动探测器采样,获得发射激光束的光轴抖动角度误差,反馈给控制系统,消除激光束自身抖动带来的影响。导星激光的发射和接收相关问题,将在第 4 章进行专题介绍,这里不做详细讨论。

如图 2-6 所示,为了校正导星激光束发射过程中自身的光轴抖动,通过 45°镜反射视场,利用传感器接收一组(多个)自然星的光信号,探测望远镜和激光器自身的低频运动,反馈给控制系统。来自瑞利导星的后向散射光被望远镜聚焦,通过 45°镜中间的小孔,经准直后先后通过倾斜镜和变形镜,通过分色镜到达波前探测器。

考虑到相干长度为 r_0 的湍流的影响,当激光导星的发射孔径 $D_p > r_0$ 时,聚焦瑞利导星的角直径大约为 $2.44\lambda/r_0$,导星位置的变化量正比于 $D_p^{-1/3}$,相当于自然导星的 4 倍,这种随机运动使得瑞利导星不能用于校正望远镜的整体倾斜。

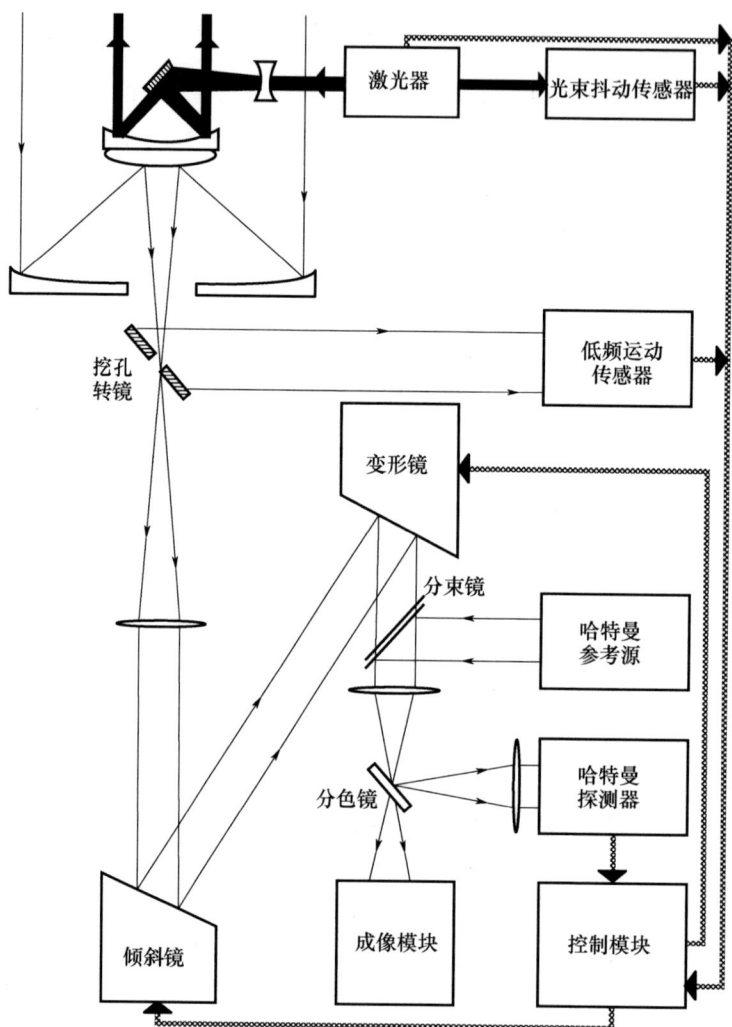

图 2-6 激光导星发射和接收光路系统

由于阵列探测器面元数和变形镜驱动器单元数对探测及校正的空间分辨率的限制,同时考虑到光子噪声、非等晕性等因素的影响,导星自适应光学系统很难达到理想的大气校正效果。基于光子计数的探测器信噪比正比于 $1/\sqrt{N}$(N 是测量积分时间内每个子孔径内的光子总数),哈特曼波前探测器通过测量子孔径中的倾斜来获得光波前。对于理想的光斑质心探测器,x 和 y 方向倾斜探测误差均方根值为

$$\Delta\psi_x = \Delta\psi_y = \begin{cases} \dfrac{0.431\lambda}{\sqrt{N}d}, & d < r_0 \\[3mm] \dfrac{0.431\lambda}{\sqrt{N}r_0}, & d > r_0 \end{cases} \qquad (2-31)$$

式中　N——单个子孔径总光子数,因子 0.431 来自于艾里斑分布。

Kane 等进一步得到径向倾斜测量误差:

$$\Delta\psi = \sqrt{\Delta\psi_x^2 + \Delta\psi_y^2} = \begin{cases} \dfrac{0.61\lambda\eta_c}{\sqrt{N}d}, & d \leqslant r_0 \\[3mm] \dfrac{0.61\lambda\eta_c}{\sqrt{N}r_0}, & d \geqslant r_0 \end{cases} \qquad (2-32)$$

式中效率因子 η_c 包含了图像面探测器的影响(死区、有限的像素尺寸和间隔)、焦平面光斑尺寸和位置的影响,以及图像强度的影响。对于典型的图像强度参数和 CCD 探测器,η_c 的优化取值范围是 1.35 ~ 1.5。

导星的尺寸也会影响波前探测的精度。为了获得较高的质心计算精度,可以使导星的角尺寸近似等于子孔径的衍射限光斑直径:

$$\Delta\alpha = \begin{cases} \dfrac{2.44\lambda}{d}, & d \leqslant r_0 \\[3mm] \dfrac{2.44\lambda}{r_0}, & d \geqslant r_0 \end{cases} \qquad (2-33)$$

对于波长 0.5μm 的光束,当 $r_0 = 20$cm 时($d \geqslant r_0$),导星的角直径约为 1.26″。

激光导星自适应光学可校正的区域仅限于导星光轴附近的一个较小的视场角内,这个有限的视场角受限于大气的等晕角,弗雷德给出了等晕角的表达式:

$$\theta_{ip} = 58.1 \times 10^{-3} \left[\frac{\lambda^2}{\int_0^h C_n^2(\xi)\xi^{5/3}\mathrm{d}\xi} \right]^{5/3} \qquad (2-34)$$

对于波长 0.5μm 的可见光,θ_{ip} 的典型值约为 8μrad。受限于等晕角,单个导星可校正的最大望远镜直径为

$$D_{ip} = 2z_0\theta_{ip} \qquad (2-35)$$

式中　z_0——导星相对于望远镜孔径位置的高度。

由于大气分子浓度的限制,瑞利导星的产生高度通常在 10 ~ 20km 之间。对于波长为 0.5μm 的可见光,当 $\theta_{ip} = 8$μrad,$z_0 = 20$km 时,$D_{ip} = 32$cm 时,才能使用瑞利导星。可见,对于可见光波长的望远镜,单个瑞利导星可校正的望远镜孔径是很小的。为了解决这个问题,可以使用高度更高的钠导星,或者使用多个瑞利导星,采用多层共轭自适应光学技术。

2.3　瑞利激光导星的波长选择和回光强度

文献[4-6,12]对瑞利激光导星的波长选择和回光强度进行了深入研究,

这里做简要介绍。

根据瑞利定律,对于后向散射($\theta = \pi$),有

$$\sigma_\pi = \left[\frac{\pi(n^2-1)}{N\lambda_L^2} \right]^2 (\text{cm}^2/\text{sr}) \tag{2-36}$$

分子数密度 N 与大气的气压和温度有关:

$$N = \frac{6.023 \times 10^{23} p}{RT} \tag{2-37}$$

式中 $R = 8.3244\text{J}/(\text{mol} \cdot \text{K})$——摩尔气体常数;

p——大气压强(Pa);

T——大气温度(K)。

由大气折射率普遍公式可得可见光波长的折射率 n 的表达式:

$$n = 7.9 \times 10^{-7} \frac{p}{T} \tag{2-38}$$

由上述诸式可得分子后向散射系数计算公式:

$$\beta_\pi(h) = \sigma_\pi(h)N(h) = 2.85 \times 10^{-33} \frac{p(h)}{T(h)} \lambda_L^{-4} \tag{2-39}$$

设激光能量聚焦在望远镜入瞳上方高为 h_g 的平面上,在高于或低于 h_g 处激光发散。为确保导星有一定尺寸 $\Delta\alpha$,波前传感器的门限应使其只对来自某一高度范围 Δh 的后向散射进行采样。若要求瑞利导星的直径等于子孔径的角分辨率:

$$\Delta\alpha = \begin{cases} 2.44 \dfrac{\lambda}{d}, & d < r_0 \\ 2.44 \dfrac{\lambda}{r_0}, & d > r_0 \end{cases} \tag{2-40}$$

文献[4]中给出瑞利导星的截取厚度为

$$\Delta h = \frac{4.88\lambda h_g^2}{D_p r_0} \tag{2-41}$$

式中 D_p——发射望远镜直径。

探测到的从厚度为 Δh 的大气层反射回来的瑞利光子流密度 F 由雷达方程给出[5]①:

$$F = \eta T_A^2 \frac{\sigma_R \rho_R (h_g + h_{te}) \Delta h}{4\pi h_g^2} \frac{\lambda_L E}{hc} \tag{2-42}$$

式中 η——望远镜和探测器的效率;

T_A——单程大气透过率;

σ_R——瑞利后向散射截面(m^2);

---

① 文献[5]原文中,Δh 写在分母上,疑为排版错误,这里做了修正。——编者

h_{te}——望远镜入瞳平面的海拔高度(m);

$\rho_R(h)$——高度 h 处的大气密度(粒子数/m³);

E——每个脉冲的激光能量(J);

λ_L——激光波长(m);

h——普朗克(Planck)常数,6.63×10^{-34}(J·s);

c——光速,3×10^8(m/s)。

在瑞利导星激光光源的选择中,采用的激光波长应具有较大的散射系数和较高的大气透射率。瑞利散射激光的波长越短,散射系数越大,但短到一定程度,大气衰减系数将变大,因此具有最佳波长,它的散射截面与透射率乘积 $Q(h)$ 最大。文献比较了 XeCl(308nm)、XeF(353nm)、YAG 30ct(354.7nm)、YAG 20ct(532nm)以及铜蒸气(410.6nm)等几种激光器的大气透射率和后向散射截面的乘积,认为 XeCl 和 YAG 30ct 较佳。选择导星光源还应考虑到高灵敏度高帧频的探测器以及激光器的性能和成本,综合比较,目前技术条件下可以认为 Nd:YAG 20ct 532nm 激光具有较好的实用性。

假设发射的导星激光波长 $\lambda_L = 0.53 \times 10^{-6}$m,大气散射截面和密度随高度 h 有如下关系:

$$\sigma_R \rho_R(h) = 3.84 \times 10^{-5} e^{-h/H} \qquad (2-43)$$

式中 H——大气标高,可取典型值6km。

假设激光脉冲能量为 1J,大气相干长度为 10cm,导星发射望远镜口径为 30cm,望远镜与探测器的综合效率为 70%、单程大气传输效率 $T_A = 0.6$,瑞利导星高度为 10~50km,通过时间选通等方法,可以准确收集该区域内的后向瑞利散射光,则每发射一个导星光脉冲可接收到的光子流与导星光脉冲能量与导星高度间的关系如图 2-7 所示。

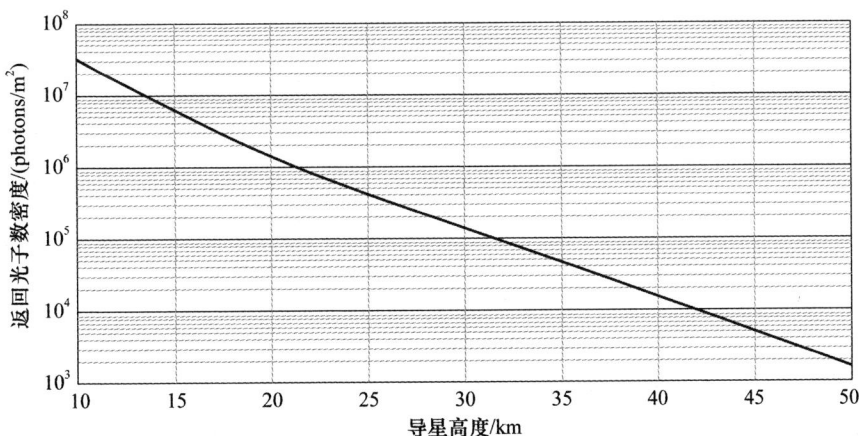

图 2-7 瑞利导星回光光子数密度与导星高度的关系

从图 2 - 7 看,采用 1J/脉冲的导星光源,在高度 10 ~ 12km 处产生的人造导星回光强度都不超过 10^8 photons/m^2,这些光子数再被 HS - WFS 的子孔径分别探测,则每个子孔径内的光子数较少,因此,人造瑞利导星波前的探测属于极微弱光信号的探测。

2.4 瑞利激光导星的试验和应用

1982 年,福伊(Foy)和拉贝星(Labeytie)提出了激光导星(laser guide star)的概念,自适应光学协会的朱利叶斯(Julius Feinleib)首先用激光的大气瑞利后向散射来产生激光导星。W. 哈珀(W. Happer)后来建议利用大气钠原子层来产生激光导星,汤普森(Thompson)和 Gardner 于 1987 年在美国以及福伊等 1989 年在法国分别进行了初步的原理性试验,结果从原理上表明激光导星对于天文学是极为有意义的。林肯(Lincoln)实验室和菲利普(Phillips)实验室 R. Q. Fugate 等首先报道了激光导星用于自适应光学的试验结果。在天文成像研究中,研究结果于 1985 年首次公开报道。但是,直到 1991 年 5 月,随着美国军方有关计划的解密,以及随后 Fugate 和 Primmerman 等有关文献的公开发表,该领域的研究才得到真正的重视。

瑞利散射导星是一种较容易产生高亮度导星的方法,对激光器没有严格的波长要求,因此,容易找到工作体制合适的高功率激光器。

Fugate 等在 1994 年使用了铜蒸气激光器[6],而汤普森和 Castle 在 1992 年使用了准分子激光器用于产生瑞利激光导星。他们都使用了脉冲激光器,可以通过距离选通技术,探测合适高度上适当光柱长度的激光导星光柱。

在星火光学靶场(SOR)开展的瑞利激光导星试验使用了 200 W 的铜蒸气激光器(绿光)。国内,中国工程物理研究院应用电子学研究所曾经使用 Nd:YAG 倍频 532nm 激光器开展瑞利导星试验研究[7,8]。

在较短的(如紫外线)波长可获得更强的返回信号。例如,一个 50W 0.35μm 波长激光产生返回通量约 11000 photons/($m^2 \cdot \mu s$)。这个相当于目视星等 $m = 10$。在给定波段,星光通量依赖于带宽,而激光是单频工作的,表明激光导星返回通量与星等之间不是一一对应的,还与自然星的色温有关。

由于瑞利导星产生的高度较低,对于大口径望远镜存在严重的圆锥效应,在天文学中几乎不再单独使用瑞利导星作为自适应光学闭环导星。瑞利导星在多层共轭自适应光学中,可作为产生多导星星座的一种方式。M. Lloyd - Hart 等报道了他们在美国亚利桑那大学史都华(Steward)天文台 6.5m 的多镜望远镜(MMT)上使用瑞利导星星座[9],使用了 5 个瑞利导星,相邻导星间距 2′,构成一个五边形。每一个导星激光束功率为 4W(导星发射系统出口处),波长为

532nm。采用36子孔径的夏克－哈特曼传感器以53Hz帧频采集,距离设置为20～29km。来自于导星探测的波前与星座内(或星座附件)同时采集的自然星波前进行了比较。

阎吉祥等[10-12]提出,在钠导星系统中,可以同时探测较低高度的瑞利散射导星。其基本思想是把大气分为上下两层,借助90km高度的钠导星探测两层湍流共同引起的相位畸变,而利用位于两层湍流之间的瑞利导星探测只由下层湍流引起的畸变。基于这一概念列出的相位方程组,每个方程中含三个变量,其中两个均为直接探测获得,只有上层湍流引起的畸变待求解,因而很容易解算。

参考文献

[1] 陈学中. 大气环境与微波激光武器[M]. 北京:解放军出版社,2006.

[2] 盛裴轩,毛节泰,李建国. 大气物理学[M]. 北京:北京大学出版社,2003.

[3] 宋正方. 应用大气光学基础——光波在大气中的传输与成像[M]. 北京:气象出版社,1990.

[4] Primmerman C A,Murphy D V,Page D A,et al. Compensation of atmospheric optical distortion using a synthetic beacon[J]. Nature, 1991,35(6340):141 - 143.

[5] Chester S G, Byron M W, Laird A T. Design and performance analysis of adaptive optical telescopes using laser guide stars[J]. Peoceedings of the IEEE, 1990, 78(11):1721 - 1743.

[6] Fugate R Q, et al. Measurement of atmospheric wavefront distortion using scattered light from a laser guide - star[J]. Nature, 1991,35(6340): 144 - 146.

[7] 彭勇,张卫,雒仲祥,等. 共孔径人造信标系统光学噪声分析[J]. 强激光与粒子束,2000,12(增刊): 27 - 30.

[8] 雒仲祥,张卫,彭勇,等. 分孔径瑞利信标实验研究[J]. 强激光与粒子束, 2000, 12(增刊):47 - 50.

[9] Lloyd - Hart M, Baranec C, Milton N M, et al, First tests of wavefront sensing with a constellation of laser guide beacons[J]. The Astrophysical Journal, 2005, 634(1): 679 - 686.

[10] 周仁忠,阎吉祥. 自适应光学理论[M]. 北京:北京理工大学出版社,1996.

[11] 周仁忠,阎吉祥,俞信. 自适应光学[M]. 北京:国防工业出版社,1996.

[12] 阎吉祥,等. 大气相位畸变的分层模型及模拟探测实验[J]. 光学学报,2000,26(1):56 - 58.

第 3 章

钠激光导星

大气总质量约 5.3×10^{18} kg，约占地球总质量的 $1/10^6$。由于地心引力的作用，大气质量的 90% 聚集在离地表 15km 高度以下的大气层内，99.9% 在 48km 高度以下。在 2000km 的高度以上，大气极其稀薄，逐渐向星际空间过渡，无明显上界[1]。钠原子层（简称钠层）是大气中的重要组成部分。钠层位于中间层顶、热层底、80 ~ 120km 的范围内，由不同态钠原子组成。相对近程瑞利后向散射所能达到的海拔高度，钠层海拔更高，所产生的人造钠激光导星可为自适应光学系统提供更为理想的"点光源"。

3.1 散逸层钠原子特征

钠层温度通常在 200 ~ 250K 范围内变化，厚度约为 10km，海拔高度约为 90km，钠层高度和厚度均随时间不断变化。虽然钠层的钠原子总量非常少（整个中间层大约含钠 600kg），但是它的共振散射截面很大，能够使对准钠原子 D_2 线的激光束能量有百分之几的散射。通过对钠原子层的研究，不但能够研究流星的活动、平流层和中间层大气的垂直输送过程以及高层大气的光化学反应等高层大气物理过程，而且有助于激光与钠层相互作用产生合适的钠激光导星（简称钠导星），供基于自适应光学系统的军事及天文应用。散逸层钠原子的基本参数列于表 3 – 1[2]。

表 3 – 1　散逸层钠原子的基本参数

名称	参数
钠层厚度/km	约 10
钠层温度/K	约 215（200 ~ 250）
柱密度/m^{-2}	$(2 ~ 9) \times 10^{13}$
峰值钠原子密度/m^{-3}	4×10^9
平均钠原子密度/（atoms/cm^3）	约 5000
峰值散射截面 σ_p 典型值/cm^2	8.8×10^{-12}

（续）

名称	参数
90km 高度（N_2、O_2）分子密度/m^{-3}	7.1×10^{19}
平均碰撞时间/μs	约 100
D_2 线中心波长/nm	588.997（空气中）；589.159（真空中）
D_2 线跃迁自然寿命/ns	16
D_{2a} 线自然宽度/MHz	10
D_{2a} 线多普勒展宽/GHz	1.19
D_2 线有效线宽 $\Delta\nu$/GHz	约 3（对应 $\Delta\lambda$ = 约 3.5pm）
D_1 线振荡强度	0.33
D_2 线振荡强度	0.66

　　钠层的参数（原子总数、平均高度、轮廓线）随季节变化，而且在日、小时，甚至分钟的时间尺度上都在发生着变化。按平均数计算，每平方米面积的圆柱中有大约 10^{13} 个钠原子。图 3 - 1 所示为双子座（Gemini）天文台给出的在 5h 中的钠廓线变化。

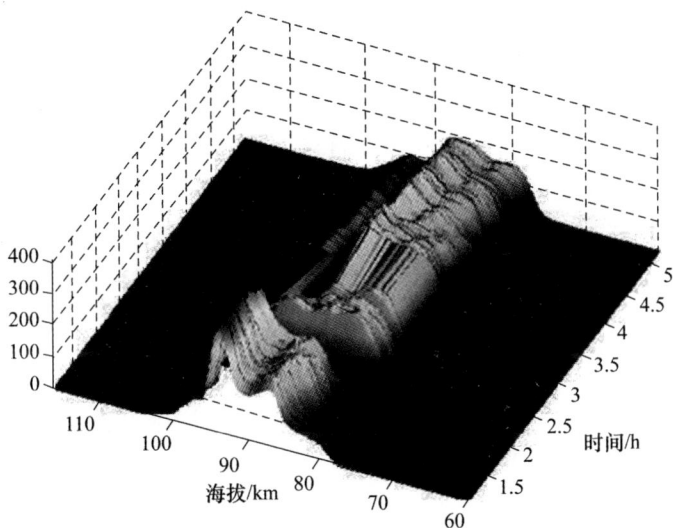

图 3 - 1　双子座天文台给出的在 5h 中的钠廓线

3.1.1　钠层的分布及组成

　　按大气的电离状况随高度的变化，可将大气分为非电离层和电离层。60km 高度以下的大气，各种气体成分基本处于中性状态，所以称为非电离层。60km 高度以上的大气，在太阳紫外辐射和宇宙射线等作用下，气体分子开始电离，形成大量正离子、负离子和自由电子。这时，大气就成为由带电粒子和部分中性分子所组成的混合气体,所以 60km 高度以上的大气称为电离层。大气分子被电离的状况随高度而异,因此,还可根据电子浓度随高度的分布,将电离层细分为 D 电离层(简称 D 层,余同)、E 电离层、F_1 和 F_2 电离层。D 层是电离层的最低层,高度为 60 ~ 85km,仅存在于白天,夜间即行消失。E 层位于 85 ~ 140km 高度,昼夜变化较小,较为稳定。F_1 层位于 140 ~ 200km 高度,日变化较大,夜间即行消失。F_2 层的高度位于 200 ~ 1000km,昼夜变化较小。有时也将 F_1 和 F_2 层统称为 F 层,它们在白天分为两层,夜间则为一层。

　　钠层是地球大气的重要组成部分。按照大气层分类,根据大气中温度随高度的垂直分布特征,钠层处于中间层顶、热层底,处于大气温度极小值处;按照大气成分随高度的分布,钠层处于均匀层顶、非均匀层底;按照大气的电离状况随高度的变化情况分类,钠层位于电离层中的 D 层顶、E 层底。因此,钠层充满了复杂的光化学及动力学过程。

　　为研究钠层钠原子的形成机理与变化过程,人们在早期曾经使用太阳光的共振散射进行探测,而后又使用过高空火箭直接探测。希尔多·梅曼发明激光器后不久,英国射电和空间研究站的研究人员尝试利用共振散射研究高层大气次要成分,并于 1968 年首先完成了以钠 D 线共振散射的钠层探测。初步试验证明了激光共振散射技术的可行性。自那时起,经过多年的发展,积累了大量珍贵的数据,不但完成了夜晚钠层探测试验,而且借助高功率或大能量激光光源、高灵敏度探测器,实现了在白天强杂光背景下的钠层回光探测。长期对钠层的努力探索,不但使人们对钠层的认识不断加深,而且牵引了相关技术的不断进步[5]。林肯实验室 H. J. Thomas 开展了钠层探测方面的试验研究工作[6],得到了激光雷达所测回光光子数随海拔的变化如图 3 - 2 所示。

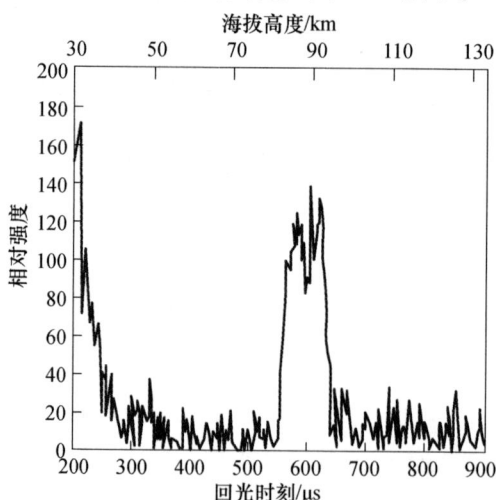

图 3 - 2　激光雷达所测回光光子数随海拔的变化

全部钠原子的来源还并不清楚,通常认为高层大气中钠原子来源存在以下三种可能:流星进入大气层后在烧毁过程中释放出钠原子;海洋的含盐气溶胶通过扩散混合过程垂直输送到该高度上在阳光的作用下释放出钠原子;因光化学作用形成钠原子。通过对目前所得到的大量钠层观测试验统计发现,在流星雨过后的秋冬季节,钠层柱密度会有显著的增加,这在一定程度支持了流星燃烧过程注入钠原子为主要来源的判断[5]。

高空中上述几种可能来源向钠层不断注入新的钠原子的同时,各种化学及动力学过程也使得钠原子不断被"消耗"。钠原子会与电离层中的 NO^+、O_2^+ 等离子交换电荷而生成 Na^+ 离子,继而生成各种离子聚合物如 NaN_2^+;钠原子也会被 O_3 氧化或者与 O_2、N_2 发生三体反应而生成 NaO 及其他各种含钠化合物。随着高度的增加,NO^+、O_2^+ 等离子越来越多,所以 Na 被电离化,而以离子或离子聚合物存在;而随着高度的减小,大气密度的增加,O_2、N_2 增加,Na 被化合以含钠化合物、水合物存在,通常认为随涡旋扩散的输送作用,在钠层底部钠原子变成含钠水合物,而向下逐渐沉降。钠层存在各种化学过程和动力学过程,在不断地注入和耗散的过程中达到动态平衡,在中间层顶形成约 10km 厚的钠层[2]。

3.1.2 钠层丰度及高度的变化

钠层的平均高度在 90 ~ 95km 之间,厚度通常为 10 ~ 20km。受相关物理过程影响,钠层的高度、厚度、分布形态时刻都在变化[2]。针对钠层厚度的变化问题,Sandrine 等通过长期的观测,测得钠层厚度数据如图 3 - 3 所示。针对钠层分布的变化问题,杨国韬等通过对武汉地区钠层的观测研究[2],给出了 6 种相对典型的高度方向钠原子分布情况,如图 3 - 4 所示;利用雷达的时间分辨特性测得了钠层高度与分布随时间的变化情况,如图 3 - 5 所示。

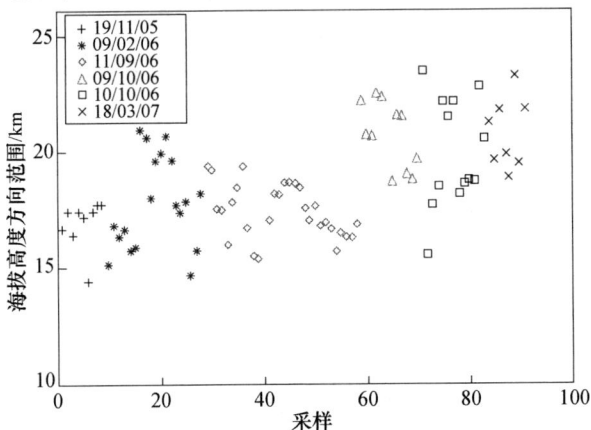

图 3 - 3 不同钠层厚度所对应的样本数统计结果(日期格式为日/月/年)

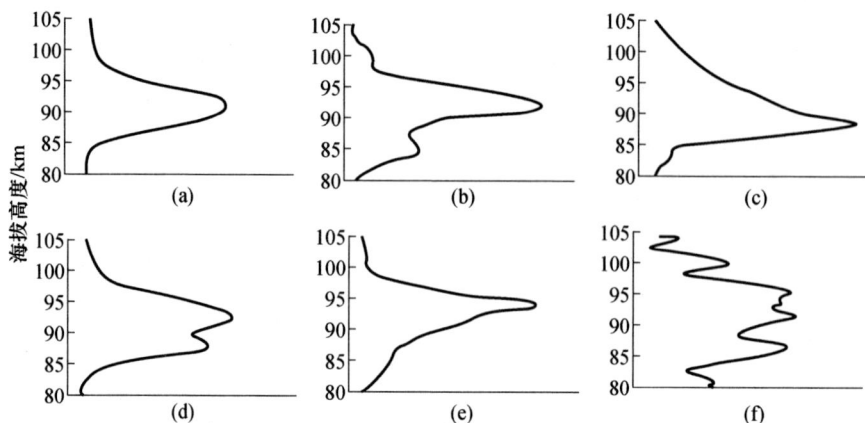

图 3 - 4　6 种相对典型的高度方向钠原子分布情况

（a）正常形态；（b）高端尖峰；（c）下三角；（d）双峰；（e）上三角；（f）不规则形态。

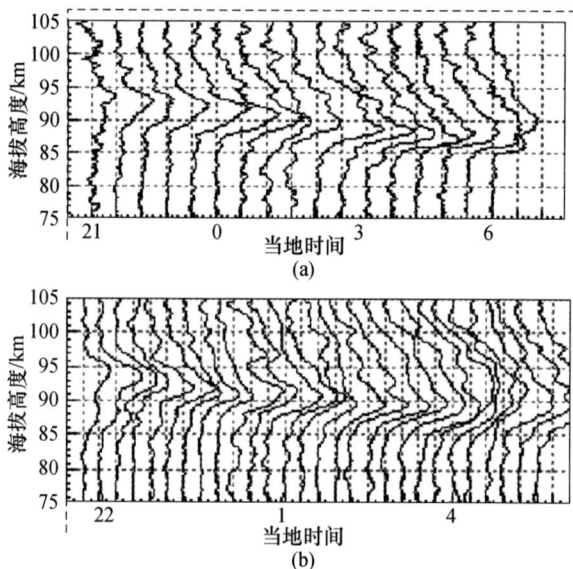

图 3 - 5　两个不同时间段内钠层高度与分布随时间的变化情况

（a）1999 年 11 月 12 日；（b）2001 年 3 月 8 日。

柱密度一般在 $1.5 \times 10^9 \sim 15 \times 10^9 / cm^2$ 之间变化。一般认为，受钠原子注入源及耗散因素的影响，钠原子柱密度在全年呈现出周期性的变化规律。通常在狮子座流星雨过后的 11 月，钠层柱密度总体较高；而当至每年 5 月时，钠层柱密度降低至全年较低水平。以上特点在 S. J. Thomas 等对钠层开展的观测试验中得到了印证，试验所得钠层柱密度的全年变化情况如图 3 - 6 所示[6]。钠层柱密度在小时量级（甚至可能在分钟量级）的时间内即发生变化，总的柱密度随时间不断波动。极端情况下,钠原子柱密度的最大与最小值之比可达 6 倍以上,柱密度大幅度的涨落将严重影响基于钠激光导星工作的自适应光学系统的稳定性。因此,在设计、研制相应的自适应光学系统时,必须充分考虑到站址、季节、波面探测要求、激光器功率等相关参数,为系统正常工作留有一定余量。

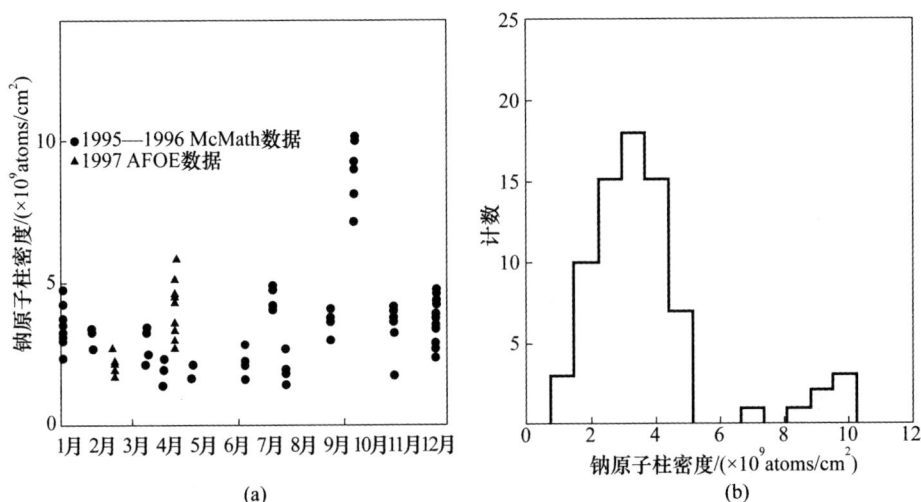

图 3-6 某地钠层柱密度的全年变化情况(平均值为 $3.7 \times 10^9 / cm^2$)

(a)全年钠层变化情况;(b)钠层柱密度全年统计直方图。

另外,对钠层长期的雷达试验研究表明,海拔高度和钠层柱密度随时间不断变化。钠原子的高度分布通常呈现连续渐变的形态,边界处的变化相对剧烈,但钠层内部也会呈现出分层分布特征,甚至出现短时间钠层突发(SSL)现象。钠层突发通常是指一个窄钠层在短时间内迅速形成,叠加在原钠层上[2]。最早报道钠层突发的是克莱梅沙(Clemesha)小组,克莱梅沙等在实验中观测到了钠层短时间内在一定的海拔高度附近长出了一个尖峰,同时钠层柱密度也增大了很多。关于钠层突发的成因,有很多种假说。最早的是克莱梅沙提出的流星烧蚀理论;Von Zahn 等曾提出含钠分子如 $NaHCO_3$ 与电子碰撞产生钠原子的假说;Kirkwood 和 Collis 提出重力波导致钠原子再分布形成钠层突变的理论;Zhou 提出温度升高机制解释;Von Zahn 等和 Beatty 等提出尘埃释放理论;等等。以上理论都有各自缺点,至今不能形成公认的解释,但钠层中心高度以及内部分布在不断变化得到了广泛认可。对于基于钠导星的自适应光学系统,钠层突发现象若不伴随钠原子柱密度的明显变化,将不会引起钠导星回光强度的明显变化。

3.1.3 钠原子的光谱特性

地球大气由大量各类粒子组成,除了有 N_2、O_2、H_2O 等多种大气分子,还有一些悬浮的固体和液体颗粒,激光与这些大气物质以散射、吸收机制等基本形式相互作用[7]。这些作用机制有米散射、瑞利散射(Rayleigh scattering)、拉曼散射(Raman scattering)、荧光散射(Fluorescent scattering)、共振散射(Resonant scattering)以及差分吸收等。各种散射机理中,米散射的散射谱中心波长与入射激光波长相同,散射谱的谱宽近似于入射激光谱宽的弹性散射,它是由粒径相当或大于激光波长的气溶胶粒子引起的散射,主要用于大气气溶胶的探测。瑞利散射是一种中心波长与入射激光波长相同、谱宽与大气温度变化相关的弹性散射,它是由散射体粒径比激光波长小的分子或原子引起的散射现象,主要用于大气温度、大气分子密度等参数的测量。拉曼散射可分为转动拉曼散射和振动拉曼散射,是一种由大气分子或原子引起的非弹性散射,散射谱分布于入射激光谱线的两侧,其散射截面是各种散射机理中较小的一种[8]。

另外还有荧光散射、共振散射等。荧光散射是指当入射辐射的频率处于原子或分子的某一特定的吸收带内时所产生的自发发射,它比瑞利散射截面大。共振散射是由于入射辐射频率与原子和分子的固有共振频率很接近或重合时,导致拉曼散射大大增强,散射截面可以提高几个数量级,其入射辐射频率靠近散射体固有频率的近共振拉曼散射,可以用来测量分子或原子的浓度。

大气中层顶区域(75~115km)由于流星的大气消融,产生了大量金属原子,如钠、铁、钾、钙等金属层。Gardner分析了这些金属元素的共振荧光波长、峰值密度和共振荧光散射截面的对应关系,如表3-2所列[9]。

表3-2　大气中金属元素的共振荧光波长、峰值密度和
共振荧光散射截面的对应关系

金属元素名称	共振波长/nm	峰值密度/cm^{-3}	后向散射截面/cm^2
Al	396.2	未知	2×10^{-12}
Ca	422.7	100	38×10^{-12}
Ca^+	393.4	100	14×10^{-12}
Fe	372.0	3000	1×10^{-12}
K	769.9	300	13×10^{-12}
Li	670.8	3	7×10^{-12}
Na	589.3	5000	15×10^{-12}

综合各元素的峰值密度、散射截面,钠元素在产生共振散射光能力方面优于其他金属元素。以下在阐述钠元素光谱特性之前,首先简单介绍原子物理的相关知识。

原子是由原子核与绕核运动的电子所组成,每一个电子的运动状态可用主量子数n、角量子数l、磁量子数m_l和自旋量子数m_s等四个量子数来描述。主量子数$n = 1, 2, 3, \cdots$,决定了电子的主要能量E,代表了电子运动区域的大小和它

的总能量的主要部分,前者按照轨道的描述也就是轨道大小。角量子数 $l=0,1,$ $2,\cdots,n-1$,代表了轨道的形状和轨道角动量,也与电子的能量有关。电子在原子核库仑场中的一个平面上绕核运动,一般是沿椭圆轨道运动,是二自由度的运动,必须有两个量子化条件。这里所说的轨道,按照量子力学的含义,是指电子出现概率大的空间区域。对于一定的主量子数 n,可有 n 个具有相同半长轴、不同半短轴的轨道,当不考虑相对论效应时,它们的能量是相同的。如果受到外电磁场或多电子原子内电子间的相互摄动的影响,具有不同角量子数 l 的各种形状的椭圆轨道因受到的影响不同,能量有差别,使原来简并的能级分开了,角量子数 l 最小的、最扁的椭圆轨道的能量最低。磁量子数 m_l(轨道方向的量子数) $=l,l-1,\cdots,0,\cdots,-1$,代表了轨道在空间的可能取向,如决定了电子绕核运动的角动量沿磁场方向的分量。所有半长轴相同的在空间不同取向的椭圆轨道,在有外电磁场作用下能量不同。能量大小不仅与 n 和 l 有关,而且与 m_l 有关。自旋量子数 m_s(自旋方向量子数) $=+1/2,-1/2$,代表电子自旋的取向,如电子自旋角动量沿磁场方向的分量。电子自旋在空间的取向只有两个:一个顺着磁场;另一个反着磁场。因此,自旋角动量在磁场方向上有两个分量。电子自旋量子数 $m_s=1/2$ 代表自旋动量,对所有电子是相同的。

电子的每一运动状态都与一定的能量相联系。主量子数 n 决定了电子的主要能量,半长轴相同的各种轨道电子具有相同的 n,可以认为是分布在同一壳层上,随着主量子数不同,可分为许多壳层,$n=1$ 的壳层离原子核最近,称为第一壳层。依次 $n=2,3,4,\cdots$ 的壳层,分别称为第二、三、四壳层……,用符号 K、L、M、N、O、P、Q…代表相应的各个壳层。角量子数 l 决定了各椭圆轨道的形状,不同椭圆轨道有不同的能量。因此,又可以将具有同一主量子数 n 的每一壳层按不同的角量子数 l 分为 n 个支壳层,分别用符号 s、p、d、f、g、…来代表。原子中的电子遵循一定的规律填充到各壳层中,首先填充到量子数最小的量子态,当电子逐渐填满同一主量子数的壳层时,就完成一个闭合壳层,形成稳定的结构,下一个电子再填充新的壳层。

钠原子由在 2 个球对称闭合壳层中的 10 个电子和 1 个价电子组成,基态的电子结构是 $(1s)^2(2s)^2(2p)^6(3s)^1$,对闭合壳层,$L=0,S=0$,因此钠原子态由 $(3s)^1$ 光学电子决定。原子的基态应当包括原子核自旋的影响。原子的总角动量为 $F=(I+J)$。对钠原子,$I=3/2$,$J=\pm1/2$(取决于原子核和价电子的自旋方向相同或相反),由此,基态被超精细分裂为 $F=1$ 或 $F=2$ 两个能级。两能级之间相差 1.772GHz,这与氢原子基态超精细分裂相近(1.42GHz)。由于电子机械转动可以增加或降低总角转动惯量,价电子的第一个激发态是一个精细双线结构,这一影响是 D 线分裂的原因。D 线分开约 0.6nm(513GHz)。每个 D 线通过原子核自旋的超精细磁相互作用进一步分裂。对于 $J>I$ 级数是 $(2I+1)$,对

于 $J < I$ 级数是 $(2J+1)$。对 $J = 1/2$，仅有两个方式供 I 和 J 向量联合，所以 D_1 线被分裂成 $F = 1$、2 两个能级。$J = 3/2$ 的跃迁能够分裂为四种方式（$F = 0$、1、2、3），D_2 线的强度是 D_1 线的 2 倍，如图 3 - 7 所示。这些高能级的超精细分裂比基态的超精细分裂少得多。

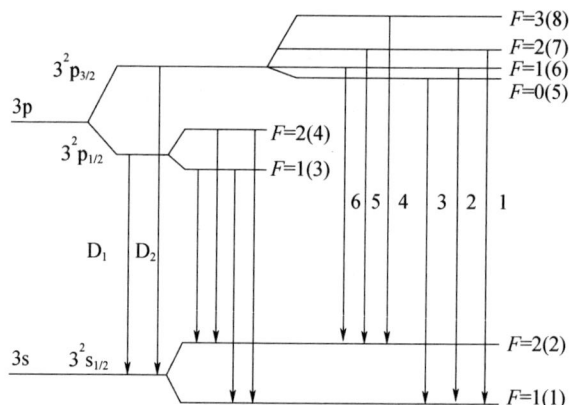

图 3 - 7 钠原子 D 线跃迁能级

基于选择规则，$\Delta F = -1$、0 或 +1 的跃迁是允许的。每个超精细能级有 $(2J+1)$ 个磁能级态，这些磁能级态进一步引入了能级间跃迁的选择定则。处于这些状态下的原子数量取决于光的偏振态，对于线偏振态，光子的吸收需要满足 $\Delta M = 0$，且禁止两个 $M = 0$ 能级之间的跃迁。若是圆偏光照射原子，仅可以允许 $\Delta M = \pm 1$ 的跃迁，这取决于光是左旋还是右旋。钠原子 D_2 线的能量水平和谱线的强度如图 3 - 8 所示，可以看出 D_{2a} 线的强度明显强于 D_{2b} 线。

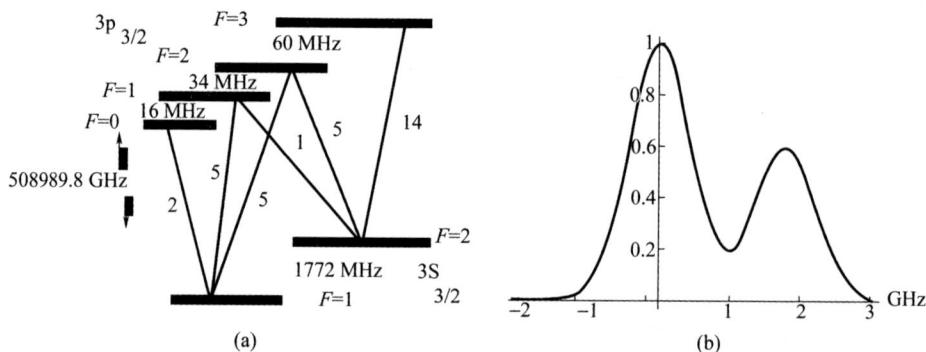

图 3 - 8 钠原子 D_2 线的能量水平和谱线的强度

(a)能级及跃迁概率；(b)中间层 D_2 线轮廓。

后向散射截面依赖于激光波长和线宽，也依赖于温度及钠原子所对应的群速度。钠 D_2 线轮廓是 D_{2a} 线与 D_{2b} 线多普勒展宽后的结果。随着温度的下降，

D_{2a}线与D_{2b}线的间距变小,两线的峰值强度增加。D_{2a}线散射截面峰值与两线中间谷值之比极易受到温度的影响,因此可以被激光雷达用来间接测量钠层温度。不同季节、不同地域的钠层温度不尽相同,一般会有数十开的温差,钠原子D_2线将因此出现不同形态的多普勒展宽线型。Gardner 给出了不同温度对应的钠多普勒超精细展宽结构,如图 3 - 9 所示[9]。

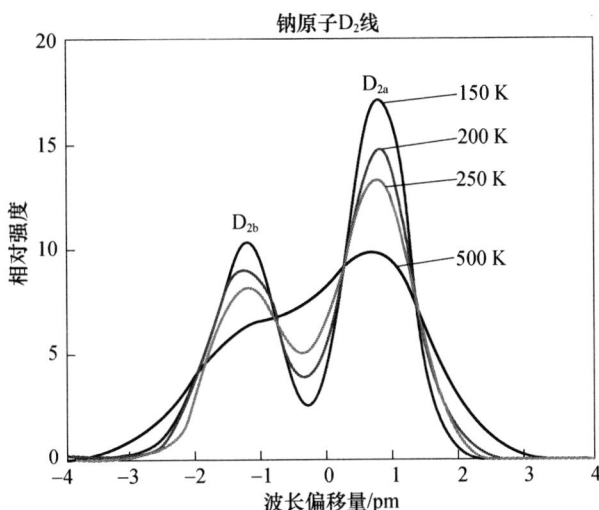

图 3 - 9　不同温度对应的钠多普勒超精细展宽结构

3.2　钠激光导星饱和特性

3.2.1　钠激光导星饱和原因

钠层中的钠原子产生的后向共振荧光强度应满足激光导星探测装置探测波前的需要,但受多种因素制约,钠激光导星亮度较低,这成为基于钠导星的自适应光学系统向高性能发展的主要瓶颈。

如前所述,钠层中的钠原子柱密度约在$10^9/cm^2$的量级,总量不过约数百千克。由激光物理中相关理论,将钠导星产生的过程视为激光泵浦介质的过程时不难发现,介质总量一定的前提下,当入射泵浦光较弱时,激光与钠原子的相互作用主要为受激跃迁与自发辐射。当光束功率密度不断增强达到一定水平后,激光与钠原子的相互作用还将存在受激辐射。当光束进一步增强,受激跃迁与受激辐射将会成为主要过程,而参与自发辐射的原子在全过程中占的比例将不断减小。对于地面钠导星探测系统而言,自发辐射出的光子分布于4π立体角内,其中后向传输的散射光能够被直接接收、探测。当激光辐射功率密度不断增强后,极强功率密度的导星激光将引起钠层钠原子的受激跃迁与受激辐射,这使得钠原子跃迁所产生的光子将沿原入射激光方向继续上行传输,而不能后向传输到达地面探测系统。因此,同等条件下,当导星激光尤其是窄线宽单频导星激光不断增强出射功率时,回光强度随激光出射强度的变化情况将会由线型增长逐步降低增长速率,直至逼近一个稳定的回光强度值,如图 3 - 10 所示[10]。可以看出,由回光强度与出射导星激光强度之比定义的回光效率,随出射导星激光的强度增加而不断降低,这一现象称为钠激光导星的饱和效应。

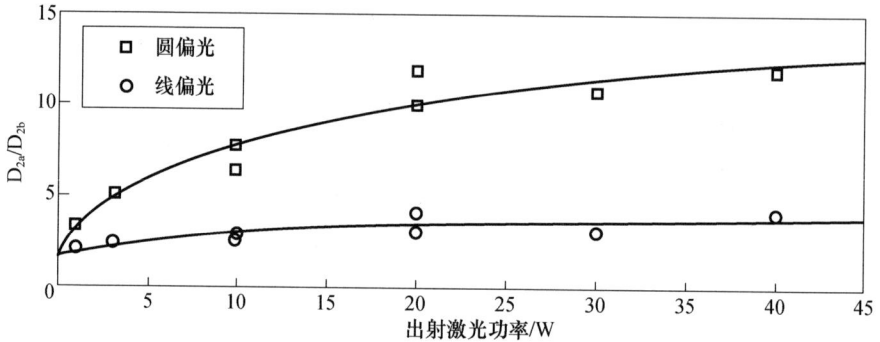

图 3 - 10 单频 FASOR 激光器低柱密度试验结果

3.2.2 钠层的饱和辐射功率密度

钠原子与导星激光的相互作用可以分为平衡态和非平衡态两种。平衡态情况下,导星激光对钠原子的辐射时间远大于钠原子 D_{2a} 线对应的高能级寿命(约16ns),在导星激光的辐射时间内,钠原子的受激跃迁过程、自发辐射过程与受激辐射过程达到动态平衡。非平衡态下,导星激光器在远小于钠原子 D_{2a} 线高能级寿命的时间内产生极高能量的脉冲激光,乐观情形下,最大数目由光子简并度决定的钠原子将被导星激光激发至高能态,在导星激光停止辐射后,处于高能级的钠原子自发辐射至低能级。

对于非平衡态,在远小于钠原子 D_{2a} 线高能级寿命 16ns 内,若入射钠层的单脉冲泵浦光具有极强的辐射功率密度,则最大数目由光子简并度所决定的钠原子将被激发至高能态。单脉冲导星激光通过后,处于高能级的钠原子以自发辐射的方式辐射出相应光子。自发辐射最大能够产生的光子数,不会超过激光导星尺度内的钠原子总量,当钠原子柱密度为 $2 \times 10^9 atoms/cm^2$、激光导星光斑直径为 1m、钠层厚度为 10km、钠层平均高度为 85km 时,对应返回至望远镜口处的光子数密度约为 173photons/(m^2·脉冲),不能够达到自适应光学系统探测波面的要求[11]。因此,采用非平衡态的方法,存在单脉冲所需的能量高、效费比低的问题,返回至探测端的光子数密度远不能达到探测波面所需的激光导星回光强度要求。

对于平衡态,在远大于钠原子高能级寿命的时间内,受激跃迁、受激辐射、自发辐射达到平衡状态,三者之间可以用平衡态的状态方程来描述:

$$B_{nm}U(\nu)N_n = A_{mn}N_m + B_{mn}U(\nu)N_m \qquad (3-1)$$

式中　m——高能级;

　　　n——低能级;

　　　A_{mn}、B_{mn}、B_{mn}——跃迁对应的爱因斯坦系数;

　　　N_n——低能级的原子数目;

　　　N_m——高能级的原子数目;

　　　$U(\nu)$——单位体积、单位频率下的辐射能量谱密度。

不同应用的自适应光学系统所需的钠激光导星尺度不同,钠层钠原子的柱密度也在发生周期性的变化,这些都造成激光导星尺度内的原子数目具有较大的变化。为了分析原子的饱和效应,定义原子分数 f 为处于高能级 m 的原子数与总原子数之比,有

$$B_{nm}U(\nu)(1-f) = A_{mn}f + B_{mn}U(\nu)f \qquad (3-2)$$

式中　A_{mn}——高能态原子寿命的倒数。

　　　B_{nm} 与 B_{mn} 有如下关系:

$$B_{nm}g_{nm} = B_{mn}g_{mn} \qquad (3-3)$$

若两光子简并度相等,$\psi(\nu)$ 为辐射功率谱密度,利用关系 $\psi(\nu)=c\psi(\nu)$,式(3-2)可简化为

$$f = B_{mn}\psi(\nu)/[2B_{mn}\psi(\nu) + A_{mn}c] \qquad (3-4)$$

式中　c——光速;

　　　g_{nm}、g_{mn}——两爱因斯坦系数对应能级的光子简并度。

自发辐射光子数正比于原子分数 f,式(3-4)描述了自发辐射与单位频率间隔下的辐射功率密度之间的关系。代入各参数值,原子分数 f 随辐射功率谱密度 $\psi(\nu)$ 的变化如图 3-11 所示。

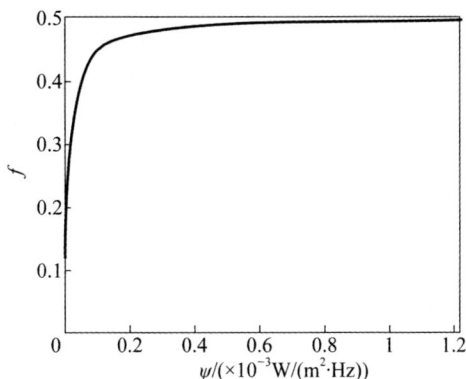

图 3-11　钠原子分数随入射光强的变化情况

显然,在平衡状态下,原子分数的增长速率逐渐减小,只能无限趋近于一个定值,即最多只有一定比例(由光子简并度决定)的钠原子处于高能态。这一过程需要极高的辐射功率密度。涉及钠原子单线宽饱和辐射功率,从 6.4 ~ 19.2mW/cm² 不等[12,13],究其原因是对自发辐射随导星激光辐射功率变化的饱和斜率定义不同。对式(3-4)求一阶导数,原子分数随辐射功率谱密度变化的速率为

$$k_f = A_{mn}B_{mn}c/[2B_{mn}I(\nu) + A_{mn}c]^2 \qquad (3-5)$$

k_f 随入射光强的变化情况如图 3-12 所示。

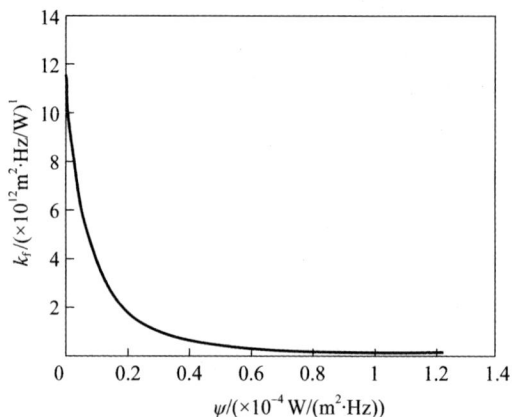

图 3-12 k_f 随入射光强的变化情况

自发辐射变化速率随导星激光辐射光强的增加不断减小。当入射光强接近 0 时,k_f 有极大值 k_{fMAX}:1.23×10^{13}(m² · Hz)/W;当入射光强趋向无穷大时,k_f 趋近于 0。若定义钠原子的饱和斜率为极大值的 50%,即 $k_{fsat} = 6.14 \times 10^{12}$(m² · Hz)/W,此时的入射辐射功率谱密度为 0.5×10^{-5} W/(m² · Hz)。扩展至自然展宽范围(忽略多普勒展宽范围内爱因斯坦系数的不同),则钠原子对单频导星激光的饱和辐射功率密度 $\Delta\Psi$ 约为 5.01mW/cm²。计算得到不同定义下的饱和斜率与单频饱和辐射功率密度如表 3-3 所列。

表 3-3 不同定义下的饱和斜率与单频饱和辐射功率密度

f	0.24	0.23	0.21	0.11
k_{fsat}/k_{fMAX}	0.25	0.3	0.4	0.6
$\Delta\Psi_{sat}/(\text{mW/cm}^2)$	12.2	10.1	8.91	3.54

对于钠层钠原子,不同的激光谱线轮廓对应的导星激光饱和光强不同,当连续导星激光的线型为高斯型时,线型中心频率的辐射功率谱密度应小于饱和辐

射功率谱密度。若采用1/2斜率极大值定义饱和斜率的方法,假定导星激光与钠层钠原子的多普勒展宽线型相同,且宽度也为数百兆赫,通过计算可得线宽内不引起饱和的导星激光最大辐射功率密度为 0.64W/cm²。为保证导星激光不引起钠层钠原子的饱和,在导星激光谱线轮廓为高斯型的情况下,不同线宽 $FWHM_{laser}$ 激光在钠层处的最大辐射功率密度 $\Delta\Psi_{laser}$ 如表 3-4 所列。

表 3-4 高斯型导星不同线宽激光在钠层处的最大辐射功率密度

k_{fsat}	$k_{fMAX}/2$		
$FWHM_{laser}/GHz$	0.5	1.5	3
$\Delta\Psi_{laser}/(W/cm^2)$	0.21	0.80	1.6

需要指出的是,钠层饱和的过程是一个连续、渐变的过程,在获得钠导星回光的过程中,不能简单追求低于人为定义的饱和辐射功率密度,而应以满足波面探测对导星亮度的需要、努力提高钠导星的回光效率为目标。

3.2.3 导星激光与钠层的相互作用

在进一步介绍激光与钠层的相互作用之前,有必要了解钠层的一些特性。中间层钠原子温度可以由原子谱线轮廓获得。当钠层温度为 200K 时,钠 D₂ 线可用两个带宽约 1GHz、间隔 1.772GHz(由超精细能级分裂决定)的高斯线型拟合得到。钠层所含分子密度在底层约为 2×10^{14} 分子/cm³,向上逐步递减,到顶层时为 3×10^{13} 分子/cm³。已知一定温度下空气分子的平均速度,则可以计算出碰撞的平均时间间隔,其在钠层中部约为 100μs。如果原子由非常短的脉冲激发,定义高能级寿命为电场振幅衰减 1/e 所耗费的时间,则 D 线的高能级寿命为 16.1ns。

原子自然线宽,即对应 0 K 下的光谱,是电场强度衰减的傅里叶变化,其为

$$I(\nu) = (\delta\nu_0/\pi)/((\nu-\nu_0)^2 + \delta\nu_0^2) \qquad (3-6)$$

式中 $\delta\nu_0$——线宽的半高全宽,$1/(2\pi\tau\lambda)$;

ν_0——中心频率。

因为已知 $\tau=16.1ns$,则半高全宽的线宽为 10MHz,其比多普勒展宽或超精细能级分离窄得多。因碰撞间隔时间比自然寿命长得多,可以得出一个重要的物理推论:若钠层被调至 D₂ 线的单频激光照射,仅有百分之几(10MHz/1GHz)的原子能够与光场相互作用而跃迁。这些原子与辐射场强烈作用,直到它们与其他原子或分子碰撞,或者改变方向。前面已介绍钠原子共振散射的饱和效应,本节将对钠原子的光学泵浦和辐射压力进行介绍。

钠原子跃迁辐射过程的循环时间是其吸收与辐射一个光子的平均时间。由于高能级寿命 16.1ns,此循环时间为 $(16.1/f)$ ns,f 是高能级原子分

数。由式(3-2),当设 $U_{sat}(\nu) = A_{mn}/2B_{mn}$ 时,解出 I_{sat},可得高能级原子分数为

$$f = 1/[2(1 + I_{sat}/I)] \tag{3-7}$$

式中　I——单频激光的强度(W/m^2)。

　　当泵浦激光足够强时,近 1/2 的原子将会处于高能级,钠原子的最小循环时间为 32ns;若 $I = I_{sat}$,此循环时间为 64ns。对于达到饱和强度并且波长对准原子谱线峰值的单频激光,可以预计在 100μs 的碰撞周期内,大约能够循环 1500 个钠原子跃迁周期。不论怎样,被原子吸收的每个光子携带与入射光束相同的动量,平均来说,每次吸收光子会为原子带来 50kHz 的多普勒平移。当不考虑自发辐射对动量的影响时,在 100 个周期后,原子已从谱线中心平移约 5MHz,且吸收截面降低 1/2。通过沿谱线轮廓积分,可以得到在碰撞间隙的跃迁循环次数,继而得到回光光子数。计算表明,当 $I > I_{sat}$ 时,回光信号强度受辐射压力影响严重。因此尽管辐射压力效应可以通过激光频率的啁啾技术降低,但对单频激光辐射压力有可能比饱和效应更加重要。

　　对图 3-8 能级图的研究表明,若仅用一个对准 D_2 吸收线的单频激光激发钠原子,存在从基态 $F = 2$ 到基态 $F = 1$ 光学泵浦的可能。运动方向接近垂直于光束方向的原子能够仅在 $F = 2$ 基态到 $F = 3$ 激发态循环,直到它们通过碰撞改变方向,但其他方向运动的原子可以被激发至 $F = 2$ 高能级或者 $F = 1$ 高能级。一旦原子被激发至这两个能级中的任意一个能级,它们则可以跃迁下来至 $F = 2$ 或 $F = 1$ 的任意一个低能级,仅仅几个跃迁周期过后,这些原子将会被困于 F 基态。每个碰撞周期内(大约 100μs)大约有 1% 的原子会被泵浦至 $F = 1$ 的基态,若这是唯一的过程,钠层将会在短时间内变得越来越"透明"。这个效应的作用大小依赖于基态通过碰撞被热化的速度,以及原子被中间层风替换的速度。

　　因基态是球对称的且典型的热化截面不大于 $10^{-23}\,cm^2$,一旦原子处于较低的基态,其仅能通过与大量分子碰撞而热化,这一过程的概率较低。Happer 指出,与诸如 O 或 O_2 的顺磁分子自旋交换是可能的。在自旋交换过程中,相互作用的原子的自旋被存储,在碰撞过程中交换自旋。因 O_2 占大气成分的 20%,长时间下分子的自旋将和钠原子的一样,期望的最佳结果是释放时间在 10 个碰撞周期的量级(1ms)。氧气分子精确的散射截面未知,因此,释放周期可能会长得多。通过物理运动的其他机制是由风将新原子带入光束。中间层风速非常快,典型值为 30m/s,因此对于 30cm 宽的光束,所有原子可在 0.01s 内被完全替换。

　　尽管如此,也能够利用双线光学泵浦效应来克服这个问题,采用圆偏振激光的同时激发 D_{2b} 线,使回光增至原先的 2 倍。在存在磁场、线偏振态光或者圆偏振态光情况下,每个 F 能级分裂为 $2I + 1$ 个磁量子能级。针对线偏振光,允许 $\Delta m = 0$ 的跃迁;而对圆偏振光允许 $\Delta m = \pm 1$ 的跃迁,这依赖于光束为左手系或右手系。高能级 m 能级的原子可以在遵循 $\Delta m = \pm 1, 0$ 的规则下跃迁至低能

级。若一个原子循环跃迁多次,针对线偏光倾向于移动原子朝向 $m=0$(低能级)、$m=0$(高能级)态,但是针对圆偏光则使能级朝向 $m=2$(低能级)、$m=3$(高能级)态。详细的计算表明,泵浦一定原子到达平衡状态需要 6～10 个周期。由 $F=3$、$M=3 \rightarrow F=2$、$M=2$ 跃迁散射唯一的辐射是偶极跃迁(圆偏振态),其散射光比 4π 弧度内的平均散射光强 50%。单频圆偏连续激光能够因此增加 50% 的后向散射光。后向散射光也与激光束一样,为圆偏振光。

单频激光仅能激发某一基态的原子,例如,激发开始于 $F=2$ 基态的原子,这些原子在热平衡下占总原子数的 5/8。进一步细分,可引入比主频高 1.772GHz 的第二频率,由此可激发原子从 $F=1$ 的基态到高能级的 $F=0$、$F=1$ 和 $F=2$。在高能级 $F=1$、$F=2$ 的原子存在落入低能级 $F=2$ 的可能性,继而被泵浦至两个能级的 $M=+3$ 态。在原理上,由此可泵浦所有原子至这个能态。相比于利用热平衡下 $F=2$ 基态 62.5% 的原子,采用此方法可利用 100% 的钠原子。考虑所有能级跃迁情况下的速率方程分析可得,利用第二频率的能量约占 10% 的圆偏振态激光,可以获得同功率下 2 倍的钠导星回光。进一步的分析表明,导星激光需有精确匹配的偏振态,地磁场所引起的原子进动(拉莫尔进动)会在微秒量级的时间内破坏光学泵浦效应,尽管如此,其结果不会如预测的那样严重。获得充分的光学泵浦效应需要耗费约 20 个周期,因此激光的强度与脉冲形式尤为重要。已有试验数据证明显著光泵浦效应的存在,由于高功率水平的导星激光器造价昂贵,因此合理利用光泵浦效应非常重要。

3.3　钠激光导星亮度特性

3.3.1　钠激光导星亮度随导星激光发射参数的变化

导星激光的线宽、脉宽、中心波长、偏振态以及地球磁场等均为影响钠原子的共振荧光效率的重要因素,除此之外,钠原子柱密度也会随着时间变化,这些都会给计算钠导星激光器的功率要求带来困难。

强激光辐射下钠导星的回光强度,可以在前述热平衡方程的基础上,通过修正部分参数得到。激光导星回光强度与发射激光功率的关系较为复杂,在激光导星荧光的产生过程以及荧光到达探测器的传输过程中,大气传输透射率、钠层柱密度、钠激光导星截面、钠层温度等共同决定了最终的回光强度。对于长脉冲激光器(导星激光与钠原子在脉冲时间内的相互作用为平衡态,连续激光器可由脉冲激光器脉冲功率等价外推),取相关参数典型值如表 3-5 所列。

表3-5　脉冲钠激光导星光源功率计算相关参数典型值

名　称	参　数	备　注
大气透射率	0.6	0°天顶角
钠层平均海拔高度/km	90	
钠层厚度/km	10	
钠层钠原子柱密度/cm^{-2}	5×10^9	平均值4.3×10^9
钠层温度T/K	200	185~215,决定了D_{2a}与D_{2b}线的线型
激光导星光源脉冲频率/Hz	500	
激光导星光源脉冲宽度/μs	66.7	
大气等晕角θ_0/μrad	10	波长0.5μm
瑞利散射截止海拔/km	75	35~75

钠层钠原子D_2附近的吸收谱线如图3-13所示。显然,3GHz的线宽中间存在吸收效率较低的部分,最低处的吸收截面不足峰值的1/5(在200K的温度下)。若利用线宽一定的激光覆盖整个D_2线,光源的中心波长不能与D_2线的两个峰同时精确匹配,且两峰间吸收效率较低的部分存在较大程度的能量浪费。

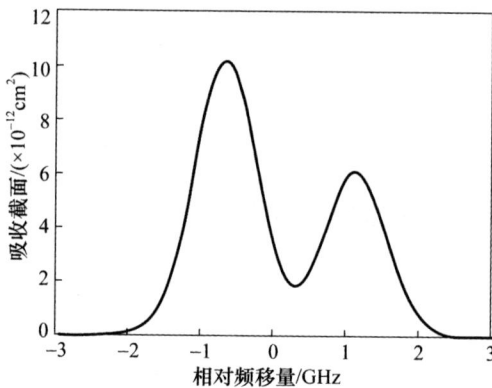

图3-13　钠层钠原子D_2附近的吸收谱线

为使有限的光源能量得到充分利用,应使功率有限的导星光源中心频率、线宽与拥有较高吸收效率的D_{2a}线(D_{2b}线)相匹配。D_{2a}线中心波长为589.159nm,原子速率群的分布情况可根据钠层平均温度和钠原子质量,由多普勒非均匀展宽分析得到。中心波长对准D_{2a}线的导星光源,谱线的宽度对荧光效率有较大的影响。依据散射截面与线宽的关系等相关参数的典型值,不考虑望远镜内部光路传输效率,计算得地面望远镜接收口径处不同线宽下钠激光导星光源的脉冲回光强度(地面处单个脉冲所对应的回光强度)如图3-14所示[11]。

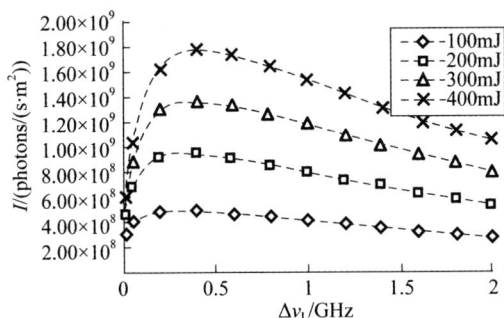

图 3 - 14　不同线宽下钠激光导星的脉冲回光强度

　　图中显示了脉宽 $66.7\mu s$，脉冲能量分别为 $100mJ$、$200mJ$、$300mJ$、$400mJ$ 的脉冲钠激光导星光源所产生的地面处回光强度 I（探测器积分时间内的平均回光强度）与高斯型线宽 $\Delta\nu_L$ 的变化关系。从图中可以看出，对于输出功率较低的激光导星光源，辐射功率密度较低，受饱和效应的影响较小，回光强度随线宽的变化较小。随着光源功率的升高，回光强度随激光线宽的变化出现极大值，这主要是由于两方面的原因。首先，每个速度群所对应的导星激光辐射功率密度变大，受饱和效应的影响，窄线宽、高功率下的回光强度并不会随光源功率的增大而成比例地增大。其次，钠层钠原子与导星激光相互作用，受同为高斯型的钠原子与激光能量分布相互作用概率的制约，激光线宽过大时，D_{2a} 线内各速度群的原子受激跃迁至高能级的总量减少。

　　人们通过地面天文望远镜系统对深空天体或近地目标进行观测，这些星体或目标的天顶角不尽相同，这就要求自适应光学系统能够在不同的天顶角下工作。钠激光导星的回光强度会随导星发射接收的天顶角而变化。偏离天顶方向发射的激光导星，系统与钠激光导星的距离增大，受辐射钠原子总量增多、大气总传输效率减低，各因素综合影响下的回光强度随天顶角变化情况如图 3 - 15 所示。可以看出，随着天顶角的增大，回光强度明显降低。计算表明，$45°$ 天顶角下的脉冲回光强度约为 $0°$ 下的 0.4 倍。

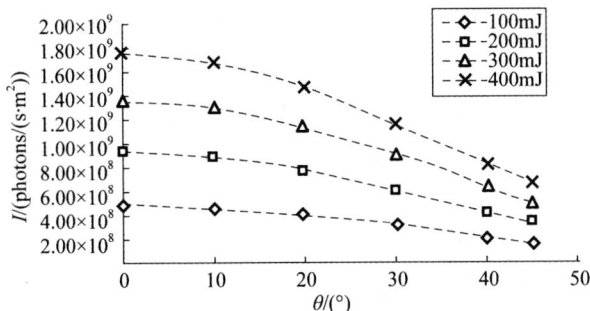

图 3 - 15　不同天顶角下的脉冲回光强度

　　钠原子 D_{2a} 线的中心波长由原子本身特性决定,导星激光光源的中心波长相对此波长的偏移会引起荧光效率的下降,各群速度综合叠加后总的回光强度也会因此下降[14]。以 0.4GHz 线宽、200mJ 的长脉冲导星激光为例,激光导星光源中心频率相对钠原子 D_{2a} 线的偏离大小为 δ_L,在望远镜口处的回光强度随 δ_L 的变化如图 3 - 16 所示[11]。

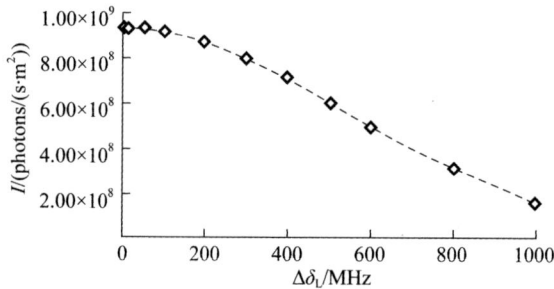

图 3 - 16　回光强度随 δ_L 的变化

　　由图 3 - 16 可知,导星激光中心波长微小的偏移对回光强度影响不大(如 0 ~ 100MHz 范围内,斜率为 - 0.16),随着 δ_L 的不断增大,回光强度 I 的下降速度逐渐加快(如 200 ~ 300MHz 范围内,斜率为 - 0.74;300 ~ 600MHz 范围内,斜率为 - 1.01)。若取回光强度下降后的强度 I_δ 不低于波长无误差匹配情况下 I_0 的 90% 为所能允许的最大中心频率偏差,对 100 ~ 400mJ 激光导星光源功率范围内中心波长最大偏差 $\Delta\lambda_{max}$ 的要求如表 3 - 6 所列。

表 3 - 6　对 100 ~ 400mJ 激光导星光源功率范围中心波长最大偏差 $\Delta\lambda_{max}$ 的要求

$(I_\delta/I_0)/\%$	90	95
δ_L/MHz	245	171
$\Delta\lambda_{max}/pm$	0.28	0.21

　　由此,为使导星激光拥有较高的回光效率,在有限功率水平下产生较强的回光,光源中心频率偏差控制在 0.21pm 以内。需要指出的是,以上结果是由 0.4GHz 线宽得出的结论,不同线宽的中心波长容忍偏差不完全相同,宽线宽的容差大于窄线宽的容差,准确的中心波长容差可根据以上思路由具体的导星激光参数、系统收发参数等进行计算后,结合实际应用需求做出准确判断。

　　钠导星的回光强度除了可利用前述热平衡方程进行一定的参数修正得到,也可利用基于实验的经验公式进行简单计算得到。导星激光在钠层产生后向共振荧光的效率,随辐射功率密度的增加不断下降,而实际工作的钠导星发射接收

系统一般工作在使钠层未达到饱和的状态。基于这一前提,当钠原子未饱和时,忽略效率的小幅度下降,有下式近似成立:

$$N = 3 \times 10^{18} n\sigma T_a^2 \kappa / (4\pi \sec(z)h^2) \tag{3-8}$$

式中　N——地面望远镜口处单位时间、单位导星激光功率、单位面积内,从钠激光导星处返回的共振散射荧光光子数;

　　　　n——钠层钠原子的柱密度;

　　　　σ——原子散射截面;

　　　　T_a——大气单程透射率;

　　　　κ——光学泵浦效率;

　　　　z——天顶角,返回通量以 $\sec(z)$ 缩放,而非 $\sec^2(z)$,虽然距离随 $\sec^2(z)$ 缩放,回光强度随此因子降低,但是钠层的有效厚度随 $\sec(z)$ 在增加;

　　　　h——钠层垂直高度。

对于原子散射截面参数的确定,可通过钠层钠原子的多普勒分布谱与激光线型卷积得到。当导星激光对准钠 D_{2a} 线相应波长 589.159nm(真空值)时,高斯型的线宽与钠原子散射截面存在图 3-17 所示的近似关系。

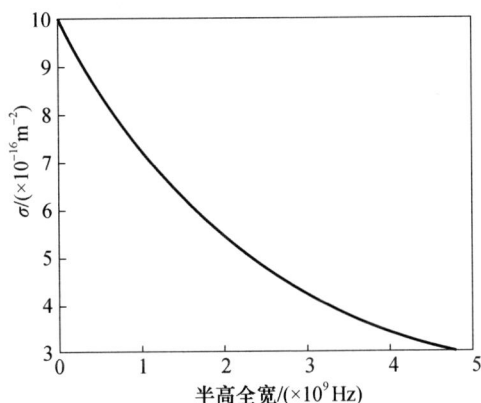

图 3-17　钠原子散射截面随导星激光线宽变化情况

如前所述,大多数柱密度的测量结果显示柱密度介于 $1.5 \times 10^9 \sim 15 \times 10^9 \text{atoms/cm}^2$(依赖于季节和夜晚时间)。考虑到提高设备运行的适应能力,应当将适当低的 $2 \times 10^9 \text{atoms/cm}^2$ 的柱密度值作为基于钠导星的自适应光学系统的设计条件,可保证每年至少有 3 个月钠层柱密度为这个值的 3 倍以上。若假定 $\kappa = 1.5$(针对典型的单频连续激光),且假定饱和效应不严重,1W 的单频激光在钠层将会返回 $88T_a$ photons/$(\text{cm}^2 \cdot \text{s})$ 的回光。这相当于 V 波段的 10 等星,或相当于常用于自然导星自适应光学系统的波段的 11.5 等星。

综合考虑以上因素,在钠激光导星探测中,也存在类似于瑞利导星的回光光子流密度方程：

$$F = \eta T_a^2 C_s \sigma_t \lambda_L E / 4\pi h_g^2 hc \tag{3-9}$$

式中 σ_t——钠层后向散射截面(m^2)；

　　　C_s——钠柱的柱密度(m^{-2})。

若以发射口径 50cm、整层大气相关长度 16cm 计算，当单脉冲能量固定为 20mJ(100W/5kHz)时，望远镜接收口径内回光光子数与脉冲宽度的关系如图 3-18 所示。

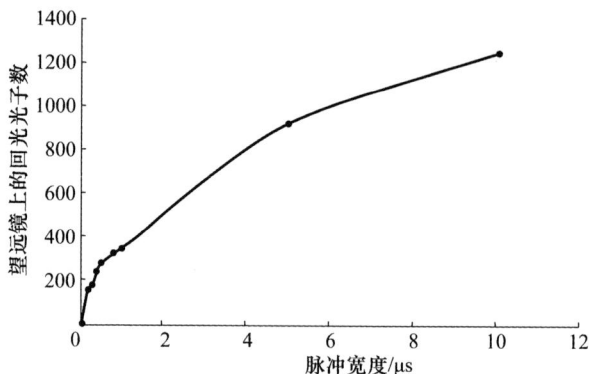

图 3-18 固定脉冲能量和重复频率时钠导星回光光子与脉冲宽度的关系

在脉冲宽度固定为 1μs、重复频率固定为 5kHz 时，不同的发射功率与望远镜对应的回光光子数间的关系如图 3-19 所示。

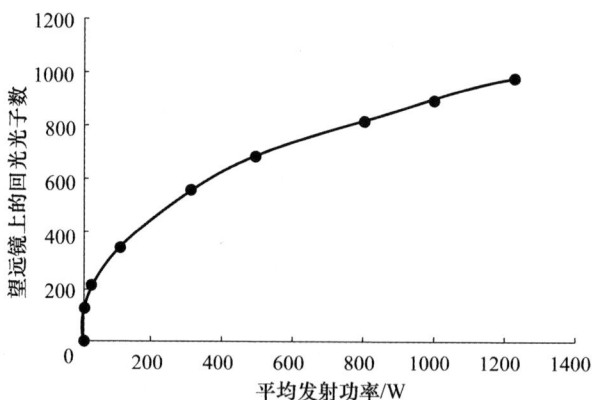

图 3-19 固定脉宽和重复频率时，钠导星回光光子数与发射功率的关系

当发射脉冲功率固定为 100W、脉冲固定为 0.5μs 的情况下，变换脉冲频率（这也改变了每个脉冲的能量），仿真计算获得的钠导星回光光子数与重复频率的关系如图 3-20 所示。

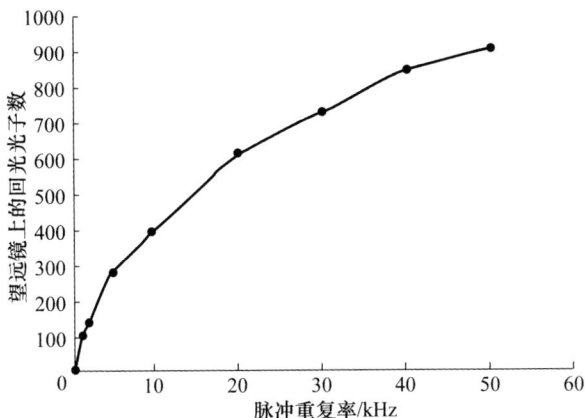

图 3 - 20　固定平均发射功率和脉宽时,钠导星回光光子数与重复频率的关系

综上所述,尽管通过钠导星光源的单脉冲能量、脉宽和重复频率等参数可以实现在一定范围内钠导星回光光子数的调节,但总体看来,由于钠层共振吸收存在饱和效应,最强的钠导星的回光强度约等效为 9 等自然星的亮度,折合到接收望远镜的口径上,光子数也就在 1000 个光子数的量级[12,15,16]。

目前,固体钠导星激光器的功率水平在数十瓦量级。此功率水平的连续体制钠激光导星光源已在天文探测领域得到了成功的应用,但对于以可见光波段观测等为目的的军事应用,脉冲体制钠激光导星光源更为合适。对于脉冲导星激光,导星激光在短时间内投射至钠层有限区域,脉冲持续时间内所对应的脉冲功率可能达到数万瓦以上,此区域内的钠原子在短时间内受到强激光的辐射极易产生饱和。为避免饱和效应,获得较高的回光效率,可采取以下几种方式:

(1)采取合适的收发参数,产生合适尺寸的激光导星;

(2)增加导星激光线宽或增加泵浦 D_{2b} 线的导星激光器波长,适当泵浦更多速率群的钠原子;

(3)通过增加脉冲导星激光的脉宽,降低脉冲功率,避免回光效率的过度下降。

目前,固体类脉冲钠激光导星光源已经历了调 Q 体制、锁模体制、宏微脉冲体制等阶段,但效果不甚理想。而新型的长脉冲体制钠激光导星光源,可将激光的脉冲长度增加至数十微秒,从而有效地降低脉冲功率。

3.3.2　钠激光导星系统对激光导星光源的要求

为能够产生足够亮的钠激光导星,满足自适应光学系统波面探测的需求,导星激光器的功率必须达到一定的功率水平。导星激光的线宽、脉宽、中心波长、偏振态以及地球磁场等都影响着与钠层钠原子的共振荧光效率,加之钠原子柱密度时刻变化,这些都给推算导星激光器的功率需求带来困难[14]。

由于以上多方面不确定因素的影响,难以得到普适于所有望远镜的激光器功率需求值,仅能得到特定参数下的导星激光器功率需求值。首先,在钠层的钠原子柱密度随时间、地点不断变化,且变化幅度较大,考虑到自适应光学系统的适应能力,以 $2 \times 10^9 \text{atoms/cm}^2$ 的低钠层钠原子柱密度作为计算依据。其次,进入波前探测系统的共振荧光必须达到一定的强度才能够满足自适应光学系统的要求。通常为保证自适应光学系统的性能,要求每个哈特曼传感器子孔径在每帧图像的光电子数 n 不小于数百个光电子。随着技术的不断进步,继科学级CCD出现之后,像增强的 ICCD、电子倍增的 EMCCD 相机相继出现,且性能不断发展,这些给微光高灵敏度探测带来了较好的解决方案,将显著降低哈特曼传感器的光强需求。对于天文应用,考虑到系统工作在红外或近红外波段且站址环境良好,其激光光源可为连续或低重复频率工作;而对于以可见光探测为目的的自适应光学系统,需要较高的校正带宽,工作频率将高很多,为计算方便,这里假定为 1000Hz。再次,大气相干长度时刻变化着。在可见光波段,对 $0.5\mu m$ 的波长,强湍流扰动下的白天,r_0 可小至 5cm,而在极好的夜间,r_0 可达到 20cm。取 $r_0 = 10\text{cm}$ 为计算中用到的 589nm 波长典型大气相干长度。由上述分析,根据工程需要,以表 3-7 所列参数作为对钠导星激光器功率指标要求计算的基本前提。

表 3-7　钠激光导星发射接收系统相关参数典型值

名　称	参　数	备　注
大气透射率	0.6	
导星激光器中心波长/nm	589.159	真空值
望远镜内光路传输效率	0.8	上行
	0.4	下行
钠层中心海拔高度/km	85	
典型大气相干长度(589nm)/cm	10	
探测器量子效率	0.9	
天顶角/(°)	0	

激光导星发射接收系统中,子孔径的大小 d、激光器线型的半高全宽FWHM、单帧积分时间 t 等对激光器功率指标要求影响较大。代入各相关参数,当单帧积分时间设为 1ms 时,模拟计算出能够产生单帧、单个子孔径数百个光电子数所需的激光器功率如图 3-21 所示。

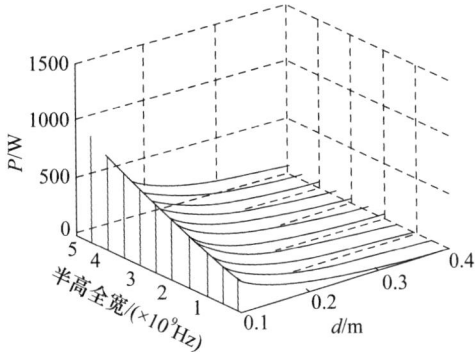

图 3 - 21   产生单帧、单个子孔径数百个光电子数所需的激光器功率

如前所述,目前国内外各种文献对钠层钠原子单频(线宽为 10MHz)激光饱和辐射功率密度的试验及计算结果中,因相关的地域、时间、激光器特性等而不尽相同,大体上在 $6.48 \sim 19.2 \text{mW/cm}^2$ 之间。选取单频线偏光的饱和辐射功率密度为 9.48W/cm^2,选取钠层钠激光导星光斑典型尺寸为 1m,激光器功率对应至钠层单频线宽内的辐射功率密度为 $\Delta \Psi$,单频线偏光的饱和辐射功率密度为 $\Delta \Psi_{\text{sat}}$,定义 $\Delta \Psi$ 与 $\Delta \Psi_{\text{sat}}$ 之比为饱和率,仅考虑 D_{2a} 线的情况下,模拟计算出前述激光器功率指标要求对应的饱和率(图 3 - 22)。

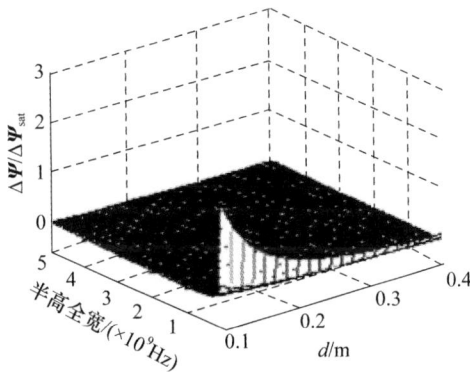

图 3 - 22   饱和率随导星激光线宽和子孔径大小的变化情况

由以上模拟计算结果可以看出,单帧积分时间确定后,所需的导星激光功率随子孔径的增大而减小,随线宽的增大而增大。当激光线宽为 5GHz、子孔径大小为 0.1m 时,所需激光器功率可达 1023W;当激光线宽为 10MHz、子孔径为 0.4m 时,所需激光器功率可低至 18.54W。相比而言,饱和率分布略复杂,大体上随子孔径的增大而减小,随激光线宽的加大呈现出先减小后增大的趋势。线宽变窄,接近单频时,饱和越发严重(线宽为 10MHz、子孔径大小为 0.1m 时,饱和率约为 2.4);线宽为 25MHz、子孔径为 0.1m 时,饱和率约为 1.0。由以上分

析,在激光导星探测装置单帧积分时间固定的情况下,为同时兼顾低激光器功率要求和低饱和率,推荐线型为高斯型的导星激光器线宽为数百兆赫。此种情况下导星激光能够有效地利用钠层多普勒展宽内的原子,减小各速率群原子自然展宽内对应的辐射功率密度,最大限度地降低饱和效应对激光导星发射接收效率的影响。当子孔径大小为0.1m时,数百兆赫线宽的导星激光器功率要求约为400W,对应的饱和率可低至0.024。

另外,针对采用连续导星激光器的分孔径发射接收激光导星装置,若单帧积分时间不确定,导星激光的线宽为数百兆赫时,代入各相关参数,模拟计算出能够产生单帧、单个子孔径数百个光电子数所需的激光器功率(图3-23)。

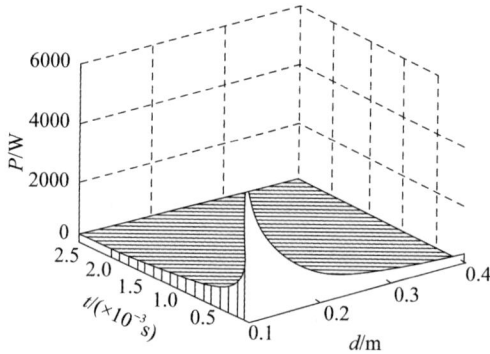

图3-23 钠导星激光器功率指标要求随单帧积分时间和子孔径大小的变化情况

同理,模拟计算出上述条件下,所需激光功率对应至钠层处的饱和率(图3-24)。

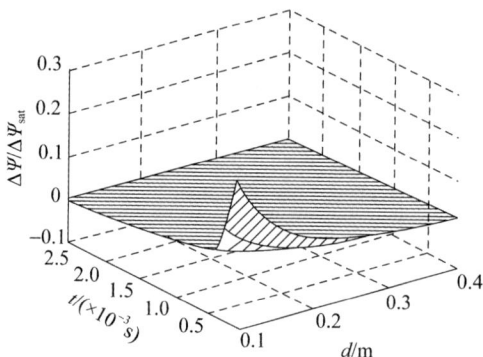

图3-24 饱和率随单帧积分时间和子孔径大小的变化情况

对比图3-23、图3-24可以发现,子孔径尺寸和单帧积分时间的降低会直接导致激光器功率指标要求与饱和率的升高。单帧积分时间增加,一方面降低了激光器功率指标要求和饱和率,另一方面降低了激光导星发射接收装置的工作频率。受到格林伍德(Greenwood)时间常数的限制,单帧积分时间不能够无限增大。湍流的时间特性通常认为服从巴夫顿(Bufton)风速模型:

$$v(h) = v_{g} + 30e^{-((h-9000)/4800)^2} \tag{3-10}$$

式中　v_{g}——地面风速参数(常取作5m/s);

　　　h——海拔高度(m)。

子孔径为 d 的望远镜,相干时间 τ 近似为

$$\tau \approx 0.53(r_0/v)(d/r_0)^{1/6} \tag{3-11}$$

当 $r_0 = 5\text{cm}$、$v = 2\text{m/s}$、$d = r_0$ 时,有 $\tau = 13.3\text{ms}$。考虑到强激光大气传输时会增强光路上的随机扰动,单帧积分时间应以大气的相干时间为上限。

小子孔径带来高空间分辨率波面探测的同时,也将固体激光器的功率指标要求提高至目前技术能力很难达到的水平。当子孔径尺寸与 r_0 相当时,所探测波阵面的相位差在 π 以内,激光导星探测装置能够较好地分辨出大气畸变信息。因此,可以设计子孔径尺寸于 r_0 相当。由以上分析,模拟计算出线宽为数百兆赫、线型为高斯型、中心波长对准钠的 D_{2a} 线的连续导星激光器功率指标要求,其对应的饱和率能够维持较低水平(不大于0.2355),具体功率指标要求近似值列于表3-8。对于参数相近的导星发射接收系统,钠激光导星发射接收装置积分时间和子孔径尺寸可以综合参考前述格林伍德相干时间和此表,根据现有导星激光器的发展水平、自适应光学系统的具体性能要求来选取,这里暂不做讨论。

表3-8　特定情况下连续导星激光器功率指标
要求对照表(高斯型线型,数百兆赫线宽)

$t/\mu s$	P/W $d=10\text{cm}$	$\Delta\Psi/\Delta\Psi_{sat}$ $d=10\text{cm}$	P/W $d=15\text{cm}$	$\Delta\Psi/\Delta\Psi_{sat}$ $d=15\text{cm}$	P/W $d=20\text{cm}$	$\Delta\Psi/\Delta\Psi_{sat}$ $d=20\text{cm}$
100	4383.0	0.2355	1948.0	0.1047	1095.7	0.0589
200	2191.5	0.1177	974.0	0.0523	547.9	0.0294
500	876.6	0.0471	389.6	0.0209	219.2	0.0118
1000	438.3	0.0235	194.8	0.0105	109.6	0.0059
1500	292.2	0.0157	129.9	0.0070	73.0	0.0039
2000	219.2	0.0118	97.4	0.0052	54.8	0.0029
5000	87.7	0.0047	39.0	0.0021	21.9	0.0012
10000	43.8	0.0024	19.5	0.0010	11.0	0.0006

采用共孔径发射接收钠激光导星的方式,导星激光器功率指标计算较为复杂。若脉冲导星激光器的脉冲宽度能够做到单脉冲持续数微秒至数百微秒,则导星激光利用率最高的发射接收方式如下:上行单脉冲导星激光"彗尾"到达瑞

利散射边界高度时,其"彗首"在钠层底所产生的后向散射荧光恰好到达瑞利散射边界高度,即

$$2(h_{\mathrm{NaB}} - h_{\mathrm{RT}})/\cos(z) = c\tau_1 \qquad (3-12)$$

式中 h_{NaB}——钠层底的海拔高度;

       h_{RT}——瑞利散射边界海拔高度;

       τ_1——导星激光器脉宽。

瑞利散射的边界高度为75km,钠层底部的高度为85km,天顶角为0°,则导星激光利用效率最高的激光脉宽应为67μs。对应的通光门宽应为"彗尾"从瑞利散射边界到钠层顶而后产生的共振荧光又回到瑞利散射边界经历的时间,即

$$2(h_{\mathrm{NaT}} - h_{\mathrm{RT}})/\cos(z) = ct \qquad (3-13)$$

式中 h_{NaT}——钠层顶的海拔高度,一般取95km。

算得探测装置的积分时间 $t = 133.3\mu s$。

不考虑激光器的单脉冲时间特性,若激光器的重复频率为500Hz,激光导星回光探测装置的帧频与激光器重复频率相一致情况下,算得导星激光的功率指标要求与饱和度近似值如表3-9所列。

表3-9   特定情况下脉冲导星激光功率指标要求与
饱和度近似值(高斯型线型,数百兆赫线宽)

d/cm	10	15	20	25
$\tau_1/\mu s$	66.7			
$f_{\mathrm{laser}}/\mathrm{Hz}$	500			
P/W	219.15	97.40	54.79	35.06
$\Delta\Psi/\Delta\Psi_{\mathrm{sat}}$	0.35	0.16	0.09	0.06

3.4   钠激光导星研究进展和应用

在地基大口径天文望远镜系统中,基于激光导星的自适应光学系统能够校正大气对光束的畸变,提高天文望远镜系统的成像分辨率和成像质量。相对瑞利导星,海拔更高的钠导星聚焦非等晕影响小、获取的全程大气湍流信息更加全面,在自适应光学领域中受到了广泛的关注。

目前,对于钠导星,满足自适应光学系统对回光强度要求的激光器取得了很好的进展。固体激光类钠导星光源有连续、高重频、宏微脉冲等多种体制[17,18],除了长脉冲体制光源,其他体制光源的回光特性已有较多理论分析及试验结果[12,15,16]。由于钠层饱和效应的存在,同等能量条件下,不同体制导星光源产生钠层荧光的效率不同。国内研制单位通过优化激光器设计指标,研制出脉宽

百微秒量级、线宽百兆赫量级的长脉冲体制导星光源,有效避免了钠层饱和效应,缩短导星探测系统对外探测的曝光时间,在实现高回光效率、提高探测信噪比方面展示出了一定的优势[19,20]。

目前,钠激光导星的自适应光学系统已广泛用于包括利克(Lick)天文台、北半球双子座(Gemini - North)天文台、星火靶场等多个大口径望远镜中,极大地提高了望远镜系统的观测能力。在钠激光导星的应用过程中,钠导星的亮度一直是影响其发展的技术瓶颈之一,由此衍生出了对光源参数(如波长、脉宽、线宽、光源体制)、滤光技术、探测算法等问题的研究,但仍有诸多问题需要人们不断努力探索。在工程实践方面,各天文台均在不断尝试新技术途径,力图借助基于钠导星的自适应光学系统充分发挥出大接收口径所应有的观测能力,部分天文台进展情况如表3-10所列(表中的数值为近似或典型值)。

表3-10　部分天文台钠激光导星研究情况

研究单位	激光器类型	口径/m	回光强度/photons/(s·cm²·W)	平均功率/W	导星尺寸	脉冲及光谱参数
利克天文台	可调谐染料	3	10	12	2″	100ns, 11kHz, 2GHz,电光调制
星火靶场	固态,和频	1.5	100 (各季节平均)	50	受限于湍流 1.4~3″, $r_0 = 7.8$cm	10kHz 线宽
凯克天文台	可调谐染料	10	10	12~15	1.8″×2.3″	100ns, 25kHz, 2GHz 电光调制
帕洛玛天文台	固态,和频,锁模	5	60~80	6~8	1.8″FWHM″ 视宁度1.0″, V波段	1ns 微脉冲, 300ms 宏脉冲, 300Hz
"昴"星团望远镜	固态,锁模	8.2		5.4 (光源功率)		0.8ns, 143MHz, 锁模, 1.7GHz线宽
北半球双子座天文台	二极管泵浦,固态, 1.06μm 与 1.32μm 和频	8	27 (线偏,圆偏提高约30%)	6(实际出射, 5月)	1.3″	0.7ns, 76 MHz, 连续锁模, 550MHz线宽
甚大望远镜 (VLT)	可调谐染料	4×8.2	54	10	1.25″	连续,3×10 MHz, 间距110MHz
欧南台 (ESO)	1178nm 倍频, 拉曼光纤放大	3.6		50		连续,单频, D_{2a}、D_{2b}双频出光 线宽10MHz

钠导星技术不断发展对新一代更大口径望远镜系统的自适应光学系统至关

重要,其研究侧重点主要有以下几个方面:钠原子与激光相互作用机理,回光效率与导星光源参数的优化;光源成本、功率、可靠性、紧凑化、工程化等方面的综合优化;在多导星的应用背景下,消除近程瑞利散射对钠导星探测的干扰;优化导星发射系统参数,提高到达钠层的激光光束质量,获得供波前探测系统使用的高质量"点光源"。此外,未来针对钠激光导星的工程应用还需要开展以下两个方面的研究:一方面,需研制用于高功率钠导星激光器的和频晶体及相关激光器技术;另一方面,近年来光纤技术迅猛发展,给激光器研制带来新思路的同时,也为钠导星设备的小型化、免维护等提供了新思路,积极发展用于导星激光远距离传输及耦合的、能够耐受高功率激光的导光光纤有助于未来钠导星的工程应用。

参考文献

［1］肖存英. 临近空间大气动力学特性研究［D］. 北京:中国科学院研究生院(空间科学与应用研究中心), 2009.

［2］杨国韬. 武汉上空钠层的激光雷达观测与研究［D］. 北京:中国科学院研究生院(武汉物理与数学研究所), 2004.

［3］孙景群. 激光大气探测［M］. 北京:科学出版社, 1986.

［4］操文祥. 中间层顶与湍流层顶的 SABER/TIMED 观测研究［D］. 武汉:武汉大学, 2012.

［5］宋正方. 应用大气光学基础［M］. 北京:气象出版社, 1990.

［6］Thomas S J, Gavel D, Adkins S, et al. Analysis of on – sky sodium profile data and implications for LGS AO wavefront sensing［J］. Proceedings of SPIE – the International Society for Optical Engineering, 2008.

［7］Ge J, Angel J R P, Jacobsen B D, et al. Mesosphere Sodium Column Density and the Sodium Laser Guide Star Brightness［J］. Proc Eso Workshop on Laser Technology for Laser Guide Star Adaptive Optics, 1997.

［8］曾令旗. 铁、钠流星尾迹的激光雷达观测研究及钠层全天时观测技术［D］. 武汉:武汉大学, 2011.

［9］Gardner C S. Sodium resonance fluorescence lidar applications in atmospheric science and astronomy［J］. Proceedings of the IEEE, 1989, 77(3):408 –418.

［10］John T, Jack D, Craig D, et al. Studies of a Mesospheric Sodium Guidestar Pumped by Continuous – Wave Sum – Frequency Mixing of Two Nd:YAG Laser Lines in Lithium Triborate［J］. Proc Spie, 2006, 6215.

［11］王锋, 叶一东, 胡晓阳, 等. 钠激光导星的饱和效应分析［J］. 红外与激光工程, 2012, 41(6):1471 – 1476.

［12］Denman C A, Drummond J D, Eickhoff M L, et al. Characteristics of sodium guidestars created by the 50 – watt FASOR and first closed – loop AO results at the Starfire Optical Range［J］. Proc Spie, 2006, 6272:62721L – 62721L – 12.

［13］Telle J M, Milonni P W, Hillman P D. Comparison of pump – laser characteristics for producing a mesospheric sodium guidestar for adaptive optical systems on large – aperture telescopes［C］.//Optoelectronics and High – Power Lasers & Applications. International Society for Optics and Photonics, 1998:37 – 42.

［14］王锋, 叶一东, 鲁燕华, 等. 钠激光导星的共孔径发射接收与谱线匹配技术［J］. 强激光与粒子束, 2010, 22(8):1829 – 1833.

［15］Denman A C A, Hillman P D, Moore G T, et al. Realization of a 50 – watt facility – class sodium guidestar pump laser[C]// Lasers and Applications in Science and Engineering. International Society for Optics and Photonics, 2005.

[16] Holzlöhner A R, Rochester S M, Calia D B, et al. Simulations of pulsed sodium laser guide stars: an overview[J]. Proc Spie, 2012, 8447.

[17] 鲁燕华, 黄园芳, 张雷,等. 钠导星激光器研究进展[J]. 激光与光电子学进展, 2011(07):11－22.

[18] Kibblewhite E. Calculation of returns from sodium beacons for different types of laser[C]// SPIE Astronomical Telescopes ＋ Instrumentation. International Society for Optics and Photonics, 2008:70150M－70150M－9.

[19] 王锋, 陈天江, 雒仲祥,等. 基于长脉冲光源的钠导星回光特性实验研究[J]. 物理学报, 2014,63(1):181－186.

第4章

激光导星的发射与接收

  激光发射光束质量、发射与成像光学系统的工作方式和技术状态(收发模式、探测模式、传感器性能、光学效率等)、大气影响(透过率、湍流)等各方面因素,都将影响到激光导星在目标处的光束状态以及接收视场最终探测到的导星图像特征。发射、接收及信号探测的工作体制,决定了激光导星在波面探测器上的成像特性,导星回光强度特性、形态及时空分布都受到发射与接收工作体制的约束。在人造激光导星工作系统中,为确保激光导星的有效性,发射与接收光学系统应重点考虑以下几方面问题:

  (1)导星尺度能否满足点光源成像要求?

  (2)如何保证较高的导星回光亮度及信噪比?

  (3)如何提高微弱导星回光信号的有效探测能力?

  本章随后的章节内容将针对这些问题进行分析,并就激光导星发射与接收的工作方式进行介绍。

4.1 导星尺度

  自适应光学校正要求激光导星的空间尺寸足够小,实际激光导星产生过程中,由于激光光束质量、发射口径的限制、大气湍流扩展等因素的影响,导星光斑存在一定的空间扩展,同时在传输方向上需截取一定长度(一般为千米量级)的散射回光,在成像探测器上会造成一定的成像光斑拉长现象。对于共孔径收发、小口径接收模式,仅需考虑前者,而对于分孔径收发和较大的接收口径,需要同时考虑两种因素引起的尺度变化。

4.1.1 光斑扩展效应

  天文观测和高能激光传输应用中,理想情况下,要求激光导星为自适应光学系统提供观测路径上准确的大气湍流信息,其空间尺寸应尽可能满足点光源成像条件,即对应每一个成像子孔径,导星成像光斑应与点光源衍射光斑相当。同时,为尽可能准确测量各个子孔径导星回光远场光斑的中心,应使光斑尺度与波前探测器哈特曼阵列的分辨能力匹配。对一定的子透镜焦距,子孔径成像光斑的大小决定了成像角分辨力。当波前探测子孔径直径 d 小于大气湍流相干尺度 r_0 时,光斑的最小角直径约为 $2.44\lambda/d$;当 $d>r_0$ 时,由于大气湍流效应的限制,最小角直径约为 $2.44\lambda/r_0$。因此,导星的角尺寸 α 不应大于子孔径的角分辨力,有

$$\alpha \leqslant \begin{cases} \dfrac{2.44\lambda}{d}, & d \leqslant r_0 \\ \dfrac{2.44\lambda}{r_0}, & d > r_0 \end{cases} \qquad (4-1)$$

此要求充分利用了哈特曼波面探测系统极限角分辨能力,对激光导星而言,其尺寸主要取决于导星激光聚焦于预定空间区域的光束尺寸。

理想情况下,聚焦距离、出射光束质量和发射口径等决定了光束最终的聚焦尺寸。但大气湍流扰动会影响导星激光束的远距离传播特性,造成聚焦光斑的扩展。对激光束聚焦光斑截面尺寸的推算可分为发射口径小于 r_0 与发射口径大于 r_0 的两种情况进行。

第一种情况下,发射口径小于大气相干长度,导星在天空中产生的光斑大小主要由导星泵浦激光的光束质量与发射口径共同决定。出射波长为 λ、光束质量为 β 的导星/照明激光,聚焦于距离 L 处,当导星泵浦激光发射光束口径 D_b 小于大气相干长度时,导星的尺寸为

$$D_S \approx \frac{2.44\lambda\beta L}{D_b} \qquad (4-2)$$

在此条件下,选取典型的光束质量和发射口径参数计算可得 90km 高度的钠导星尺寸等高图,如图 4-1 所示。

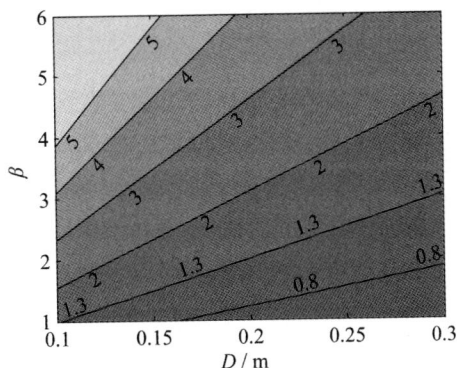

图 4-1　$D_b < r_0$ 时的钠导星直径等高图

第二种情况下,发射口径大于大气相干长度,大气湍流将对上行激光束波前产生较大的影响,使得到达目标区域的光斑尺寸显著增大。此情况下,聚焦激光束尺寸由导星泵浦激光光束质量、大气相干长度、发射口径、曝光时间大气湍流

特征时间常数等共同决定,其简化计算方法并不唯一[1-3]。在时间特性方面,格林伍德时间常数一般介于几毫秒至几十毫秒之间,导星探测系统的积分时间通常比格林伍德时间常数小很多,因而对激光束形成的瞬时尺寸影响不大。双子座天文台 Telle 等认为,受湍流影响,短时间内到达目标处的聚焦激光束尺寸可近似为

$$D_S \approx 2L \sqrt{\left(\frac{\lambda}{r_0}\right)^2 + \left(\frac{\beta\lambda}{D_b}\right)^2} \qquad (4-3)$$

式(4-3)综合考虑了光束发射口径、光束质量因子、大气相干长度等相关因素,能够近似反映出受大气湍流扰动下激光束的瞬时聚焦情况。通常,大气相干长度在几厘米至数十厘米间变化,随波长、地理环境、季节等的变化而变化。选取出射激光光束质量 β 因子为5,不同类型的导星尺寸等高图如图4-2所示。

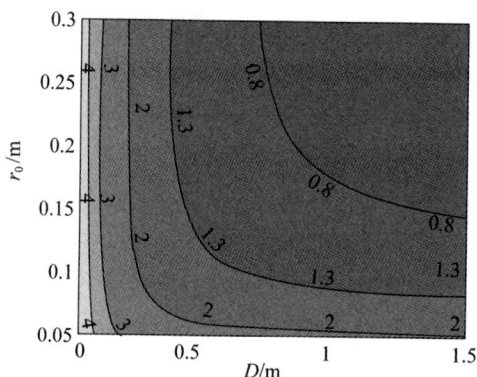

图4-2　$D_b > r_0$ 时的钠导星直径等高图

由上述数值计算结果可知,导星激光束聚焦尺寸正比于激光束波长、出射光束质量,反比于光束发射口径。发射口径大于大气相干长度时,大气湍流对上行激光束有显著扰动作用。对钠导星,若大气相干长度与导星探测系统子孔径尺寸均为10cm,即所要求的导星尺寸满足子孔径点光源要求,采用光束质量 β 值不大于5的激光束,激光导星发射口径要求不小于0.7m。

国内外针对人造导星尺度扩展性对导星波面探测精度的影响开展了大量的研究工作。美国麻省理工学院林肯实验室就各种尺寸的均匀扩展导星开展的系列实验表明,对于小于 $3\theta_0$(θ_0 为大气湍流等晕角)的扩展照明导星而言,斯特列尔(Strehl)比对导星尺寸并不敏感。

4.1.2　光斑拉长效应

光斑拉长是一种特殊的导星尺度问题,在大口径接收望远镜和收发间距较大的导星工作系统中,光斑横向拉长问题尤为突出,有限的导星高度和导星的采

样厚度是主要的影响因素。

在共孔径发射接收体制下,当接收望远镜的口径较小时,这种因素对波前探测误差的贡献较小,可以忽略。大口径望远镜所产生的光斑明显拉长,图 4 - 3(a) 所示为导星激光共孔径发射和分孔径发射情况下,8m 接收望远镜接收到的导星回光聚焦成像的典型结果。

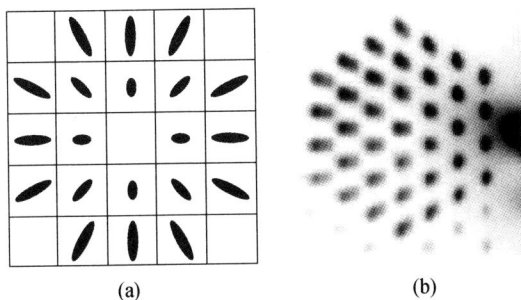

图 4 - 3 不同收发模式下的导星拉长分布
(a)共孔径;(b)分孔径。

在分孔径发射接收体制下,导星激光发射口径与望远镜接收口径相对独立,保持一定的距离,这种结构有利于消除近程瑞利散射杂光,同时,主光学系统结构较简单,有利于杂光的消除和光学效率的提升。但随着发射望远镜至接收望远镜距离的增加,光斑拉长效应更加明显,如图 4 - 3(b)所示。激光导星拉长效果呈现出非中心对称分布特征,将对导星探测器输出信噪比、波面探测误差等方面造成一定的影响。

光斑拉长效应直接导致了两方面问题:一方面,光斑拉长效应导致波面探测器成像光斑变形和尺寸增大,光斑强度的不均匀性大幅增加,降低了探测系统的信噪比,这时需更高的导星回光强度才能满足波面探测的要求;另一方面,光斑拉长效应会降低哈特曼波面探测的动态范围,影响质心的准确判定。

在光学系统设计中,收发间距的合理选择非常重要,需考虑近程瑞利散射杂光和光斑拉长效应的影响。导星激光的发射端与接收端间距太远,光斑拉长效应明显,导星波面探测误差加大;导星激光的发射端与接收端间距太近,近程瑞利杂光干扰钠导星探测,引起质心的计算误差。合理的发射、接收轴间距能够兼顾瑞利散射杂光的避除与光斑拉长效应的降低,最大限度地提高系统的信噪比和波面探测能力。

图 4 - 4 所示为模拟不同收发间距的钠导星子孔径成像光斑形态,采样时长为 300μs。当收发间距为 5m 时,钠层采样厚度为 10km、钠导星中心高度为 90km、导星尺度符合 φ100mm 子孔径衍射极限要求,分析得到的光斑图像如图 4 - 4(b)所示,与收发间距为 0 时的图 4 - 4(a)图像相比,光斑拉长效应并不

明显,但当收发间距达到 10m 时,其光斑形态出现明显的拉长畸变。

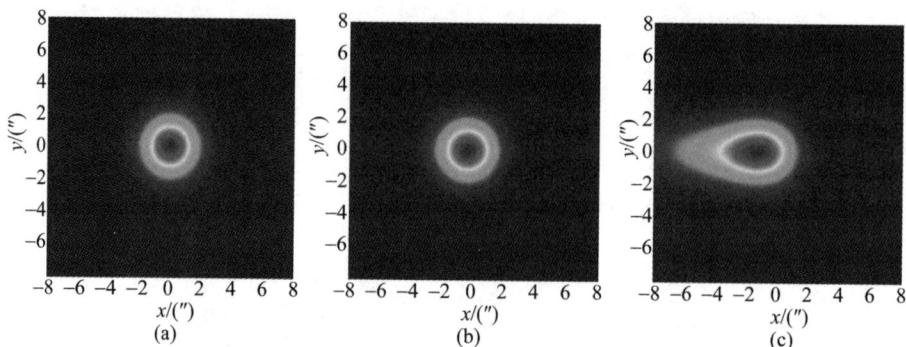

图 4 - 4　不同收发间距的钠导星子孔径成像光斑形态
(a)收发间距 0;(b)收发间距 5m;(c)收发间距 10m。

　　导星接收的采样时间决定了导星光柱的轴向长度,从而决定了回光探测光斑拉长效应的严重程度。由于钠导星海拔高,其采样时长对光斑形态变化的影响较小;但对瑞利导星而言,由于导星高度低(几千米至 20km),控制导星成像视场的拉长效应需更短的采样时间,通常瑞利导星的采样时长比钠导星小得多。当收发间距为 5m、导星高度为 15km、导星尺寸符合 $\phi 100mm$ 子孔径衍射极限要求时,分析得到采样时长分别为 $5\mu s$、$10\mu s$ 时的瑞利导星光斑图像如图 4 - 5 所示,其中图 4 - 5(a)收发间距 5m、采样时间 $5\mu s$,图 4 - 5(c)收发间距 5m、采样时间 $10\mu s$。

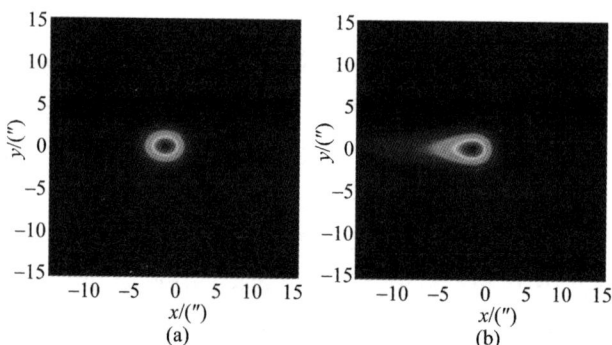

图 4 - 5　不同曝光时长的瑞利导星光斑图像(15km 高度、5m 收发间距)
(a)采样时间 $5\mu s$;(b)采样时间 $10\mu s$。

　　可以看出,钠导星在 5m 的收发间距下,当采样时间在 $100\mu s$ 时,光斑拉长效应并不明显,能够有效避免光斑拉长对系统波面探测的影响。当采样时间为 $10\mu s$ 时,瑞利导星存在一定的光斑拉长。当采样时间小于 $5\mu s$ 时,光斑拉长效应能够有较大缓解。

综上，光斑拉长效应会对波面探测系统的测量误差、信噪比、传感器性能要求及波面重构算法等产生较大影响。在有效控制瑞利散射近程杂散回光影响的前提下，减少发射与接收光学系统的轴间距能够有效减少光斑拉长效应的影响。此外，天文领域普遍采用的特制传感器靶面能够有效减小单个子孔径的像素数，降低系统数据量和读出噪声。当面对光斑拉长效应影响时，这一方法值得借鉴。

4.2　回光强度及信噪比

提高图像信噪比是人造导星系统设计追求的主要目标，在有限的导星激光功率、特定的发射接收系统中，通过优化设计可提高回光强度、降低噪声，以满足自适应光学系统对人造导星的要求。

由第 3 章的分析可知，在物理因素上，钠导星激光的中心波长、谱线分布、激光脉宽（仅对脉冲体制人造导星而言）、平流层钠原子柱密度都会导致钠导星回光强度的变化。本节在此之外，探讨了系统光学效率对回光强度的影响，并就实现脉冲体制弱光信号有效探测的方法进行了介绍。

4.2.1　光学效率

在远距离导星探测中，首先是提高导星发射、接收系统的光学效率。

1. 光学元件的影响

发射和接收光路上的光学元件对导星波长光束光学效率的影响。主要决定于两个方面：①个体光学元件的膜系性能指标 η_i；②发射光路和接收光路光学元件数量 N。系统的光学效率为

$$\eta = \prod_{i=1}^{N} \eta_i \tag{4-4}$$

在大口径光学系统中，光学元件主要有反射镜（平、凹、凸）、分光镜、分色镜、透镜和滤光镜等。图 4-6 所示为典型的共孔径收发系统光路布局。其中：反射镜包括光路中继传输的平面反射镜、发射光路扩束（或接收光路缩束）用的凹面/凸面反射镜；分光镜用于光束参数采样探测；分色镜用于不同波长光束的分光或合束；透镜用于激光的发射扩束、目标光的接收缩束及成像；滤光镜用于成像光路的平行光路上，对目标信号波长以外的光谱进行滤波，提高信噪比。

光学元件的光学效率主要由基底材料、镀膜工艺、使用方法决定，透射光学元件基底材料需严格控制透射效率、材料均匀性和表面加工精度，膜系设计与镀膜在提高光学利用率的前提下，需保证具有一定的应用角度适应范围。图 4-7 所示为分别满足 22.5° 和 45° 入射角要求时，532nm 和 589nm 高反镜膜系设计曲线。图 4-8 所示为在对高反镜分别提出同时实现两种波长高反要求和同时实

现四种波长要求条件下,高反镜膜系设计曲线。

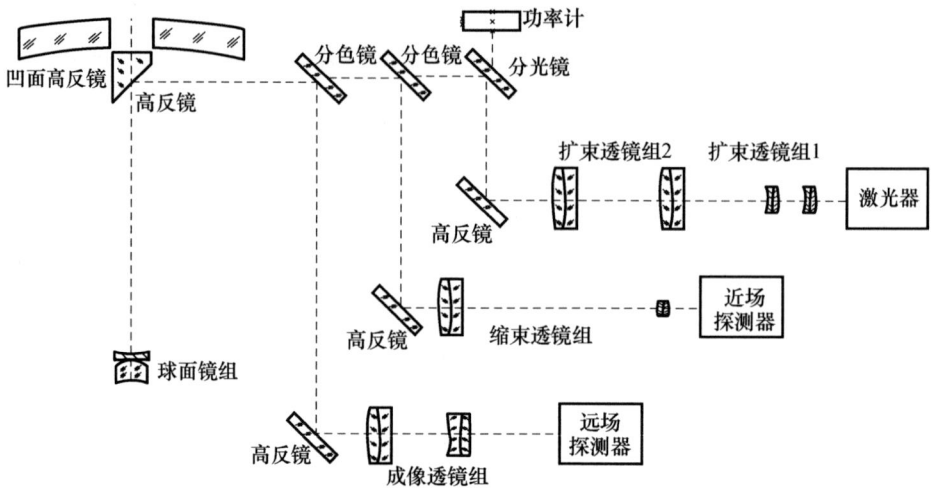

图 4-6 典型的共孔径收发系统光路布局

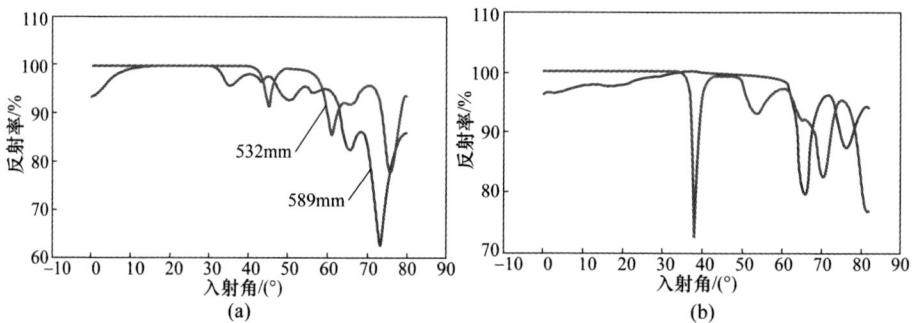

图 4-7 不同入射角要求条件下膜系设计曲线

(a)入射角22.5°;(b)入射角45°。

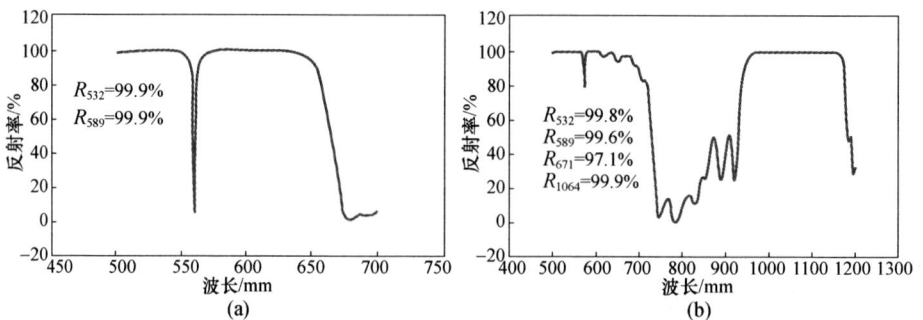

图 4-8 不同波长复杂程度条件下膜系设计曲线

(a)532nm、589nm;(b) 532nm、589nm、671nm、1064nm。

在有一定入射角度工作的旋转光学元件设计中,需重点控制光学元件的偏振特性,减小光学元件膜系退偏造成的发射接收效率下降和杂光的影响,例如,望远镜系统采用地平式卡塞格林结构,折转结构中大部分镜子的光束入射角为45°,在宽谱范围内实现S、P光偏振反射率一致的难度很大,单片反射镜在这两个偏振态的光学效率差异可以达到15%~20%,由于望远镜旋转造成的不同姿态下的系统光学效率差异不能忽视。

2. 激光大气透过率

大气衰减包括分子与气溶胶对激光的吸收和散射,其衰减程度与大气条件、激光波长及其在大气中传输的距离有关。

在晴朗天气条件下,对于可见光和近红外光谱范围,分子吸收以水汽和臭氧吸收为主,大气散射以大气分子的瑞利散射和气溶胶散射为主。气溶胶处于较低等的大气中,由含有水溶物的微小固体颗粒组成。大气分子吸收激光能量转变为分子平动、振动和转动能量以及电子的振动、转动能量。

激光导星的发射可以近似视为准直发射,相关文献表明[4,5],针对准直激光束的特殊情况,大气透过率可以在朗伯 - 比尔定律(Lambert - Beer)定律的基础上进行修正,表达为

$$T_\lambda \approx e^{(-\tau_\lambda)} [1 + C(L, \tau_\lambda)] \qquad (4-5)$$

式中 $C(L, \tau_\lambda)$——修正因子,是传播距离和光学厚度的函数,也是激光束波长和空间分布特性的函数,强烈依赖于介质的散射相函数。

激光大气透过率与天顶角方向密切相关,图4-9所示为两种天顶角时典型的大气光谱透过率随波长变化曲线(能见距23km)。

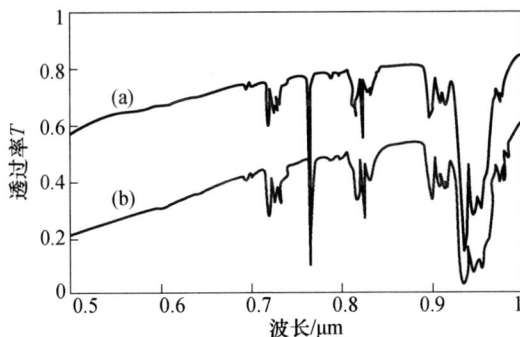

图4-9 不同天顶角时典型的大气光谱透过率随波长变化曲线
(a)天顶角0°;(b)天顶角70°。

4.2.2 背景噪声

1. 天光背景

白天导星探测中,大气中的分子、气溶胶等介质对太阳光的散射是造成天光

背景的主要原因,天光背景是白天导星探测信噪比的主要影响因素,图4-10所示为晴朗天空的相对光谱亮度的典型分布。

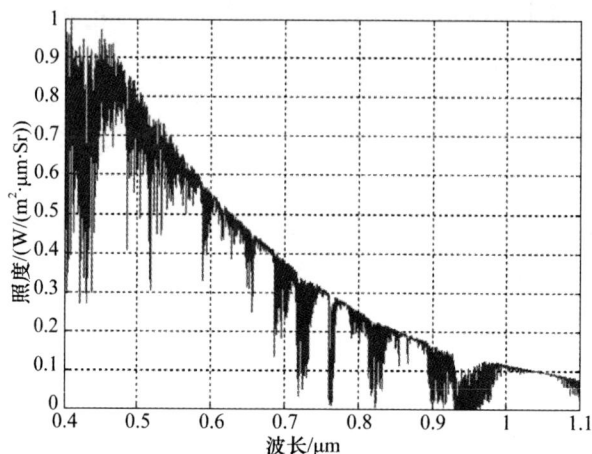

图4-10　晴朗天空的相对光谱亮度的典型分布

　　导星探测系统设计中,天光背景的抑制需考虑背景光的空间特性、时间特性和光谱特性。空间特性是指天光背景辐射的空间分布;时间特性是天光背景辐射随时间变化的规律;光谱特性是天光背景随波长的分布。在不同的时间、不同探测天顶角下,天光背景强度变化复杂。

　　瑞利导星(532nm)和钠导星(589nm)都处于可见光波段,两波段白天的天光背景强度较高,利用导星激光的窄线宽特征,采用窄带宽光谱滤波是提高白天导星探测信噪比的主要途径。相关计算分析表明,在 $5W/(m^2 \cdot \mu m \cdot Sr)$ 天光强度下,采用10nm窄带滤光片,天光背景仍然比导星回光强度高得多,如不能进一步提高导星亮度,则需要采用更窄带的原子滤波等技术解决白天天光背景对导星探测的影响。

　　2. 近程杂光

　　在共孔径收发光学系统中,近程杂光抑制是系统设计中的难点。近程杂光光源来于两个方面:一是光学系统发射通道内部由光学镜、镜框等对发射激光产生散射而返回接收传感器视场的杂散光;二是发射光束在大气传输中产生的近程大气瑞利散射回光。在分孔径收发光学系统中,只考虑近程瑞利散射回光。在脉冲体制导星系统中,除了采用窄带光谱滤波,还需采用时间选通、视场光阑和孔径光阑等综合措施保证导星探测杂光抑制的有效性。

　　3. 传感器和电子线路的本底量子噪声

　　激光导星的探测传感器一般采用ICCD、EMCCD或EBCCD,其暗电流噪声是形成本底噪声的主要因素,在弱信号探测时,ICCD和EBCCD的信噪比急剧下降,EMCCD 在弱信号探测上具有一定的优势。

4.3　脉冲导星的重复频率

人造导星工作体制分为连续/宏微脉冲体制和脉冲工作体制,脉冲体制的人造导星具有更高的激光峰值功率和更强的环境适应性[6,7]。脉冲激光导星的重复频率取决于自适应光学系统对大气湍流校正的需求[8-10]。

大气湍流的时间特性用格林伍德频率f_G描述[1]:

$$f_G = \left[0.102 k^2 \sec\Omega \int_0^L C_n^2(h))v^{5/3}(h)\,\mathrm{d}h \right]^{3/5} \qquad (4-6)$$

f_{3dB}为自适应光学校正系统的闭环带宽,定义为系统的闭环传递函数增益为 -3dB 时的频率。由自适应光学理论可知,波前校正残差与闭环带宽f_{3dB}和f_G有如下关系:

$$\sigma^2 = \left(\frac{f_G}{f_{3dB}}\right)^{3/5} \qquad (4-7)$$

当自适应光学系统闭环带宽为f_G时,校正残差为 $1\,\mathrm{rad}^2$;当闭环带宽为 $2f_G$时,校正残差为 $0.315\,\mathrm{rad}^2$;格林伍德认为实际闭环带宽应达到 $4f_G$,校正残差约 $0.1\,\mathrm{rad}^2$(表 4-1)。

表 4-1　闭环带宽与校正残差的关系(格林伍德近似)

f_{3dB}	σ^2/rad^2	β
f_G	1	1.65
$2f_G$	0.315	1.17
$4f_G$	0.1	1.05

李新阳等在"激光实际大气水平传输湍流畸变波前的功率谱分析Ⅱ:波前相位与格林伍德频率"一文中提出,目前常用的格林伍德频率指标是在没有考虑去除整体倾斜像差影响的情况下得出的,但倾斜镜闭环后去除了波前整体倾斜像差,剩余波前相位的时间功率谱将发生变化[10]。因此,按照格林伍德频率计算公式得出的对变形镜控制带宽的要求偏高,实际系统中变形镜需要的控制带宽小得多。格林伍德本人也指出,格林伍德频率指标会有所偏大,只能作为对控制带宽的一个很保守的估计。图 4-11 给出了实现校正残差 $0.1\,\mathrm{rad}^2$所需控制带宽和大气相干长度的关系,其中分别采用格林伍德的近似处理理论(实线)、含倾斜量的准确积分(点画线)和不含倾斜量的准确积分(点线)计算得到。从图中可看出,在大气相干长度 $r_0 > 10\mathrm{cm}$ 时,格林伍德频率指标是实际所需控制带宽指标(不含倾斜量)的 2 倍以上。

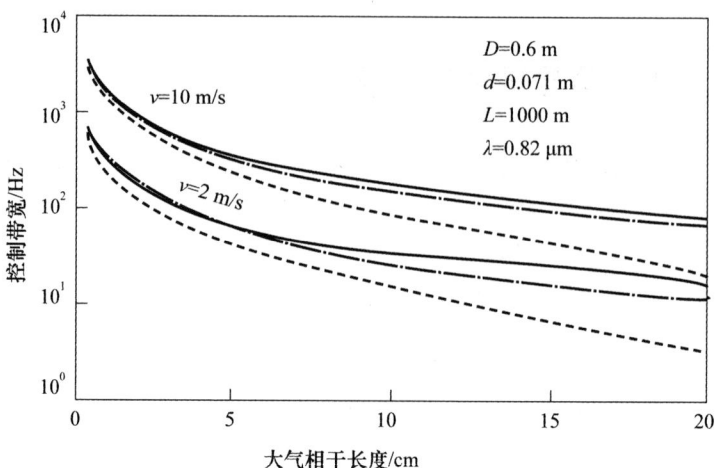

图4-11 控制带宽和大气相干长度的关系(校正残差0.1rad^2)

　　根据香农定理,采样频率大于2倍信号频率就可复现信号。但由于采样带来了滞后,降低了系统的动态校正能力。因此,采样频率往往比2倍自适应光学的闭环控制带宽大得多。图4-12所示为在50Hz闭环控制带宽条件下,不同采样频率条件下对恒星成像波前闭环校正的RMS相对残差率(闭环残差/开环残差)。可以看到,即使是1倍闭环带宽的采样频率,也能将闭环残差优化至开环的50%。随着采样率的增大,闭环效果有明显改善。当采样率达到500Hz时,即达到5倍闭环控制带宽之后,闭环效果的改善趋缓。

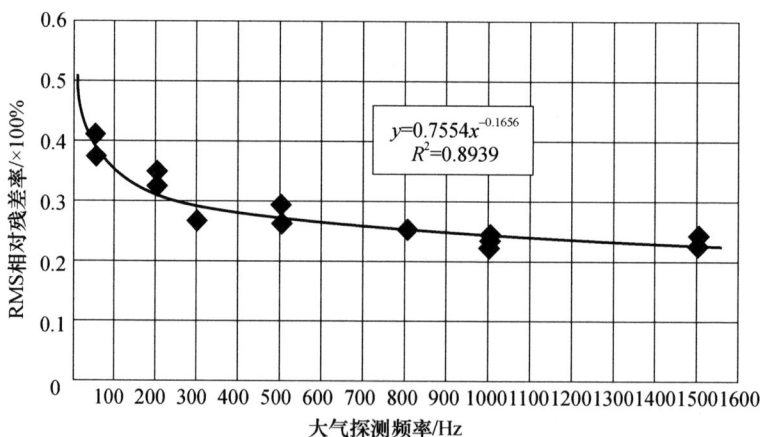

图4-12 不同采样频率下对恒星成像波前闭环校正的RMS相对残差率

4.4　导星信号探测

4.4.1　暗弱导星目标

在对更加遥远的天文和空间目标进行观测时,小口径望远镜已经越来越难以满足应用需求,为适应大口径望远镜的校正要求,降低聚焦非等晕性对波面恢复的影响,需要高度更高的人造激光导星,图 4 - 13 所示为钠导星试验中探测到激光器激发不同海拔大气层获得的回光强度光子计数曲线,可见钠导星回光基本与 30km 的瑞利回光强度相当。如果以大气相长度作为子孔径尺寸,每个子孔径得到的导星回光光子数为数百个。这种极弱光的信号探测和处理具有较大的难度。

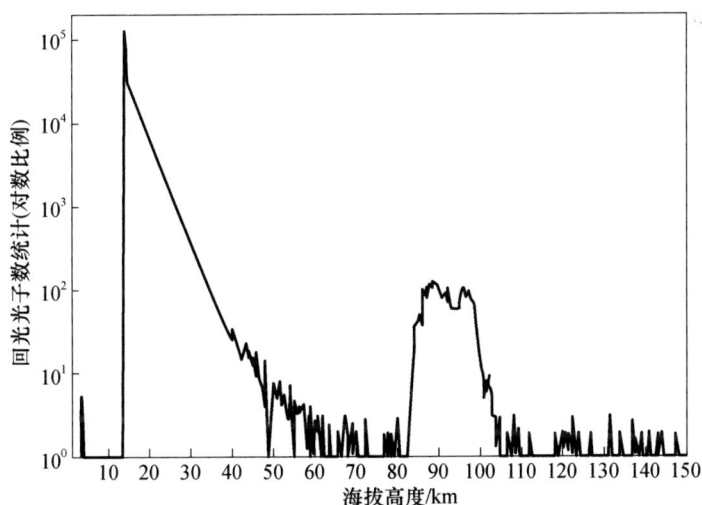

图 4 - 13　激光激发不同高度大气获得的回光子计数

表 4 - 2 所列为国际上已开展的激光钠导星回光效率统计。由于钠导星回光强度很低,对较好的天文站址,可以采用较大的探测子孔径,并延长曝光时间来提高子孔径光子数。但很多观测点缺乏优秀的大气条件,较短的大气相干长度制约了子孔径尺寸,同时如果大气湍流宁静时间较短,过长的曝光时间使传感器探测到的波面信息失去意义。因此往往应该采用脉冲工作体制结合选通技术等手段对钠导星微弱的回光信号进行有效提取。

表4-2　激光钠导星回光效率统计

研究单位	回光效率/ (photoms/(s·cm²·W))	导星尺度 (估计值)/(″)	光源参数
利克天文台	10	2	12W,准连续
星火靶场	100(季节平均值)	1.4~3	50W,连续10 kHz
凯克天文台	10	1.8×2.3	12~15W,准连续
帕洛玛山天文台	60~80	1.8	6~8W,宏微脉冲
双子望远镜	27	1.3	12W,准连续
甚大望远镜	54	1.25	10W,连续
中物院、中科院	20~50	约5	15W,脉冲

4.4.2　导星信号传感器

人造激光导星的波前探测须使用微弱光电探测器和应用更先进的信号处理技术[11-13]。导星探测系统中,对光电探测器的基本要求是:光谱响应范围匹配、量子效率高、像素分辨率合适、暗电流噪声小、电路读出噪声小、曝光同步精度和采样帧频满足导星要求。能满足上述要求的光电探测器有光电倍增管、光电二极管阵列、雪崩光电二极管阵列、电荷耦合器件(CCD)、CMOS 器件、像增强型 CCD(IC-CD)、电子轰击型 CCD(EBCCD)、科学级 CCD 等。由于人造导星波前探测必须对导星回光进行二维面阵成像,在空间分辨率和图像质量的共同要求下,能适用于人造导星波前探测的成像器件就只有 ICCD、EBCCD(EMCCD)和科学级 CCD 等。其中科学级 CCD 相机具有成像清晰、噪声低、线性度高、分辨率高等突出性能,但通常需要致冷,且积分时间比较长,属于慢扫描型相机,在导星探测应用中一般只用于优秀观测站址。本章主要对 ICCD、EBCCD 和 EMCCD 进行比较。

ICCD 是具有图像增强功能的 CCD,ICCD 技术将像增强器通过光学耦合的方法与 CCD 传感器结合在一起。像增强器对微弱光图像的亮度增强后,再将其传输到 CCD 传感器上,由 CCD 传感器进行图像采集和处理。通过图像增强,有效减小了 CCD 自身读出噪声的影响,大幅度提高了系统的灵敏度,在微光信号测量,特别是人造导星测量中得到了广泛的应用[14-16]。其结构原理如图4-14所示。

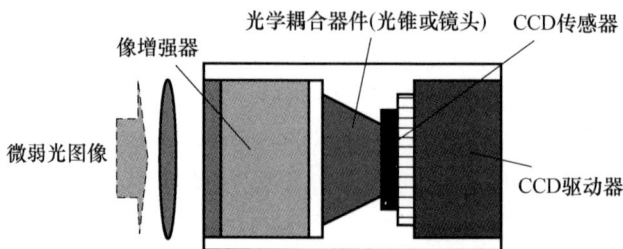

图4-14　ICCD 结构原理

典型的像管成像器件一般由图像转换、增强和显示三部分组成,由一个高真空的管壳封合在一起,其原理如图 4 – 15 所示。

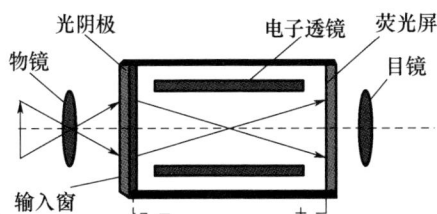

图 4 – 15　像管结构与工作原理

由物镜得到的图像(光子强度分布)经过输入窗到达光阴极面上,通过光电效应,光阴极将辐射图像转变成电子图像;光阴极发射出的电子图像通过特定的静电场或电磁复合场(也称电子光学系统或电子透镜)后,能量得到增强;经增强后的电子图像被输出到达荧光屏上,由荧光屏将其转换成光学图像。

用于微弱光成像的像增强器,其发展已经超过三代。二代以上微光像增强器如图 4 – 16 所示,普遍使用了微通道板技术[17](Micro Channel Plate,MCP)。

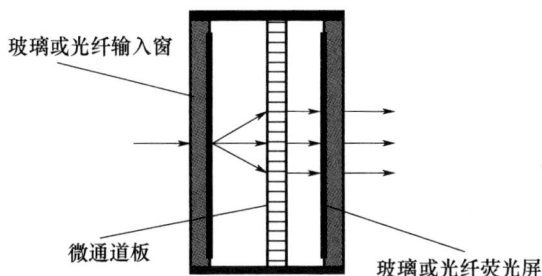

图 4 – 16　二代以上微光像增强器结构

其中的微通道板(MCP)结构如图 4 – 17 所示。

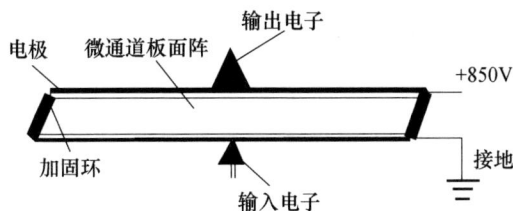

图 4 – 17　微通道板结构示意图

微通道板出现于 20 世纪 60 年代末,它是由大量平行堆积的单通道电子倍增器组成薄板。如图 4 – 18 所示,电子图像通过通道时被放大。

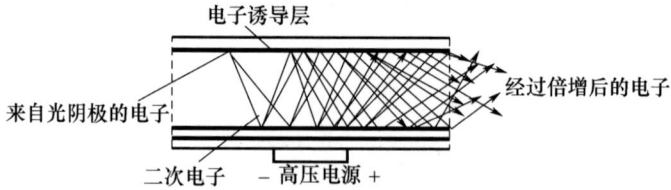

图4-18　微通道板对电子图像放大过程示意图

单块微通道板的倍增系数可达 10^4。近年来,一些二代以上的像增强器采用2块甚至3块微通道板,其倍增系数可达 10^9。

微通道板的应用提高了像增强器对微弱光的探测能力,同时微通道板还能阻止离子的通过,保护了像增强器的光阴极。因此,与一代像增强器相比,二代以上像增强器的使用寿命、增益倍率都得到了大幅度的提高。一些三代管的使用寿命可达 5×10^4 h 以上,可与电子显像管相媲美,而且亮度增益也都在 10^4 cd/ $(m^2 \cdot lm)$ 以上。

三代以上像增强器普遍采用 NEA 光阴极。因此,NEA 光阴极成为三代以上像增强器的明显标志。被称为第四代的 NEA 光阴极像增强器的光增益可达 10^5,像管的信噪比也得到提高。图4-19所示为美国的一家公司生产的二代和三代像增强器的光谱响应曲线的比较。可见三代像增强器有较高的灵敏度,并且光谱响应红移,更适应于夜间使用[18]。四代微光像增强器的研制与改进经历了很长的时间,光阴极向红外波段探测能力得到了很大的提升[19]。

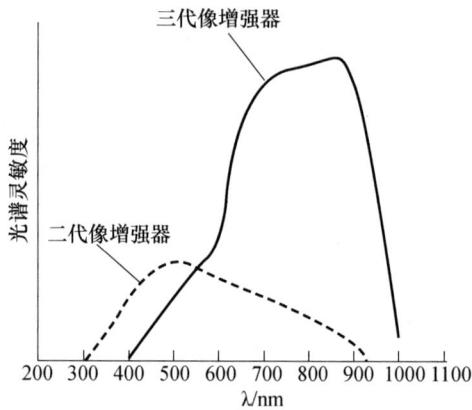

图4-19　二代、三代像增强器光谱响应的比较

虽然像增强器具有极高的增益,但由于像增强器成像的环节多,光信号转化为光电子,光电子再转化为光或光电子经过倍增器再次转化为光信号,最后再由图像采集输出电信号,由于信号光照度极低,通过像增强器后图像信噪比会有一定程度的下降。

EBCCD 和 EMCCD 的结构及原理与像增强器不同,既实现了高的倍增系数,又减少了信号转换环节,从而提高了信噪比,成为近年来光电成像技术和应用的研究重点。典型的 EBCCD 和 EMCCD 系统结构如图4 - 20 所示。

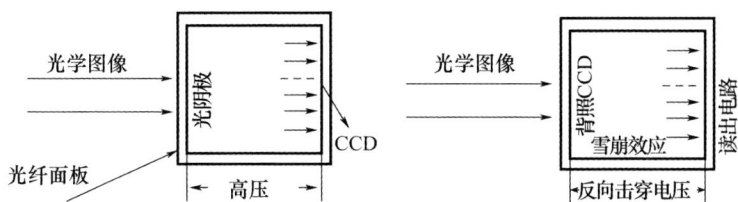

图 4 - 20　典型的 EBCCD 与 EMCCD 结构示意图

EBCCD 的工作原理是,将光阴极出来的光电子在一个高电压场下加速,直接入射到 CCD 像面上,形成电子轰击型半导体成像器件。由于加速后的光电子动能大,可产生数倍于自己的电子空穴对,这就实现了高增益倍数的光信号倍增放大,同时,电子轰击半导体器件产生的噪声与微通道板产生的噪声相比小得多,光电子直接入射到 CCD 上也避免了转换过程中的低量子效率和能量损失,从而提高了成像的信噪比。EBCCD 在使用过程中要求电压极高,通常要达到 10 ~ 15kV。

EMCCD 工作原理与 EBCCD 有较大区别,其工作模式如图4 - 21、图4 - 22 所示。

EMCCD 读出寄存器和输出放大器之间增加了一个增益寄存器,具体结构如图4 - 21 所示,增益寄存器的结构如图4 - 22 所示,每个单元由四个电极 $\phi 1$、$\phi 2$、$\phi 3$ 和 ϕdc 组成。在增益寄存器中,$\phi 1$ 和 $\phi 3$ 有较低的电压(典型值为 10V)驱动,而 $\phi 2$ 的驱动电压相对来说要高,在 40 ~ 50V 之间,ϕdc 位于 $\phi 2$ 之前,其驱动电压通常为 2V 的直流电压。由于 ϕdc 和 $\phi 2$ 之间的电压差较大,在硅表面所形成的势阱容量很大,当电子从 $\phi 1$ 到 $\phi 2$ 转移时,形成类似于雪崩放大的电子增益。每个单元的增益不大(约 0.01),当单元数 N 足够多时,总的增益就将相当可观,例如当 $N = 500$ 时,增益估算如下:

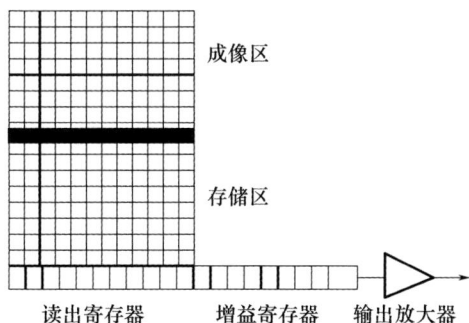

图 4 - 21　EMCCD 内部读出结构示意图

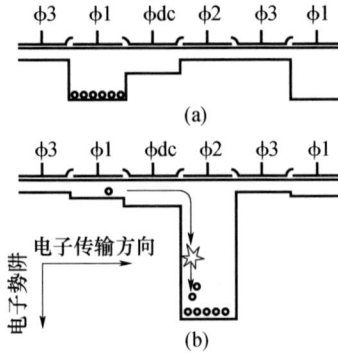

图 4 - 22　EMCCD 内部电子增益寄存器结构

$$G = (1 + g)^N = (1 + 0.01)^{500} \approx 144.8 \qquad (4-8)$$

式中　g——每个单元的增益;

　　　N——单元的个数;

　　　G——整个增益寄存器的增益。

由此可见,EMCCD 的增益 G 是可以调节的,改变电极 $\phi 2$ 的值就可以实现。对于实用的 EMCCD,其增益 G 值通常在 10^2 数量级。

表 4 - 3 所列为几种微光成像器件的量子效率和微光性能对比。

表 4 - 3　几种微光成像器件的量子效率和微光性能对比

	ICCD			EBCCD	EMCCD97 - 00
	IXX18/18WHS	XD - 4™	XR5™		
噪声因子	2	2.5	1.5	1.09	1.44
信号电子	242	343	343	343	487
光生伏特噪声	15	18	18	18	22
读出噪声	可忽略	可忽略	可忽略	可忽略	可忽略
暗电流噪声	24	18	18	18	16
总噪声	57	65	39	28	38
信噪比	4.3	5.3	8.8	12.3	12.8

从表 4 - 3 中可以看出,EBCCD 和 EMCCD 在微光下的探测能力高于 ICCD。EBCCD 采取的是在高压(10 ~ 15kV)条件下对电子进行加速,轰击出一个电子仅需要约 3.5eV 的能量,因而 EBCCD 的增益可达 2000 ~ 3000;EM-CCD 利用雪崩效应,增益系数约为 10^2 数量级,但它摆脱了光阴极响应率低的缺点[13,20,21],表 4 - 4 列举了几种常用于微光成像器件的量子效率和微光性能对比结果。

表4-4　几种微光成像器件的量子效率和微光性能对比结果

CCD、ICCD、EBCCDEMCCD		量子效率 Q(绿光)/%	系统微光性能/lx
CCD		30~40	1
EBCCD		10~15	$<10^{-5}$
EMCCD(背照)		80~90	$<10^{-6}$
ICCD	一代像增强器耦合制冷 CCD	10~15	5×10^{-5}
	二代像增强器耦合 CCD		10^{-4}
	三代像增强器 CCD		8×10^{-5}

在微光条件下($10^{-1}\sim10^{-5}$lx),特别是在人造导星回光波前测量应用中,ICCD、EBCCD、EMCCD 都已用于目标探测成像。综合对比来看:由于导星回光波前探测采用微透镜阵列子孔径成像方式,对被测光亮度的要求高,在光照度小于 10^{-5}lx 的情况下,信噪比成为衡量成像器件性能的重要参数,受光阴极探测能力的约束,ICCD 和 EBCCD 的信噪比通常不高;如果光照度进一步降低,使用 EMCCD 优势将更明显,有研究表明,使用 EMCCD 时,即使照度约 10^{-8}lx 时其输出信号仍能得到较好的信噪比[22]。

当前一些国际厂商生产的 EMCCD、EMICCD 已经具有很高的信噪比,信号放大能力为 1000~10000 倍。需要注意的是,在当前的增益放大型相机的应用中,随增益值提高,其噪声会出现非线性放大的现象。图4-23 所示为一种 EMCCD——Evolve 相机及其灵敏度标定曲线。

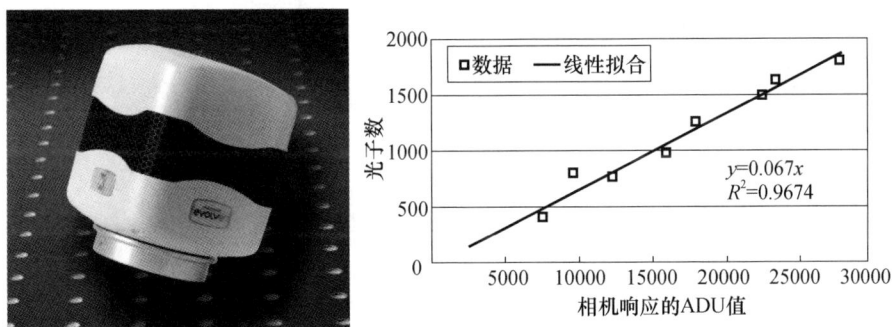

图4-23　一种 EMCCD——Evolve 相机及其灵敏度标定曲线

4.4.3　距离选通技术

脉冲导星激光的距离选通就是通过时间快门选择与测量系统具有适当距离的空间区域进行探测,对发射光学系统、近程大气散射的回光加以屏蔽,从而提高导星激光探测的信噪比。通过距离(时间)选通技术,能够有效解决光学系统内部元件和近距离大气后向散射光对微光成像探测性能的影响,有效提高导星回光探测图像的信噪比,提高对目标导星的探测能力。

实现导星探测的距离选通可采用光开关和电子快门来实现。通常使用的光开关有电光开关、声光开关和机械开关等。电光开关和声光开关的消光比较低,同时受到偏振器件效率和激光退偏振效应的限制,激光耦合效率低。目前常采用的光开关是机械转盘开关。

1. 电子快门选通

应用于人造激光导星的距离选通技术是利用高时间分辨率可门控的数字相机作为探测传感器,根据激光脉宽、探测距离、目标采样厚度设置激光发射和探测系统工作时序,滤除采样区间以外的散射杂光,提高人造激光导星的成像对比度。图 4 - 24 所示为典型的电子快门选通工作示意图。在 t_0 时刻,信号发生器向导星激光器发送同步触发信号,由于激光器内部响应延时,在 $t_0 + \Delta t_1$ 时刻发射激光,根据导星与收发系统的距离 L,设置信号发生器触发探测器的"开门"时刻,$t_0 + \Delta t_2$,理想情况下,$\Delta t_2 = \Delta t_1 + 2L/c$,$c$ 为光速。考虑激光脉宽 τ 及需要采样的导星厚度 D,相机开门后的总曝光时长 $\Delta t_3 = 2D/c + \tau$。

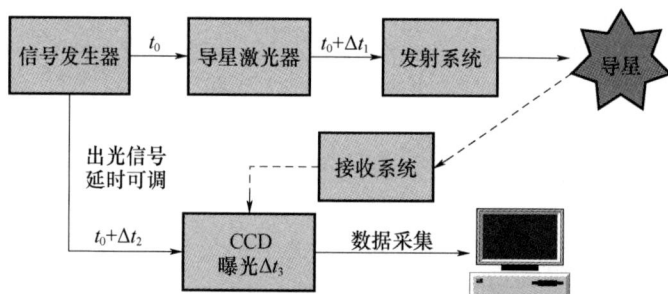

图 4 - 24　激光导星探测电子快门选通工作示意图

在瑞利激光导星和钠导星的探测过程中,对信号发生器的延时进行设置要求是不同的。在瑞利导星探测中,由于直接以近程大气为探测对象,Δt_2 和 Δt_3 的设置决定了探测高度和采样厚度。

而在钠导星探测中,由于钠层高度在海拔 80 ~ 100km 范围内有一定浮动,从 30km 开始向上的瑞利回光几乎可以忽略,因此"开门"时刻设置比较自由,如果不考虑重复频率,原则上"开门"时刻可以落在 30 ~ 80km 区间的任何位置,而"关门"则设置在 100km 以上。一般考虑高重频激光器工作体制,减少天光影响,选通区间取 70 ~ 110km。

图 4 - 25 所示为钠导星探测的典型时序图。激光脉冲重复频率为 100Hz,脉宽为 220μs,则开门延时在激光器出光延时基础上增加 460μs,曝光时长为 400μs,能确保接收到整个钠层的脉冲回光。

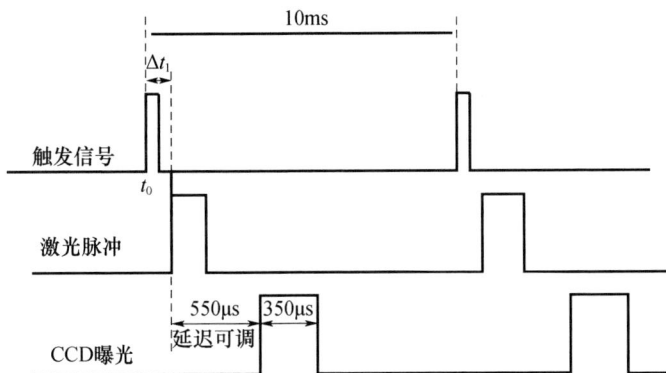

图 4-25　激光钠导星探测的典型时序图

　　电子快门选通具有逻辑简单、易于实现的优点。在对人造激光导星探测的应用中,电子快门曝光技术手段存在明显的不足。主要的问题是电子快门在"关门"时截止深度有限,来自光学系统和大气近程的瑞利散射回光无法完全关断,不可避免地造成光信号干扰,在分孔径收发体制下,可采用视场光阑,适当缓解近程杂光的影响,但仍然无法完全解决近程回光的干扰问题。在相机"关门"的时间段内,近程瑞利散射回光仍成像在相机的靶面上,在 CCD 靶面势阱中形成大量信号电荷,在选通曝光时,未被清零的电荷会随电荷转移存储区,成为干扰噪声,回光强度过强,还有可能造成高灵敏度相机靶面的损伤。

　　2. 机械快门选通

　　控制近程杂光影响较为理想的办法是采用机械快门(如机械转盘快门、高速转镜等)进行时间选通,实现对导星的高信噪比探测,同时在激光出光前后的适当时间段内关断光路,可实现对探测器的有效保护。

　　高速转镜是实现高速机械快门的有效技术途径,高速转镜通过同步控制,由电机驱动光学反射镜高速旋转实现导星回光的选通和关断。这种方法存在一定的技术问题,导星关断选通通常需要光学器件在数千赫的高速旋转状态下工作,高速旋转下光学器件工作频率的稳定性、精确同步控制等存在一定的困难。另外,高速旋转下的光学镜片面型可能发生改变,对传输和成像特性造影响,还有可能在旋转应力下碎裂。

　　机械转盘快门用于光学系统杂光抑制往往更加有效。采用具有对称缺口的轻质碳纤维材料是当前较成熟的高速机械转盘快门的实现技术途径。碳纤维是一种力学性能优异的新型纤维材料,具有高强度、高模量、密度低、耐高温、耐疲劳等优点,非常适合用于制作机械转盘快门,碳纤维机械转盘在高速电机的驱动下可达到上万转的转速。采用碳纤维转盘的机械快门不影响光路传输特性。机械转盘快门一般安装在探测传感器前成像光路中的焦点位置,如图 4-26 所示。

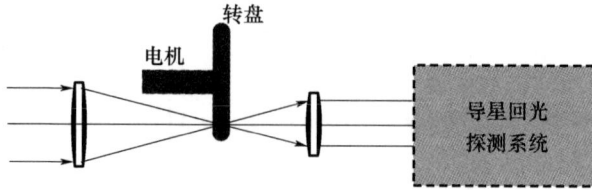

图 4 - 26　机械快门在光路中的布局

碳纤维机械转盘结构示意图见图 4 - 27。一般采用光电二极管作为同步信号产生装置,当转盘由挡光状态切入通光状态时,t_0 时刻红外对管导通触发,发送信号至信号发生器,探测光路进入挡光状态,信号发生器根据目标选通距离设置适当的延时触发激光器出光,从光同步信号触发点到探测光路开放这一区域称为"防护区",在该扇形区域扫过探测光路焦点的过程中,发射激光在光学系统内部的杂散光和近程瑞利回光被有效遮挡。当导星回光到达时,转盘的"探测区"进入探测光路,探测区的大小取决于采样厚度,也决定了 CCD 探测的"曝光"时间。完成当前脉冲探测后,机械转盘进入"截止区",CCD 等待下一个探测周期。

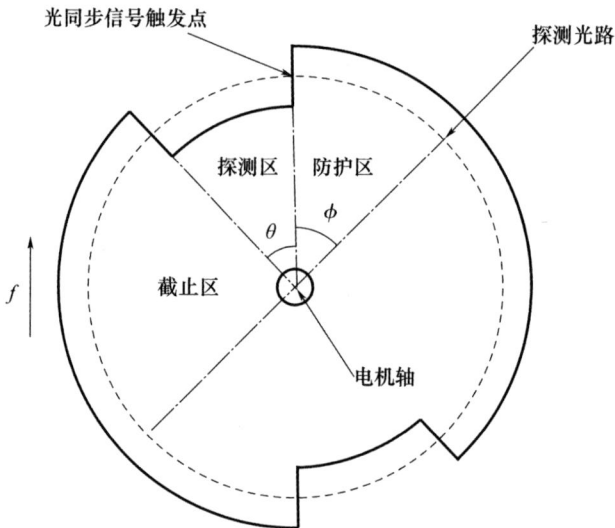

图 4 - 27　碳纤维机械转盘结构示意图

假设转盘工作频率为 f,防护区张角为 ϕ,探测区张角为 θ,选通起始(保护)距离为

$$L_0 = \frac{c}{2} g\left(\frac{\phi}{2\pi f} - \tau_{\mathrm{L}}\right) \tag{4-9}$$

目标选通探测厚度为

$$L_{\mathrm{d}} = \frac{c}{2} g \left(\frac{\phi}{2\pi f} - \tau_{\mathrm{P}} \right) \qquad (4-10)$$

选通截止距离为

$$L_{\mathrm{e}} = \frac{c}{2} g \left(\frac{\theta + \phi}{2\pi f} - \tau_{\mathrm{L}} - \tau_{\mathrm{P}} \right) \qquad (4-11)$$

式中　τ_{L}——从光同步信号触发开始到激光器出光的延时；

　　　τ_{P}——激光脉宽。

下面以典型钠导星探测系统为例分析机械转盘参数设计。取激光器出光频率为100Hz,钠导星泵浦激光脉宽为220μs,为消除30km以内近程回光干扰的影响,激光器出光开始后440μs(留出20μs的余量)的时间段内,光路关断,遮挡30km内近程大气散射光照射到相机的靶面。为匹配激光器工作频率,机械快门转动频率固定为50Hz,每转动一个周期,输出2个同步信号,通过边沿提取电路,输出100Hz的同步信号触发导星激光器。以激光出光的时刻作为零时,转盘挡光总时间为440μs,光路通光的时间为600μs,对应66~137km的回光开放(考虑220μs激光脉宽),取导星采样厚度30km(光线往返传输时间200μs),则导星回光信号时长为420μs。适当调节转盘的转速,可以微调出需要的挡光和通光时间。光开关转盘机械快门的设计参数如下:

(1) 转盘转速为3000r/min;

(2) 快门占空比为3∶50;

(3) 选通时间为600μs;

(4) 通光延时为700μs;

(5) 近程光遮挡距离为30km。

转盘开口的大小和转速根据激光发射频率、脉宽、探测距离、目标采样厚度确定。通过对转速和曝光时长的调整,实现对不同曝光时间起点的目标探测。对结构固化的转盘,其可探测距离动态范围的能力是有限的。如果需要改变探测对象,则需要重新设计机械转盘。系统选通工作原理见图4-28和图4-29。

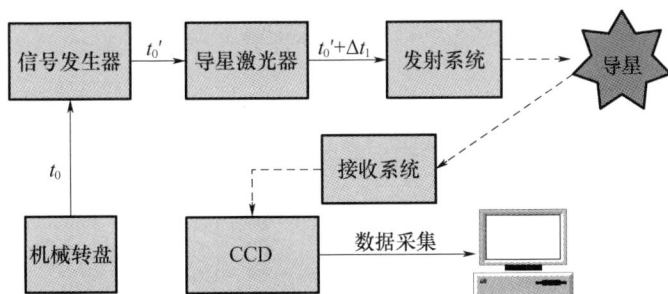

图4-28　激光导星探测机械转盘快门选通工作原理

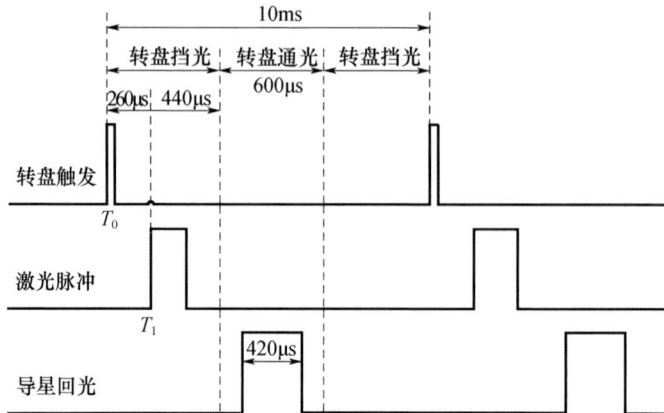

图 4 - 29　激光钠导星探测机械转盘快门工作时序

3. 复合选通

从上面的分析可以看到,单独使用电子快门选通截止深度不够,无法完全消除近程大气回光,单独采用机械快门存在选通区域内曝光时间能力较差、适应能力不强的问题,而采用复合选通技术可以弥补以上单一选通方式的不足。同时采用机械快门选通和电子快门选通,在机械快门对相机进行近程回光保护的前提下,相机根据目标距离与外同步触发信号,在机械快门回光开放区域内对导星回光进行时间选通探测,可大幅度提高对近程散射回光的抑制能力。图 4 - 30 所示为激光导星探测复合选通工作原理。

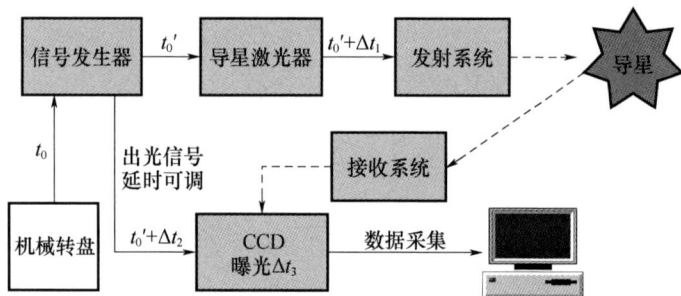

图 4 - 30　激光导星探测复合选通工作原理

图 4 - 31 所示为激光钠导星探测复合选通工作时序,已有试验结果表明,该方法综合了机械快门选通和电子快门选通的优点,既能够有效屏蔽 30km 以内的大气瑞利回光,又能在转盘通过区域进行任意延时和曝光设置,获得钠导星的探测回光远场和波面图像。

图 4 - 32 所示为中国工程物理研究院应用电子学研究所 2012 年探测到的脉冲体制钠导星图像,其实现手段采用了复合选通技术。其中,图 4 - 32(a)是未采

用选通手段时获得的图像,可以看到,瑞利光柱在视场中非常明显。图4-32(b)则是通过复合选通技术对30km以内的回光进行选通屏蔽,并对80~110km的大气钠层回光进行曝光后获得的回光图像。

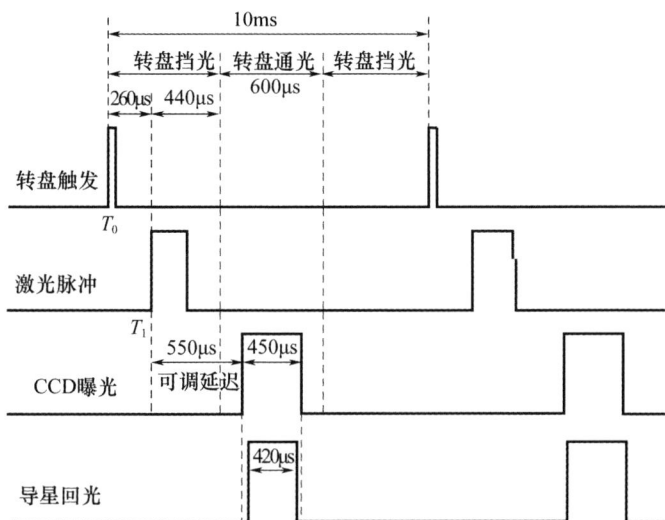

图4-31　激光钠导星探测复合选通工作时序

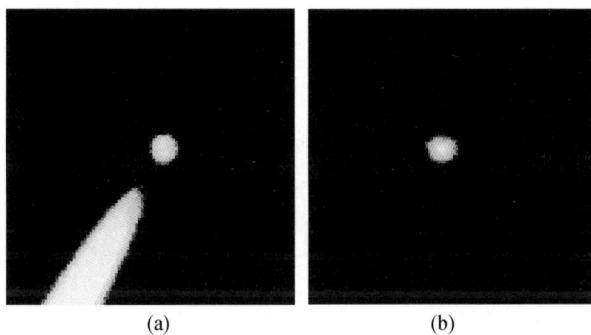

(a)　　　　　　　　　　(b)

图4-32　采用复合选通技术获得的钠导星图像
(a)未采用选通;(b)复合选通。

4.4.4　窄带滤波技术

激光导星所要接收的信号光非常弱,通常进入子孔径的光子数在100光子量级,白天工作时天光背景等杂散光是导星探测性能的主要限制因素,即使是夜晚,探测系统仍然会受到天光背景的影响。利用导星激光的窄线宽特性,运用光谱滤光器(片)是抑制背景噪声、提高信噪比的重要途径之一。采用多层介质膜等常规办法很容易实现数纳米带宽的干涉滤光,可大幅度提高回光信号的信噪比,但通常达不到导星测量对杂光抑制的要求。为此,人们更加关注透射带宽更窄、峰值透射率更高的滤光器,以提高强背景噪声下对弱信号光的探测能力。以下介绍一些典型的滤光技术。

1. 原子共振滤光器

导星激光滤光片需考虑透射带宽、峰值透射率、接收视角等主要参数,原子共振滤光器(Atomic Resonance Filter,ARF)是一种有效的技术途径。

原子共振滤光器利用原子共振跃迁对信号光进行超窄带滤光,其透射带宽可达 $0.001\,nm$。它具有超高 Q 值($10^5 \sim 10^6$)、各向同性、接收角接近 $\pm\pi/2$、中心波长对环境因素不敏感(尤其随温度起伏变化不大)等特点,适用于低强度、超窄带辐射信号的检测。ARF 的主要原理是信号光进入 ARF 内部后,被原子蒸气吸收,原子蒸气经过弛豫,辐射出不同于信号光的特定波长的荧光,从而实现滤光。ARF 有被动和主动两种工作方式。被动工作模式中对 λ_i 信号光的吸收产生于基态,而主动工作模式中信号吸收跃迁可以从激发态开始。典型的利用 ARF 滤光的系统如图 4 - 33 所示。

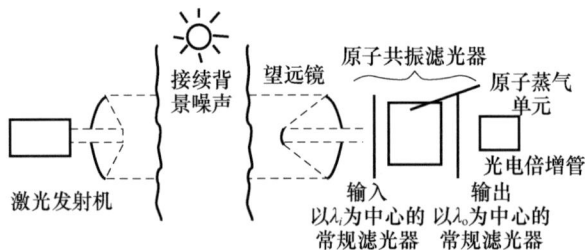

图 4 - 33 典型的利用 ARF 滤光的系统

N. Bloembergen 在 1957 年最早提出 ARF 的原理。此后,J. A. Gelbwachs、J. B. Marling、T. M. Shay 等在这方面做了大量的工作。1992 年,针对响应问题,J. A. Gelbwachs 开展了通过加缓冲气体来缩短 Ca、Mg、Sr - ARF 响应时间的研究[23]。2000 年,俄罗斯激光物理研究所 Ig. V. Bagrov 等在此原理基础上进行了实验验证,利用光离解碘激光器的反转介质放大了图像的亮度。被测物体的亮度在调 Q 方式和自由振荡方式两种情况下分别放大了 1600 倍和 250 倍[24]。实验结果表明了利用光离解碘激光器的反转介质记录实现了弱光照射下,被照明物体成像亮度放大的可行性。国内,哈尔滨工业大学和北京大学等单位在 ARF 方面的研究较为深入。丁迎春等证明了内部光子转换效率随氩气压的增加而增加,在温度的变化关系中存在着最佳温度值。

ARF 近几年的研究进展较为缓慢,虽然它具有高放大率、窄透射带宽等优点,但仍未广泛应用,这是由其自身不足所决定的:

(1) ARF 利用的是原子共振跃迁,受原子内部结构的影响,它的量子转换效率很低(如 Cs‐ARF,理论上最高的内部量子转换效率为60%)。尤其是碱金属原子具有复杂的辐射跃迁谱,必然有部分信号通过其他的辐射通道而损失,导致探测接收的总体效率不高。

(2)ARF 也会受到原子内部不同相关能级寿命的影响和限制,它的响应时间较长(如被动式 Ca‐ARF 的响应时间约为毫秒量级),无法满足激光导星测量对实时性的要求。

2. 法拉第反常色散滤光器

利用法拉第反常色散机制研制出的法拉第反常色散滤光器(Faraday Anomalous Dispersion Optical Filter,FADOF)弥补了 ARF 实时性差的不足。FADOF 的滤光机制:磁场的作用使原子蒸气变为光学各向异性,线偏振光在原子蒸气池中传播时偏振方向发生了旋转,适当调节工作条件,可以得到特定中心波长下具有窄透射带宽的光谱滤光特性。如图 4‐34 所示,原子蒸气处于轴向磁场中,在两端放置两个正交的偏振片。偏振方向为 x 方向的非单色光入射原子蒸气池,只有偏振方向经过原子蒸气池后旋转了 $N\pi + \pi/2$(N 为整数)角度的特定波长的光能够透过 FADOF。

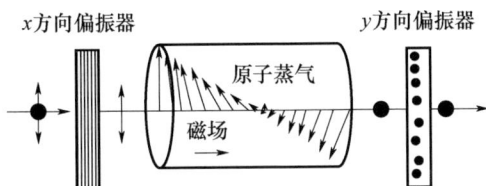

图 4‐34　FADOF 的工作原理

FADOF 的透射波长准确且可以被微调。由于 FADOF 的透射峰值点总是以原子跃迁谱线的波长为基准的,与普通干涉滤光片相比,FADOF 的透射峰更准确,不会随环境等因素的影响而发生透射波长漂移。但这并非意味着透射峰固定不变,通过升高 FADOF 的工作温度,可以使原子密度增大、原子吸收峰加宽,最终导致 FADOF 的透射峰逐渐靠拢,直至合并为一个宽峰。

FADOF 具有的高透性、高噪声抑制比(可达 10^{-5})、高传输效率、快速反应能力等优点,使得其在远程雷达探测和光通信领域广泛应用。Dick 和 Shay 研究了 FADOF 在铷 5s‐5p(780nm 附近)超精细跃迁下的透射特性[25]。Menders 随后证明了 FADOF 在 852nm 的跃迁(Cs 的 6s‐6p 跃迁)[26]。1982 年,P. Yeh 给出了精细结构下的 FADOF 理论模型[27]。B. Yin 和 T. M. Shay 于 1991 年研究了超精细结构下的物理模型。随后,一些研究小组证明了包括钙的 4s‐4p 跃迁(422.7nm 附近)、钠的 D_2 线跃迁(589.0nm)等特性[14]。2001 年,国内的哈尔滨工业大学先后对锶(460.7nm)、钾(766nm,532.00nm)FADOF 进行了理论和实验研究,得出了它们的滤光特性[15,16];北京大学做了 FADOF 多峰及可调谐特性在卫星光链路捕捉系统中应用的研究,他们在考虑多普勒频移的情况下利用原子滤光器多峰、可调谐的特点,提出了透射带宽最多不超过 0.02nm 的方案[28]。目前,对于钠、钾、铷等 FADOF,透射率一般都在 80% 以上,透射带宽小于 2pm。

尽管 FADOF 是一种具备多种优点的成像滤光器,但还存在着调谐范围小的不足。目前,FADOF 已被用于激光通信卫星中。但是,针对激光导星回光探测系统的 FADOF 滤光器还有待发展。

3. 双折射滤光器

利用单轴晶体双折射效应设计的双折射滤光器(Birefringent Filter,BF)主要分为 Solc 型滤光器和 Lyot 型滤光器两种,比较普遍的是后一种滤光器[17]。以下主要介绍 Lyot 型滤光器。

BF 由多个 Lyot 型滤光单元组成,每个单元的基本结构如图 4-35 所示。B 为单轴晶体,P1、P2 为透偏方向相互平行的偏振片。光线经过 P1 后转换为线偏振光,线偏振光入射到单轴晶体 B 上,由于晶体的双折射效应,光线在单轴晶体内分为寻常光(o 光)和非常光(e 光)。这两种偏振方向的光经过单轴晶体后会形成一定的光程差,经过偏振片 P2 发生干涉,导致波长有选择性地透过。

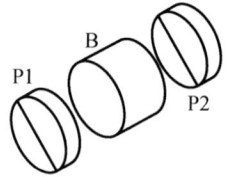

图 4-35 Lyot 型滤光单元

单个 Lyot 型滤光单元的透射谱线近似呈现出周期性,对于较宽的自由光谱范围(FSR),一般不能直接用来滤光(用于激光器的例外)。滤光单元透射谱线的周期与单轴晶体的厚度成反比,如果将厚度不同的滤光单元有机地串联起来,便可形成 FWHM 较窄、FSR 较大的 Lyot 型滤光器。单轴晶体的厚度是整个滤光器透射谱线特性的决定性因素之一,BF 的透射谱线本质上取决于光线经过各级晶体后形成的光程差,若光程差受误差的影响而与设计值出现偏差,将会引起 BF 的中心透射率下降、透射中心波长漂移等。以温度变化为例,1.973mm 厚的石英晶体,温度增加 1℃,对波长 632.8nm 的光的相位延迟会偏差 1.03°,透射率也会由 50.6% 降至 49.7%。因此,BF 对温度控制的要求较高,温度控制要求取决于滤光器透射带宽和透射波段。

双折射滤光器的透射带宽可在很大的范围内设计、调整,也可以通过多级串联的方式将透射带宽压得更窄。南京天文台制造的一台中心波长为 532.4nm、透射带宽为 0.01nm 的滤光器是现阶段透射带宽较窄的 BF 之一[29]。目前,超窄带 BF 存在峰值透射率低、调谐范围小、温控精度要求高等不足。BF 在激光器方面的应用十分广泛,长春光学精密机械研究所通过在 LD 端面泵浦 Nd:YVO4 的驻波腔中加入 BF,实现了瓦级单频绿光稳定输出的目标(8W 的泵浦功率下连续输出 1.12W 单频绿光)[30]。

双折射滤光器在对太阳观测方面的应用比较成熟。若将双折射滤光器应用于激光导星系统,需精确控制透射波长,处理好滤光器透射带宽与中心波长透射率的关系。目前,对双折射滤光器的研究大多都以特定的入射方向或光轴方向为前提,当透射带宽很窄时,需要对任意光线入射方向和晶体光轴方向下双折射滤光器透射特性进行深入研究。

4. 可调谐声光滤光器

可调谐声光滤光器(Acousto – Optical Tunable Filter,AOTF)基于光在各向异性媒质中的声学衍射原理实现窄线宽滤波。它由粘合在双折射晶体上的压电传感器组成,AOTF 滤光器的结构如图 4 – 36 所示[31]。当传感器被射频信号激励后,在介质中会产生声波,传播中的声波对介质折射率产生周期性的调制,形成可移动式的光栅结构,此光栅可在满足特定要求的条件下衍射部分入射光,在一定的声学频率下,只有有限频率波段的光才能满足相位匹配条件而被积累、衍射。当射频的频率发生改变时,通光波段的中心点也相应地发生改变。各向异性的声光衍射特性使得那些波长在 AOTF 通光带之内的光偏振状态发生改变,完成从 TE 到 TM 模式的转换。

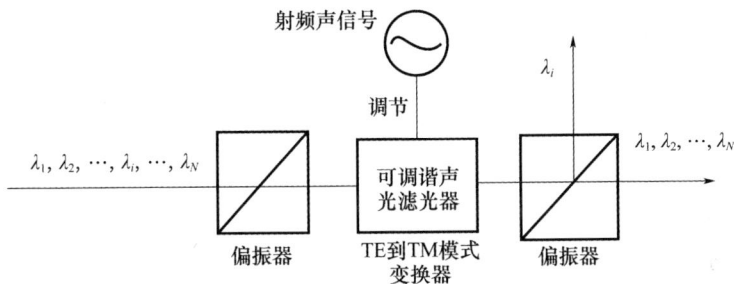

图 4 – 36　AOTF 滤光器的结构

1969 年,斯坦福大学的 S. E. Harris 和 R. W. Wallace 首次提出了用体声波与光波作用进行滤波,并实现 0.2nm 的滤波线宽和 500 ~ 700nm 的可调范围[18]。近年来,国外 AOTF 在多光谱成像和物体识别领域的应用迅速发展。国内,虽然也有一些进展(如天津大学精密仪器学院研制的 AOTF 牛奶品质分析仪,浙江大学研制的基于 AOTF 的面光谱探测系统),但由于起步较晚,大都处在实验研究阶段,与国外还有一定的差距。

可调谐声光滤光器以其设计紧凑、耐振动、大的视场、高光通量(对于偏振光大于95%)等特点表现出良好的应用前景。但由于声光相干长度的原因,通带在红外波段的分辨率仅能到几个纳米;同时,AOTF 制造成本比较高,限制了其应用发展。

4.5 发射与接收工作方式

激光导星系统的发射与接收工作方式分为共孔径收发和分孔径收发两种方式。

共孔径收发系统的接收成像和导星激光发射共用主光学系统实现,具有系统集成度高、收发路径一致、易于实现收发光路的光学系统对准与控制等优点,但也存在内部耦合光路与膜系较复杂、系统内部杂散光控制难度高等缺点。导星激光的共孔径收发模式下,根据耦合方式的不同可分为半反半透耦合方式、偏振耦合方式、分时耦合方式、挖孔耦合方式、分区镀膜耦合方式等。

分孔径收发工作方式通常有两种:一种是采用主望远镜共机架旁轴发射模式;另一种是采用两套望远镜系统(一套用于导星发射;另一套用于导星回光信号的接收),发射系统与接收系统分离。国外许多天文台的大型望远镜往往采用大接收口径望远镜"背"小发射口径望远镜的共机架收发模式。

4.5.1 共孔径发射与接收

1. 半反半透耦合

半反半透分光是人造导星试验研究早期常见的一种共孔径收发方式,其光路如图 4-37 所示。采用一块分光比为 1:1 的分光镜(BS)实现对导星泵浦激光

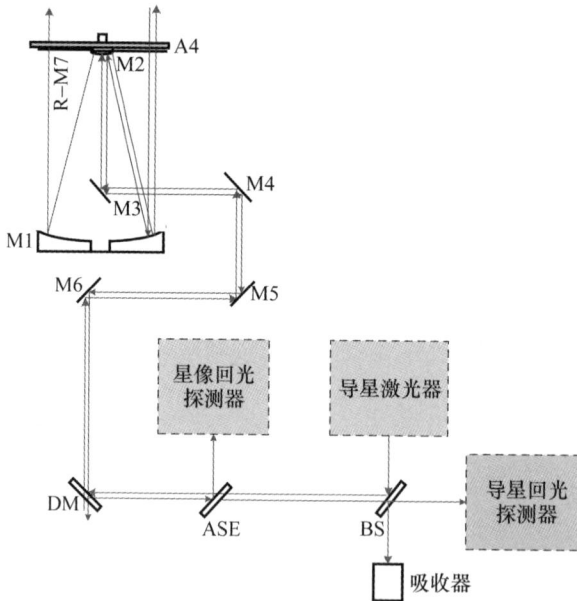

图 4-37 半反半透耦合收发工作方式示意图

M1—主镜;M2—副镜;M3~M6—高反镜;DM—变形镜;ASE—分色镜;PS—偏振分光镜。

和人造导星回光的共孔径发射和接收。系统中采用的一个共孔径分光元件（ASE）是一个窄带滤光片，用于分离发射的导星波长激光信号和目标成像信号，该方式简单易行，在发射和接收上无须考虑偏振态的要求。这种采用共孔径收发模式的最大问题是理论光学效率只有25%，对激光器的功率要求提高了4倍以上。另外，发射激光在系统内部光学元件上的散射造成严重的杂散光，对微光探测造成不利的影响。

2. 偏振耦合

采用偏振耦合分光的导星激光系统如图4-38所示，把图4-37的半反半透镜（BS）用一块偏振分光镜（PS）替换，并在光路上增加一个 $\lambda/4$ 波片（WP）。从激光器输出的线偏振光相对于偏振耦合镜（PS）为 s 偏振光，被分光镜（PS）反射，经 $\lambda/4$ 波片（WP）后变为圆偏振光，再经过光学系统发射出去；由人造导星返回的光信号按照逆光路经过同样的光学系统，再次经过 $\lambda/4$ 波片变为 p 偏振光，在偏振分光镜上全部透射，进入导星回光波前探测器，从而实现发射光束和接收光束的高效耦合分光。

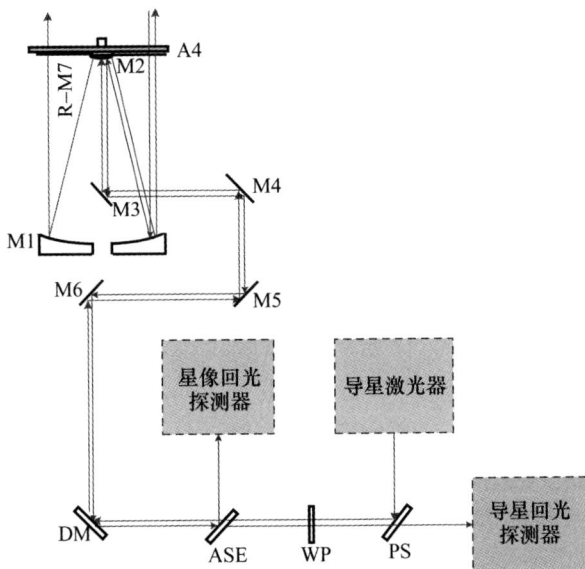

图4-38　偏振耦合分光的导星激光系统

偏振耦合分光工作方式的效率远高于半反半透分光耦合。但是对使用地平式折轴望远镜的系统而言，望远镜方位角和天顶角的变化可能造成一定的光学退偏效应，降低系统发射和回光探测效率。另外，无论是瑞利导星还是钠导星，经大气传输散射后激光的偏振态可能发生一定的变化，偏振耦合在一定程度上也会带来光学效率的下降。解决的办法是引入动态的相位补偿机制，实时补偿望远镜转动造成的激光偏振态变化。最简单的补偿方法就是转动 $\lambda/4$ 波片,但这种方法无法完全补偿这种偏振态的变化特性;在光路中加入相位延迟补偿器或旋光器是一种有效的技术途径,在光路中加入 45° 法拉第旋光器,通过转动 $\lambda/4$ 波片或改变补偿器的相位延迟可有效补偿望远镜旋转退偏,达到提高发射接收效率的目的。图 4 - 39 所示为采用伯列克补偿器对某望远镜导星系统转臂处反射回光进行相位补偿后,测量得到的系统内部接收效率随时间变化的曲线。

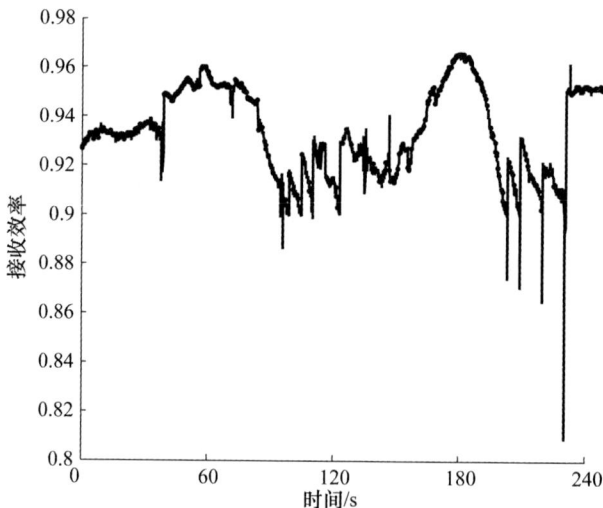

图 4 - 39 经伯列克补偿法进行相位补偿后接收效率随时间的变化

3. 分时耦合

对脉冲体制激光导星而言,在共孔径收发工作模式下,可以采用分时耦合分光技术,利用光开关从时间上将发射和接收激光区分开来。常用于分时耦合的光开关主要有高速转镜耦合和受抑全内反射耦合。

1) 高速转镜耦合分光

转镜分光的原理如图 4 - 40 所示。光学镜转盘、高速电机和同步信号产生装置三部分组成的转镜分光系统。图 4 - 40(a)所示为部分扇形区域镀激光高反射膜的反射镜,其余部分为透光区域,其工作原理见图 4 - 40(b)。当对应光电管位置的转盘由反射区转入透射区时,光电管触发工作,反射区进入光路,在 Δt_1 的时间内反射激光进入后继发射光路,并遮挡这段时间内的近程杂光,之后转盘透射区进入光路,系统进入接收探测状态。通过控制激光器出光时序和转镜转动的速度,可以实现同孔径发射/接收高效耦合。图 4 - 40 中 LED 发出的光经过机械开关转盘调制后得到周期性调制信号,利用这一信号控制照明激光器输出。

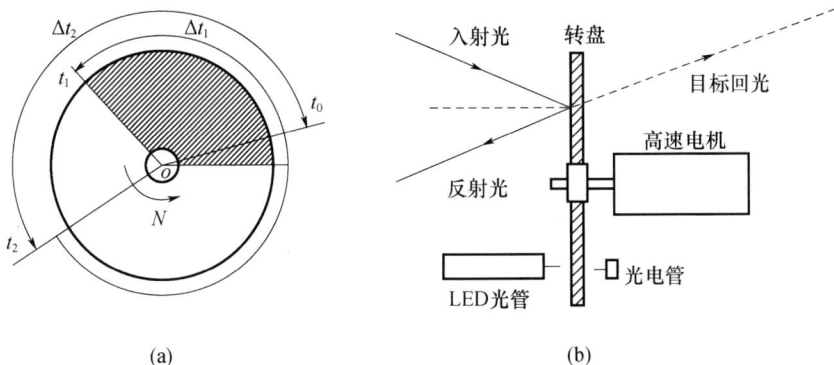

(a)　　　　　　　　　　　　　　(b)

图 4 - 40　高速转镜耦合分光光开关原理

（a）部分扇形区域镀激光高反射膜的反射镜；（b）转镜工作原理。

转镜分光利用时间差来切换发射与接收光路，所以一套装置可以适应多种激光波长，且与激光的偏振特性无关。

2）受抑全内反射耦合

受抑全内反射耦合分光的原理如图 4 - 41 所示。它利用了光波在介质表面反射时发生的倏逝波原理：当一束光从光密介质射入光疏介质时，在入射角 θ 大于或等于临界角 θ_c 的条件下，入射光将在两介质的分界面发生全反射，入射光的能流仅仅在界面附近振荡，并在很短的时间内沿界面经过很短的一段距离后，重新进入光密介质。这是平时观察到的光学全反射现象。当光疏介质下面再加一层光密介质，且中间介质层厚度为波长的量级时，进入光疏介质的倏逝波在衰减到足够小之前就被破坏，将有一部分入射光穿透第二介质层进入第三介质层中，此时尽管入射角 θ 仍然等于或大于临界角 θ_c，但入射光线却不再发生全反射，即称全反射受到抑制。

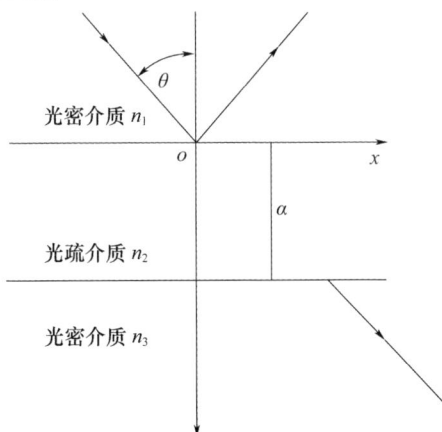

图 4 - 41　受抑全内反射耦合分光原理示意图

图 4 - 42 所示为受抑全反射光开关的原理示意图。两块棱镜通过柔性连接器相连,留有一定间隙,发射光路一侧的棱镜与光学支架刚性连接,以确保发射光路稳定性。在接收光路一侧棱镜上安装致动器,可以控制间隙大小。发射激光时,致动器使两块棱镜间存在较大间隙,光开关处于关态(即全反射态),激光在棱镜和真空的界面上满足全反射条件,将被反射到发射光路中;接收激光时,驱动致动器使两块棱镜合拢到波长量级,光开关处于开态(即透射态),此时全反射受到抑制,激光将透射进入接收光路,从而实现高效的共孔径耦合分光。

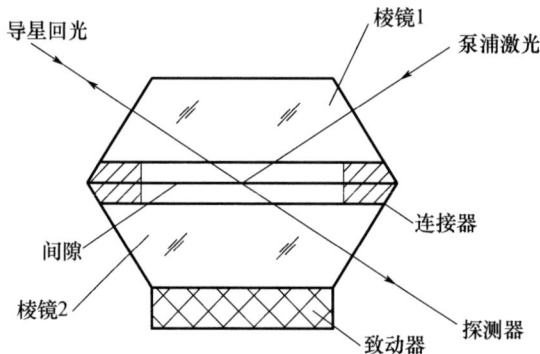

图 4 - 42   受抑全内反射耦合分光光路

4. 旁轴挖孔耦合/分区镀膜耦合

在导星发射接收系统设计中,在大口径望远镜中采用局部口径发射导星激光,全口径接收回光实现导星发射接收也是一种有效的技术途径,在满足自适应光学系统的人造导星尺度的前提下,采用小口径激光发射在技术上是可行性。具体方法可采用旁轴挖孔耦合或分区镀膜耦合方式实现。适当设计激光发射口径在全口径的占比,回光探测的接收效率影响不大,这种方式避免了共孔径耦合方式对激光偏振特性的要求,同时降低了杂光抑制的难度。

旁轴挖孔耦合和分区镀膜耦合原理相同,对系统发射和接收的影响也基本相同,如图 4 - 43 所示。旁轴挖孔耦合中,激光束通过挖孔分光镜边缘的一个小孔耦合到发射光路中,发射激光仅使用了一小部分发射口径。返回的激光则使用全口径接收,通过挖孔分光镜反射到接收光路中。在分区镀膜耦合中,分光镜对应小部分发射口径的区域镀制导星激光器发射波长的高反膜系,其余大部分区域对导星回波高透,实现高效的共孔径耦合发射和接收。

挖孔/分区镀膜法原理简单,光学系统易于实现,耦合分光的效率也比较高,性能稳定,是一种简单可靠的共孔径耦合分光技术,在一些自适应系统中得到了应用。

目前,在许多天文台大型望远镜系统中的主次镜都采用卡塞格林结构,采用旁轴挖孔发射方式时,激光进入望远镜机架并穿过俯仰轴,可以旁轴内环间隙发射和旁轴侧面发射。

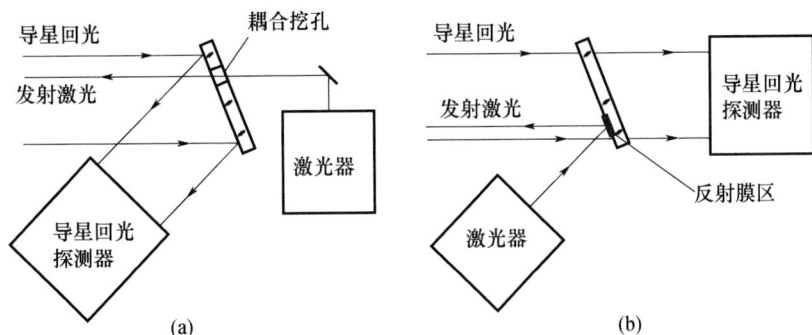

图 4-43　旁轴挖孔耦合和分区镀膜耦合示意图

（a）旁轴挖孔耦合；（b）分区镀膜耦合。

1）旁轴内环间隙发射

傍轴内环间隙发射是最通用的发射方式,如图 4-44 所示,充分利用了望远镜次镜遮拦与主镜边缘之间的空隙,使发射激光经次镜扩束从间隙中发射出去。此方式设计简单,上行导星激光与下行回光的传输效率都比较高,已经应用于工程化的激光系统中。

2）旁轴侧面发射

傍轴侧面发射如图 4-45 所示,在机架上水平轴末端的反射镜中心开孔,导星激光经水平轴穿过挖孔,再通过高反镜经扩束器发射。这种发射方式优点在于不受主激光光路的限制,能够允许比较大发射口径,一定程度上减轻了对导星光源光束质量的要求。但由于发射轴和接收轴存在一定间距,在一定程度上类似于分孔径收发工作方式,对大口径望远镜而言,探测图像存在一定的光斑拉长现象。

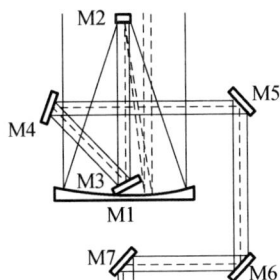

图 4-44　傍轴内环间隙发射示意图

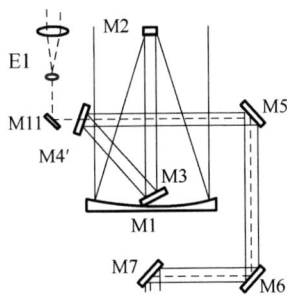

图 4-45　旁轴侧面发射示意图

挖孔/分区镀膜法在挖孔区域会造成回光波前信息的丢失,对自适应光学系统的校正效果带来一定的影响;由于发射口径受限,将影响导星激光在远距离的聚焦能力,一定程度上增大了导星扩展带来的探测误差,同时也增大了激光光路中元件承受激光功率密度的要求。

在共孔径发射接收系统中,高效抑制光学系统中杂散光和近程大气散射光是实现高信噪比导星波面探测的前提,通常采用脉冲激光工作方式实现人造激光导星。表4-5给出了上面提到的几种耦合分光技术的横向对比。

表4-5 几种共孔径收发工作方式横向对比

	半透半反法	挖孔/分区法	偏振法	转镜法	受抑全内反射法
光学效率	低	高	较高	高	高
全口径	是	否	是	是	是
时间选通能力	无	无	无	有	有
发射激光偏振度要求	无	无	线偏振	无	无
工程难度	低	低	中	高	高

可见,在各种共孔径分光方法中,可以实现全口径、高效率耦合分光的是挖孔/分区法、转镜法和受抑全内反射法,而后两种方法的工程难度高、风险较大,因此,在保证发射口径能满足自适应光学系统波面校正需求的前提下,简易可靠的挖孔/分区法应作为共孔径收发工作方式的首选。

4.5.2 分孔径发射与接收

导星激光的分孔径发射与接收包括共机架旁轴发射模式和独立收发系统两种方式。

1. 共机架旁轴发射模式

共机架旁轴发射如图4-46所示,激光器安装在望远镜镜筒上,这种方式常

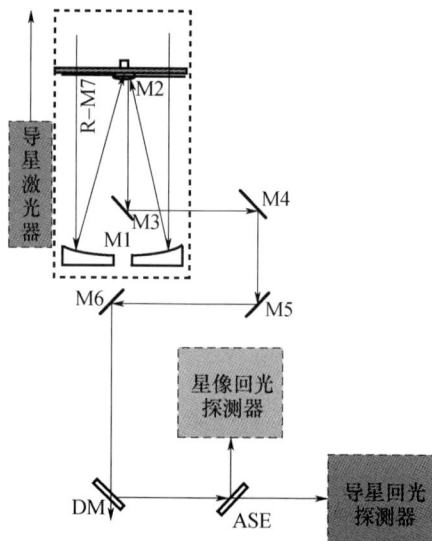

图4-46 共机架旁轴发射示意图

见于大型天文台的大口径望远镜。这种工作方式下,激光发射系统与主望远
镜系统在结构上一体化,发射光轴和接收光轴容易保持一致,同时发射光轴和
接收光轴距离较近,可缓解收发间距造成光斑拉长效应带来的对波面测量的
影响。

在共机架导星激光发射结构中,部分大型天文望远镜采用了次镜背部
发射的结构形式,实现方法是在主镜筒边缘增加一个反射镜,把激光从主镜
筒旁引入次镜背面发射,这种方式减小了收发间距导致的光斑拉长效应,见
图 4 - 47。

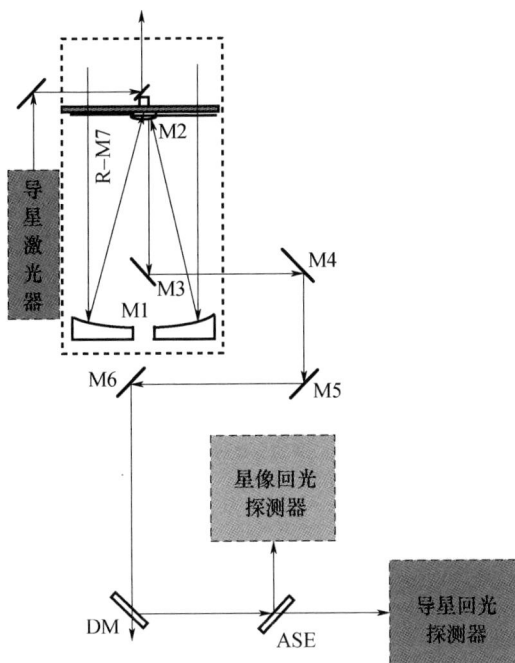

图 4 - 47　共机架同轴发射示意图

2. 独立收发系统

独立收发系统方式如图 4 - 48 所示,导星激光器与探测望远镜采用独立的
发射和接收系统。导星激光的发射通过一个独立的望远镜实现发射、控制,这种
工作方式需对发射和接收望远镜进行高精度的轴系标校。不足之处是系统复
杂,通常两台望远镜的收发间距较大,光斑拉长效应严重,从而影响自适应光学
校正效果。

对分孔径收发系统,可以采取视场光阑屏蔽的方式抑制近程大气瑞利散射
回光,可采用连续工作体制的导星激光器。图 4 - 49 以钠导星为例给出了视场
光阑应用的示意图。

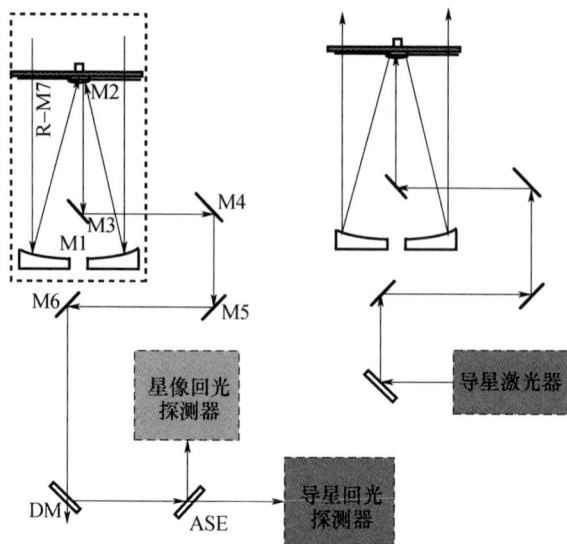

图 4 - 48　独立收发系统示意图

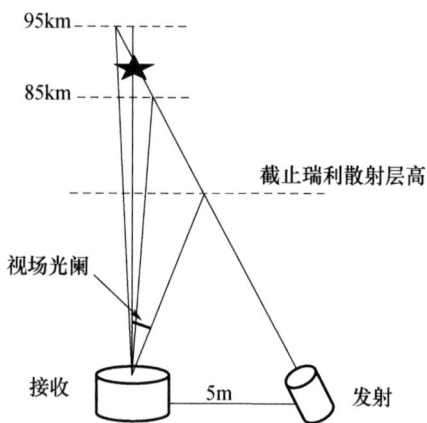

图 4 - 49　钠导星的分孔径收发系统视场光阑应用示意图

4.6　激光导星在天文中的应用

　　20 世纪 80 年代以来,人造激光导星技术获得了飞速发展,基于激光导星的自适应光学系统在很多望远镜上获得了成功运用。图 4 - 50(a) 给出了 1991—2004 年公开发表的有关自适应光学系统的文章数量统计,图 4 - 50(b) 给出了 1995—2007 年基于激光导星的自适应光学系统相关文章数量统计,可以看出相关领域正在快速成为研究热点[19]。

2002 以前，人造激光导星研究主要集中在美国和欧盟国家(伊利诺斯大学 TLP、CAAO、SOR 等)，重点是研究瑞利导星及自适应光学校正技术。之后，由于瑞利导星自身的技术局限，许多研究团队将人造激光导星研究工作重点转向钠导星技术方向，在大型望远镜上开展了一系列激光钠导星试验。在此期间，瑞利导星研究主要集中在多导星瑞利导星技术上。下面简要介绍几种典型的应用实例。

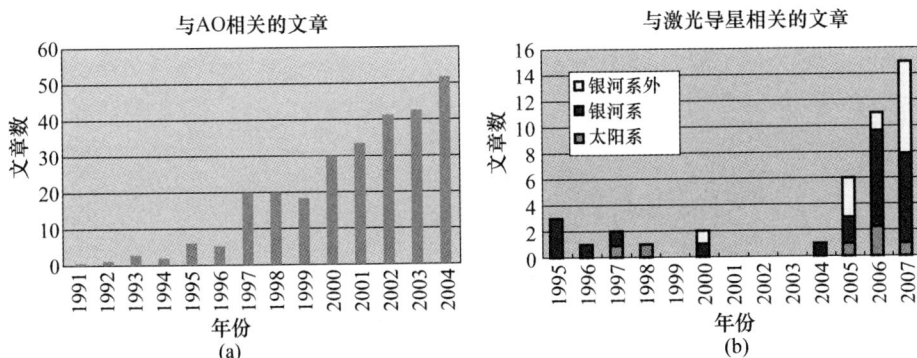

图 4-50 自适应光学及激光导星文献统计
(a)自适应光学系统；(b)基于导星的自适应光学系统。

4.6.1 星火望远镜

星火望远镜位于美国新墨西哥州马扎罗山脉的星火靶场[32]，望远镜口径为 3.5m，采用 50W 的和频 589nm 固体激光器(FASOR)开展钠导星试验[33]。2005 年 11 月，激光器出光 30W 圆偏振，线宽约 10kHz，发射口径 200mm，对天顶获得了 5.1 星等(约 7000 photons/s·cm²)的钠导星回光(图 4-51)。

在全年的试验中，Fasor 激光器出光 50W(圆偏振)，分别在 2005 年 10 月 30 日和 5 月 30 日得到了回光的最大值 8000 photons/s·cm²(4.8 等星)和最小值 3000 photons/s·cm²(5.8 等星)。钠导星激光器发射的激光光束质量近衍射极限，采用望远镜共机架旁轴收发工作方式，由于站址环境处于较好的视宁条件下，湍流较弱，在接收系统的子孔径 20cm 情况下，利用钠导星自适应光学技术实现了空间目标成像质量的良好校正。

星火靶场的钠导星激光器安装在望远镜外侧，经光学铰链扩束为 20cm 后离轴发射，与主镜中心的收发间距为 2.5m。由图 4-52 可以看到清晰的钠导星回光，在光学成像子孔径阵列阵列上，由 2.5m 收发间距引起的光斑拉长效应明显可见。

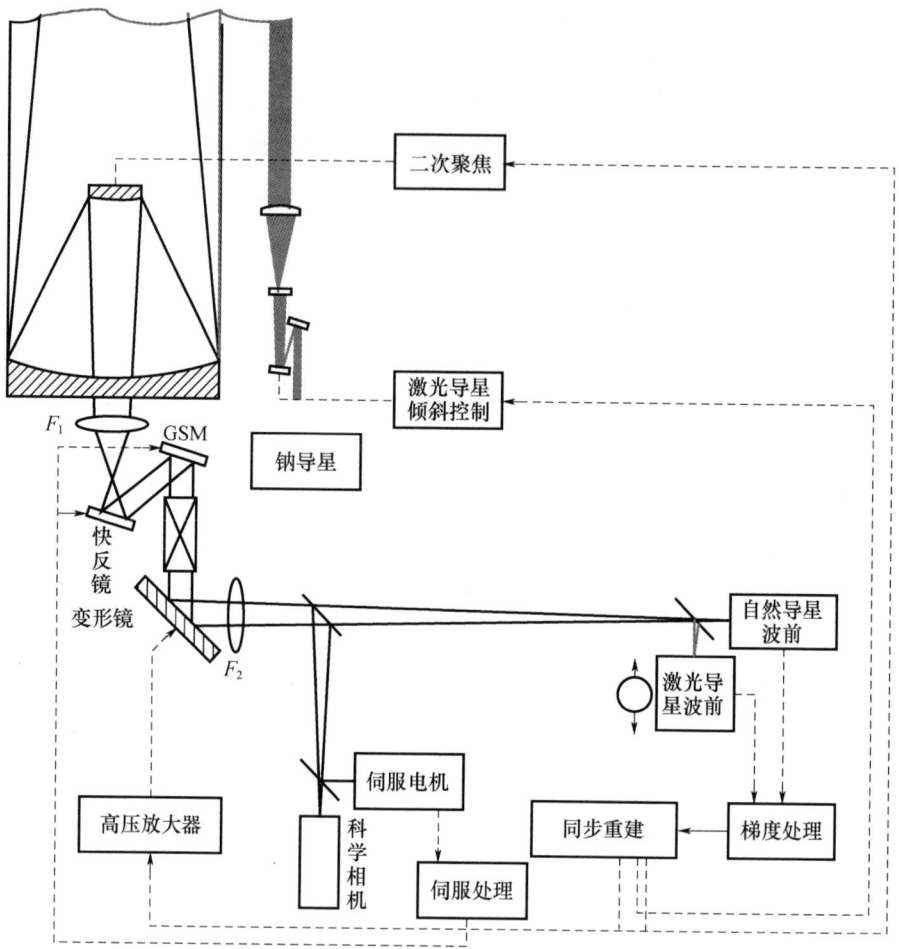

图 4 - 51　星火靶场钠导星发射接收光路

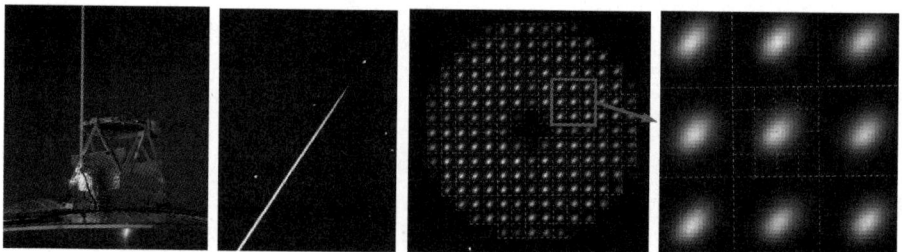

图 4 - 52　FASOR 钠导星泵浦激光的试验场景及回光哈特曼点阵

图 4 - 53 所示为利用钠导星波前实现自适应光学系统波前校正前后获得的双星成像对比。

ADS 9378 ADS 10871 ADS 11060 ADS 11579 ADS 12656 ADS 13461

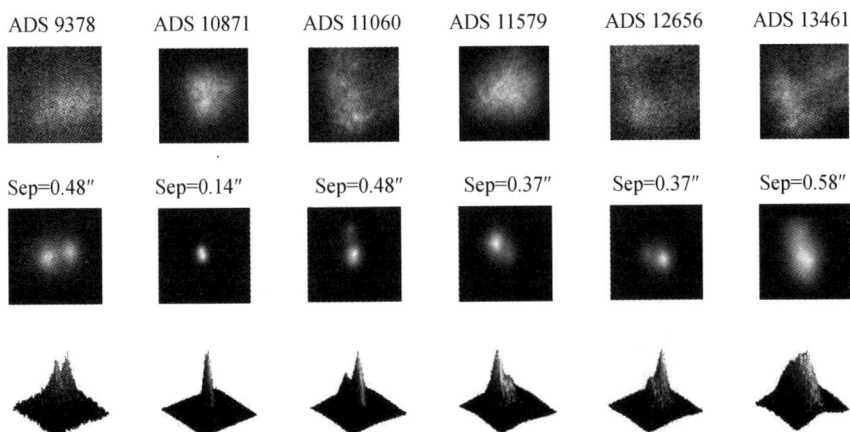

Sep=0.48″ Sep=0.14″ Sep=0.48″ Sep=0.37″ Sep=0.37″ Sep=0.58″

图 4-53 对双星的开闭环图像

4.6.2 MMT 望远镜

MMT(Monolithic Mirror Telescope)望远镜位于美国南亚利桑那州[34-37]，如图 4-54 所示,望远镜口径为 6.5m,采用多瑞利导星进行自适应校正。导星激光光源由两台 15W 倍频 YAG 激光器构成,输出波长为 532nm,脉冲频率为 5kHz。两束光合成后,采用全息元件分成五束,排列成五角形发射到空中 60″的范围内,导星激光聚焦在望远镜上方 20~29km 处。MMT 望远镜的发射接收光路如图 4-55 所示,激光头安装在主望远镜镜筒上,激光器装有温控装置以保证激光器具有良好的工作性能,激光光源经过折转镜在望远镜副镜后发射。

图 4-54 MMT 望远镜

103

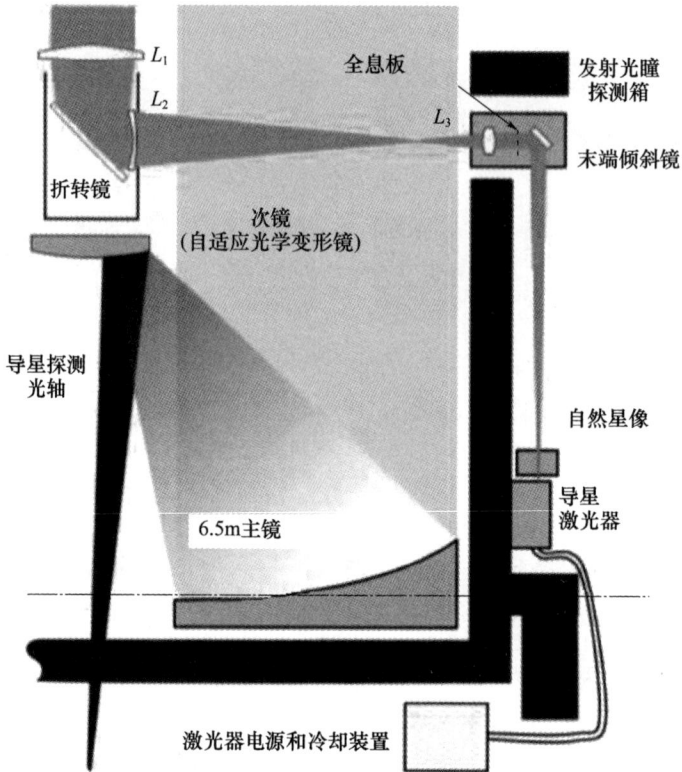

图 4 – 55　MMT 望远镜的发射接收光路

　　2008 年 2 月,MMT 望远镜开展了首次自适应光学校正试验,图 4 – 56 给出了对某一目标星成像的对比结果:没有自适应校正时,探测目标成像试场的半高全宽(FWHM)为 0.70″,进行了自适应校正后其 FWHM 减小为 0.33″,峰值增加了约 2.3 倍。

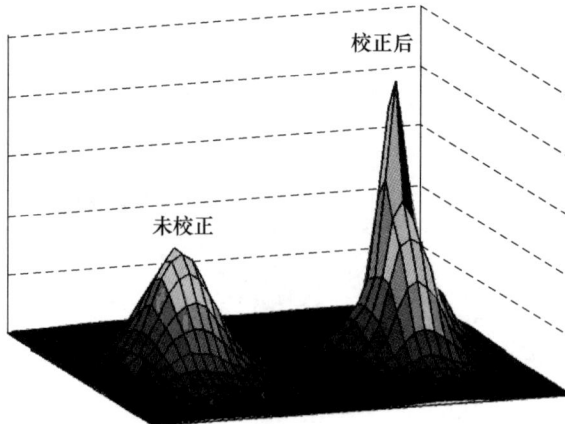

图 4 – 56　MMT 望远镜试验结果

4.6.3　凯克望远镜

凯克(Keck)天文台位于美国夏威夷莫纳克亚山[38-40]，海拔4200m，主镜口径10m。2001年12月，凯克天文台第一次利用20W染料激光器获得钠导星回光，导星的视星等约为9.5。此后该天文台多次利用10m口径天文望远镜开展钠导星试验研究，并开展了天文观测目标的自适应光学技术研究。

凯克天文台采用的可调谐染料导星激光由美国劳伦斯·科弗摩尔国家实验室(LLNL)研制，平均发射功率12~15W，导星扩展度为1.8″×2.3″，发射激光参数：脉宽为100 ns，重复频率为25kHz准连续工作，谱线宽度约为2GHz。采用这套参数，获得120 photons/s·cm² 的钠导星回光。

图4-57所示为凯克天文台开展钠导星试验的发射系统示意图，激光器安装在主镜筒边上，采用50cm发射口径旁轴发射，收发间距约为5m。

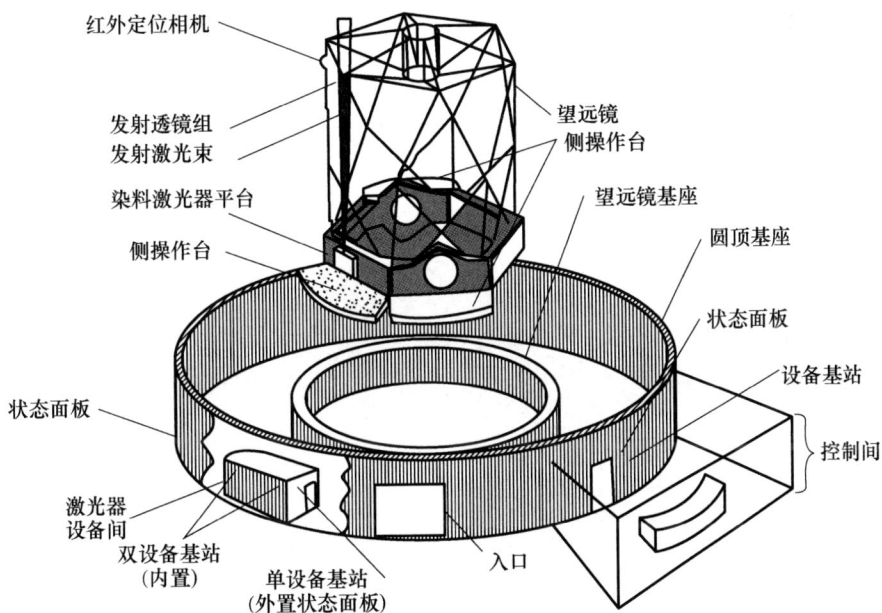

图4-57　凯克天文台钠导星试验发射系统示意图

图4-58所示为2004—2005年获得的钠导星回光图像，由图可见，试验中光斑拉长效应很明显，显然，试验条件与SOR接近，但5m的收发间距增强了拉长效应。由于限孔光阑使用上的局限，在回光图像的右边可以看见明显的瑞利干扰回光。

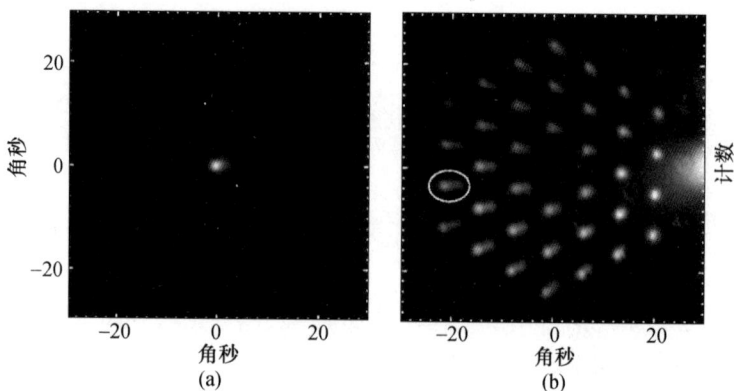

图 4 - 58　钠导星回光图像

4.6.4　双目望远镜

双目望远镜（Large Binocular Telescope, LBT）位于格雷厄姆山[41]，如图 4 - 59 所示，其海拔高度为 3190m，由两个直径 8.4m 的望远镜组成，两个望远镜之间的间隔为 22.5m。每个望远镜均包含三个瑞利导星系统，导星激光为 532nm 脉冲激光，工作频率约为 10kHz，平均功率大于 12W，光束质量近衍射极限 $M^2 < 1.3$。导星激光器安装在两个主镜之间，与两个主镜同步运动，采用望远镜次镜背面同轴发射，其发射接收方式如图 4 - 60 所示。

图 4 - 59　双目望远镜

双目望远镜接收系统的焦比为 $f/1.1$；三个导星独立探测，共用同一个 CCD；选通范围在 300m 时，光斑拉长 2″。

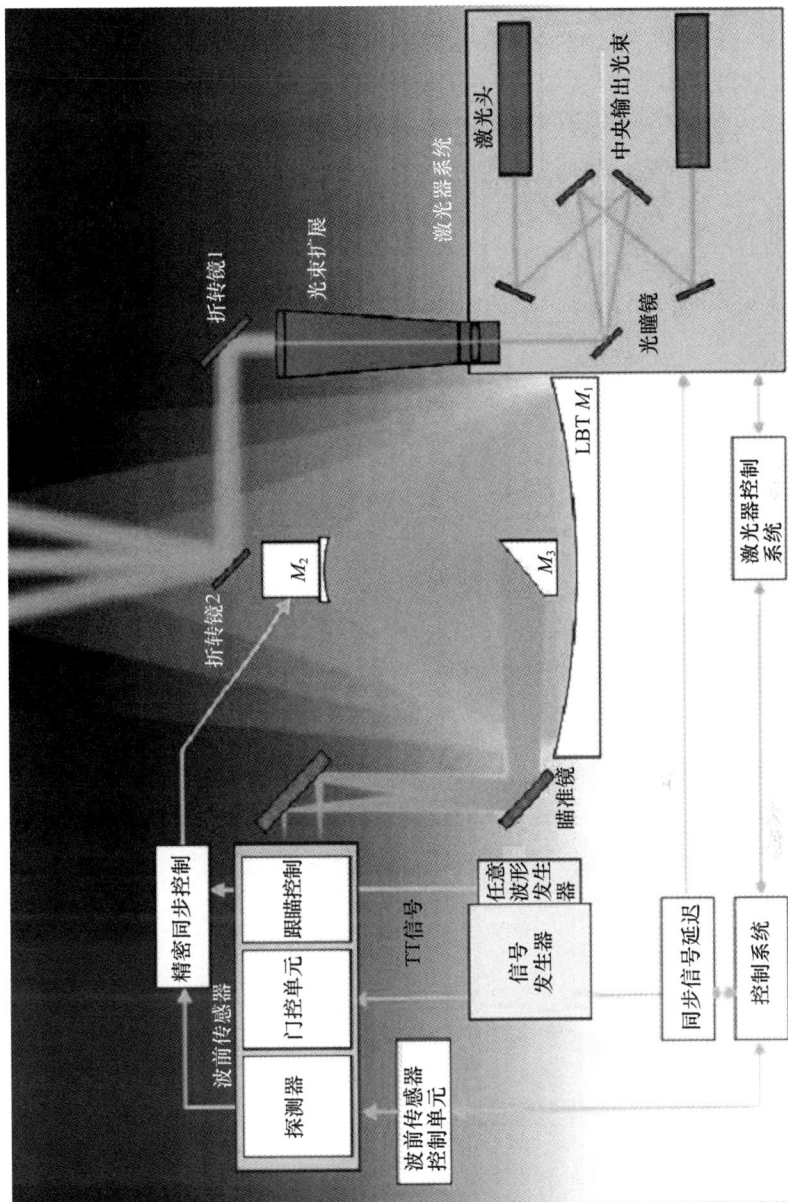

图4-60　双目望远镜发射接收光路

参考文献

[1] 苏毅,万敏. 高能激光系统[M]. 北京:国防工业出版社,2004.

[2] Esposito S, Busoni L. LGS wavefront sensing using adaptive beam projectors[C]. Proc. of SPIE, 2008, 7015:1 - 7.

[3] Ageorges N, Dainty C. Laser Guide Star Adaptive Optics for Astronomy[M]. London:Kluwer Academic Publisher, 1997.

[4] Tam W G, Zargecki A. Multiple scattering corrections to the Beer - Lambert law. 1:Open detector[J]. Appl. Opt. , 1982,21:2405 - 2412.

[5] 饶瑞中. 现代大气光学[M]. 北京:科学出版社,2012.

[6] 王锋,陈天江,雍仲祥,等. 基于长脉冲光源的钠导星回光特性实验研究[J]. 物理学报,2014,63,(1):189 - 194.

[7] 陈天江,周文超,王锋,等. 基于同步探测的脉冲钠导星聚焦非等晕性实验研究[J]. 物理学报,(2015),64,(13):182 - 189.

[8] 李新阳,姜文汉. 自适应光学控制系统的有效带宽分析[J]. 光学学报, 1997, 17 (12):1697 - 1702.

[9] 李新阳,姜文汉,王春红,等. 激光实际大气水平传输湍流畸变波前的功率谱分析Ⅰ:波前整体倾斜与泰勒频率[J]. 光学学报, 2000 , 20 (7): 883 - 889.

[10] 李新阳,姜文汉,王春红,等. 激光实际大气水平传输湍流畸变波前的功率谱分析Ⅱ:波前相位与格林伍德频率率[J]. 光学学报, 2000 , 20 (8): 1035 - 1042.

[11] Holzlöhner R , Rochester S M, Pfrommer T. Laser guide star return flux simulations based on observed sodium density profiles[J]. Proc. SPIE 7736, Adaptive Optics Systems II, 77360V (2010b).

[12] Milonni P W, Fugate R Q, Telle J M. Analysis of measured photon returns from sodium beacons[J]. J. Opt. Soc. Am. 1998,A 15:217 - 233.

[13] 张卫,雍仲祥,向汝建. 人造信标波前测量[J]. 强激光与粒子束,2002.5,14(3):375 - 377.

[14] Chen H, She C Y. Sodium vapor dispersive Faraday filter[J]. Optics Letters, 1993,18(12): 1019 - 1021.

[15] 掌蕴东,贾晓玲,胡勇,等. 锶460.7nm法拉第色散光学滤波器的滤波特性分析[J]. 光学学报,2001,21(5): 597 - 599.

[16] 王骐,贾晓玲,掌蕴东 等. 钾原子532nm可调谐超窄带光学滤波器的研究[J]. 物理学报,2003,52(5): 1151 - 1156.

[17] 弗朗松. 用于辐射分离的光学滤光片[M]. 徐森禄,译. 北京:科学出版社, 1986: 53 - 70.

[18] Harris S E, Wallace R W. Acousto - optic tunable filter[J]. Journal of the optical society of America, 1969,59(6): 744 - 747.

[19] Richard Dekany, Michael Lloyd - Hart, Sean Adkins,et al. A Roadmap for the Development of United States Astronomical Adaptive Optics. 2008.

[20] Paul Jerram, Peter Pool, Ray Bell, et al. The LLLCCD:Low Light Imaging without the need for an intensifier[J]. SPIE, 2001,4306: 178 - 186.

[21] Williams M Jr,Alice L Reinheimer, et al. Back - illuminated and electron - bombarded CCD low light level imaging system performance[J]. SPIE, 1995, 2551: 208 - 223.

[22] 周立伟,刘广荣,等. 用于微光摄像的高灵敏电子轰击电荷耦合器件[J]. 中国科学工程,1999,1(3):56 - 62.

[23] Gelbwachs J A. Atomic resonance filters[J]. IEEE J. Quantum Electronics, 1988,24(7): 1266 – 1277.

[24] Bagrov Ig V, Danilov O B, Tulskii S A, et al. Amplification of image brightness by means of the photodisso-ciativeiodine laser[J]. SPIE, 2001,4351: 86 – 91.

[25] Dick D J, Shay T M. Ultrahigh – noise rejection optical filter[J]. Optical letter, 1991,16(11): 867 – 869.

[26] Menders J, Benson K, Bloom S H, et al. Ultranarrow line filtering using a Cs Faraday Filter at 852nm [J]. Optics Letters, 1991,16(11): 846 – 848.

[27] Yeh P. Dispersive magnetooptic filters[J]. Applied Optics, 1982,21(11): 2069 – 2075.

[28] 俞水清,汤俊雄. 原子滤光器多峰及可调谐特性在卫星光链路捕捉系统中应用探讨[J]. 光学学报, 2001,21(7): 861 – 865.

[29] 李挺,毛伟军,陆海天,等. 中国出口双折射滤光器[J]. 天文学进展, 2001,19(3): 331 – 335.

[30] 王军营,郑权,薛庆华,等. 利用双折射滤光片技术获得瓦级单频绿光输出[J]. 光子学报, 2005, 34(3): 321 – 324.

[31] Paulsen D, Pelekhaty V, Wang X. An electronically tunable narrow bandpass optical filter for spectral ima-ging[J]. SPIE, 1996,2763: 138 – 154.

[32] Fugate R Q, et al. Measurement of atmospheric wavefront distortion using scattered light from a laser guide-star[J]. Nature,1991,353:141 – 146.

[33] Denman Craig A, Drummond Jack D, Eickhoff Mark L,et al. Characteristics of sodium guidestars created by the 50 – watt FASOR and first closed – loop AO results at the Starfire Optical Range[J]. Proc. of SPIE, 2006,6272:62721L – 1.

[34] Michael Hart N, Mark Milton, Christoph Baranec, et al. Wide field astronomical image compensation with multiple laser – guided adaptive optics[J]. Proc. of SPIE ,2009, 7468 ;74680L – 1 – 74680L – 11.

[35] Lloyd – Hart M, et al. Experimental results of ground – layer and tomographic wavefront reconstruction from multiple laser guide,Optics Express,2006,14(17):7541 – 7551.

[36] Lloyd – Hart M, Baranec C, Milton N M, et al. First tests of wavefront sensing with a constellation of laser guide beacons[J] Astrophys,2005, 634: 679 – 686.

[37] Lloyd – Hart M, Thomas Stalcup, Christoph Baranec, et al. Scientific goals for the MMT multi laser guided adaptive optics[J]. Proc. of SPIE,2006, 6272.

[38] Douglas Summers, Antonin Bouchez, Jason Chin,et al. Focus and pointing adjustments necessary for laser guide star adaptive optics at the W. M. Keck Observatory[J]. SPIE Astronomical Telescopes and Instrumen-tation Conference, 2004,6:21 – 25.

[39] Gleckler A,et al. Focus errors, and their correction, in an adaptive optics system utilizing a laser guide star [J]. Keck Adaptive Optics Note 034, 1995.

[40] Wizinowich Peter L, David Le Mignant,et al. The W. M. Keck Observatory Laser Guide Star Adaptive Op-tics System: Overview[J]. Publications of the Astronomical Society of the Pacific, 2006, 118: 297 – 309.

[41] Rabien S, Ageorges N, Angel R,et al. The Laser Guide Star Program for the LBT[J]. Proc. of SPIE ,2008, 7015: 1 – 12.

第5章

激光导星探测和波面恢复

目前,人造激光导星的主要技术途径有瑞利导星和钠导星[1,2],虽然这两类导星的高度和产生机理不同,但它们都有一个共同的特点,即导星回光特别弱,对导星波前的测量都属于微弱光信号探测范畴。

在使用光电成像器件对人造导星回光的探测过程中,要准确地提取到导星光信号,必须考虑导星激光传输通道的光信号噪声、成像器件的电子散粒噪声和读出电路的电子噪声等对目标信号的干扰[3-5]。

不同类型发射接收方式的激光导星探测获得的图像差异比较大,如何从探测图像中准确重构波面也是一个较大的挑战。

5.1 激光导星在自适应光学系统中的应用

光束的共轭补偿有两个实现技术途径:

(1)非线性光学复共轭技术。光束入射到非线性光学介质中,利用介质的非线性后向散射产生与入射光相位共轭的光束[6],反向穿过原光路,实现对入射光束相位畸变的共轭补偿。该技术主要适应于脉冲激光或准连续激光,目前,该技术路线在多种类型的光学系统中实现了应用,但受介质非线性功率密度阈值和材料特性等限制,该技术在高能/大功率系统中的应用尚有更多的技术和工程问题待解决。

(2)采用变形镜的自适应光学相位技术。该技术采用波前传感器实时测量入射光束的波前畸变,利用可任意变形的波前校正器(通常为变形镜,Deformable Mirror, DM)实时补偿入射光束的波前畸变,使入射光经波前校正器后输出平面波。

自适应光学(Adaptive Optics, AO)于1953年由巴布科克(H. W. Babkock)首先提出并在天文观测中进行了应用研究[7],典型的自适应光学系统通常包括三个基本组成部分:波前传感器、波前校正器和闭环控制器。AO系统结构如图5-1所示。

由目标处发出的导星光束携带大气湍流、全系统光路上的像差信息,通过望远镜系统缩束后,其波前畸变信息被波前传感器(Wave – Front Sensor,WFS)探测,并经由闭环控制器(通常为专用计算机)指挥快反镜(Fast Steering Mirror,FSM)和变形镜(Deformable Mirror,DM),进行光轴抖动和波前畸变的实时校正,最终获得最佳的成像质量。

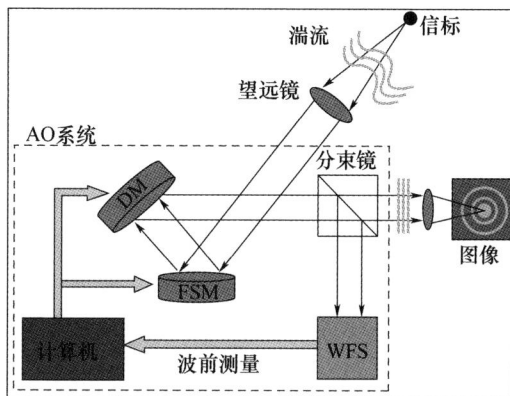

图 5 – 1　典型的自适应光学系统构成示意图

自适应光学系统采用光波相位共轭补偿原理实现波面校正。存在相位误差的光场可由 $E_1(x,y,z) = A(x,y,z) \mathrm{e}^{\mathrm{i}\varphi(x,y,z)}$ 描述,自适应光学系统通过相位补偿器产生一个与之相位共轭的镜面面型 $E_1(x,y,z) = A(x,y,z) \mathrm{e}^{-\mathrm{i}\varphi(x,y,z)}$,当入射光束通过相位补偿器时,光场的振幅不变(或基本不变),光束的相位空间分布与镜面面型进行叠加,光束波面的畸变被消除,在成像系统焦平面或发射光束的远场获得近衍射极限的聚焦结果[8]。

5.1.1　波前传感器

自适应光学闭环控制系统中采用波前传感器测量光束的波前畸变,通过实时测量光学系统中的动态波前畸变的波面倾斜量信息,经波前重构处理算法后,为波前校正器提供控制信号。波前传感技术也广泛用于光学系统像差测量、元器件表面面型测量等方面,在光学检测、光束诊断、自适应光学等领域中有广泛的用途[9-11]。

自适应光学系统中所用的波前传感器技术从数学模型上看主要可分为两大类:一类是通过探测畸变波前空间分布的一阶导数(即波前斜率)获得波前信息,通过重构数学模型获得波前空间分布;另一类是通过探测畸变波前空间的二阶导数(即波前曲率)获得波前相位信息。第一类中较典型的有哈特曼 – 夏克[11](Hartmann – Shack,HS)法、剪切干涉法[12,13],以及由这些方法派生出来的其他类似方法;第二类中有波前曲率传感法[10]、相位反演法[15]等。

当前,应用最广的是 HS 波前传感器。1900 年德国人哈特曼(Hartamann)首先提出了利用孔径阵列进行波前测量的波前传感器,1971 年经夏克(R. K. Shack)提出利用微透镜替代小孔的改进后,在光能利用率方面得到了极大的提高,此后在 AO 校正技术领域得到了广泛应用,并被称为 HS - WFS。HS - WFS 的基本结构由微透镜阵列和光电探测器(目前多用 CCD、CMOS 器件)组成,其典型的系统构成以及波前测量工作原理如图 5 - 2 所示。

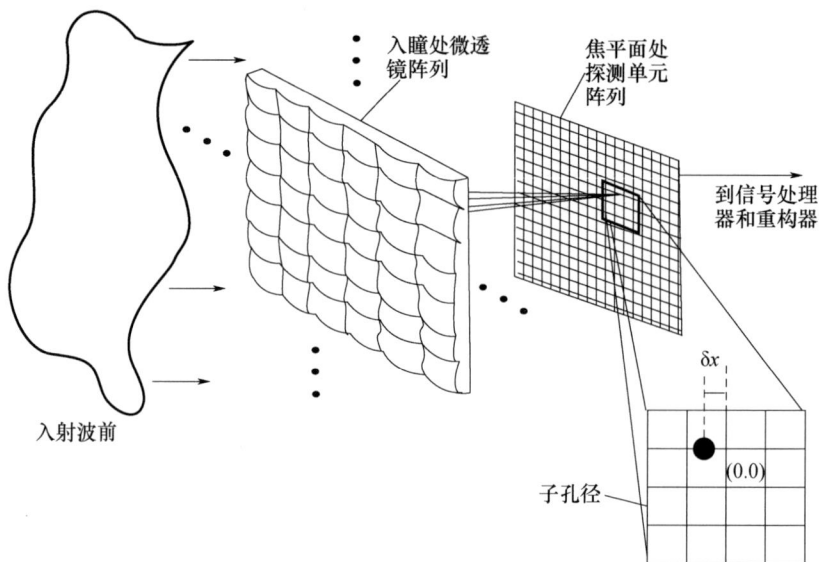

图 5 - 2   HS - WFS 典型的系统结构及波前测量工作原理示意图

待测光束经过光束变换(通常是具有共轭成像关系的缩束系统)后,入射到微透镜阵列,入射光束被子孔径(微透镜)分割成像,由布置在微透镜阵列焦平面处的成像器件获得每个子孔径的焦斑图像。

HS - WFS 每个子孔径上的光斑重心位置可表征该子孔径内的光束倾斜信息,对所有子孔径光束倾斜量信息进行空间拟合可得到全口径光束的波面特性。各个子孔径对应波面倾斜量的整体平均值就代表全口径光束的平均整体倾斜。

当理想平面波入射时,在成像器件像面上呈现出间隔相等的子孔径焦斑阵列,每个光斑质心位置都与各个子孔径像素阵列中心重合。当子孔径对应的图像像素阵列的光斑质心(光斑分布的一阶矩)出现偏离中心时,说明该子孔径对应的局部波前存在一定的倾斜,通过计算光斑质心偏移量就可以获得该子孔径对应的波前平均斜率(图 5 - 3)。

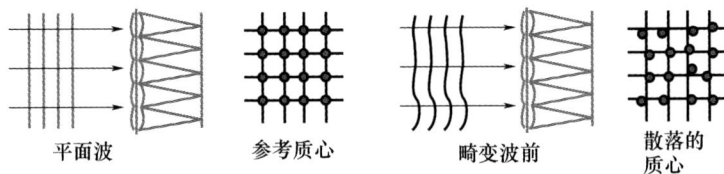

图 5 – 3　平面波前和畸变波前在 HS – WFS 子孔径内光斑质心偏移示意图

HS – WFS 焦斑阵列处理过程中,子孔径光斑强度分布质心可用下式计算[15]:

$$
\begin{cases}
x_c = \dfrac{\sum\limits_{i,j} x_{ij} P_{ij}}{\sum\limits_{i,j} P_{ij}} \\[4mm]
y_c = \dfrac{\sum\limits_{i,j} y_{ij} P_{ij}}{\sum\limits_{i,j} P_{ij}}
\end{cases}
\tag{5 – 1}
$$

式中　x_c、y_c——子孔径焦斑质心的 x、y 方向坐标;

　　　x_{ij}、y_{ij}——成像器件像面上第 (i,j) 像素对应的 x、y 坐标;

　　　P_{ij}——该像素输出的光强强度值。

这种子孔径光斑质心计算方法又称为 CoG(Centre of Gravity)。

计算实际光束质心位置与平面波对应的光斑位置 (x_{c0}, y_{c0}) 的偏差可写为

$$
\begin{cases}
\delta x = x_c - x_{c0} \\
\delta y = y_c - y_{c0}
\end{cases}
\tag{5 – 2}
$$

对应的子孔径倾斜量为

$$
\begin{cases}
S_x = \delta x / f \\
S_y = \delta y / f
\end{cases}
\tag{5 – 3}
$$

式中　f——单个微透镜的焦距。

HS – WFS 直接输出的是来自成像器件的焦斑图像光强信息,计算每个子孔径焦斑对应的倾斜量是一个简单却最费时间的过程,为了提高系统计算速度和控制带宽,通常采用专用的硬件电路(如 FPGA 或 DSP)实现高速计算,这样可以大大减小波前重构的时间延时。

利用子孔径光束斜率量信息,通过特定的波前重构算法就可以获得波前空间分布、模式构成,解算出用于波前校正的驱动量,实现对光束波前的实时闭环校正。

5.1.2　波前校正器

波前校正器,通常指变形镜,是自适应光学系统中执行波面控制的器件,通

113

常有两种主要的校正方式,按照其工作方式可将波前校正器分为透射式和反射式两类。

透射式波前校正器最常见的是液晶空间光调制器 LC – SLM,其优点是结构简单、成本低,但是由于光束要透射通过光学介质,受介质承受功率密度的限制,常用于弱光自适应光学系统中。

反射式波前校正器通常包括快速倾斜镜(FSM)和变形反射镜(DM),变形反射镜如图 5 – 4 所示。变形反射镜分为分立表面和连续表面两种类型,大动态校正范围、高控制精度的变形反射镜在工艺实现上具有较大的难度,自适应光学系统中多采用倾斜反射镜和变形反射镜共用的方式实现光束波面校正,采用快速倾斜镜用来补偿波前相位畸变中的整体倾斜部分,变形反射镜通过改变自身表面的面型来补偿波前相位畸变,实现高精度快速光束波面校正。

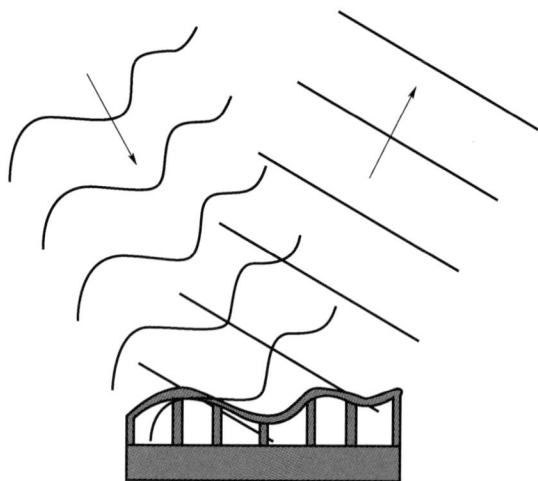

图 5 – 4　变形反射镜

早期的变形反射镜多为分立表面的,如图 5 – 5(a)所示,每个分立的平面反射镜有三维调节度(平移 + 倾斜),控制各个致动器可以得到由分立小平面构成的波面。很显然,这种变形镜无法得到连续面型,波前校正精度低,但是它有较大的校正量,更适用于大型天文自适应光学系统中做大尺寸、大变形量的波前校正。

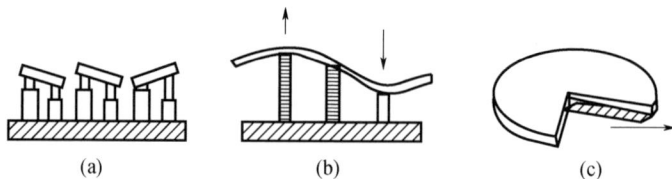

(a)　　　　　　　(b)　　　　　　　(c)

图 5 – 5　变形镜示意图

(a)分立表面变形镜;(b)连续表面垂直致动变形镜;(c)连续表面平行致动变形镜。

连续表面变形反射镜如图 5-5(b)(c) 所示,其优点是可以得到连续的面型,校正精度高,其缺点是面型的变形量比较小。连续表面的变形反射镜在驱动方式上可分为整体致动和分立致动两种形式。整体致动主要有双压电变形镜和薄膜变形反射镜两类,其特点是当控制电压作用于某一致动单元时,整个反射镜面都将产生变形,如前所述,这类变形镜主要用于与曲率波前传感器配合校正波前畸变的低阶模式部分。分立致动变形反射镜的特点是当控制电压作用于某一个致动器时,只有该致动器相邻区域产生局部变形。其中,致动方向平行于镜面时,致动器作用于反射镜边缘,只能用于校正离焦和像散等特定像差,因此在自适应光学系统里的应用受到了局限。致动方向垂直于镜面的连续表面变形反射镜可以校正较高阶的波面像差,通常可获得较高的校正精度,因此成为自适应光学系统中应用最广的一种波前校正器。

每个变形镜驱动控制单元具有独立的控制端口,在波前重构过程中,由特定的算法获取每个变形镜驱动控制单元的控制量,通过驱动硬件为各个端口提供控制信号,波前处理和重构速度及变形镜的响应带宽是决定系统的动态性能的关键因素。

当前,广泛应用于高能强光系统中的变形镜通常都是分立柱式连续表面变形镜,特别是在长时间高能激光系统中,变形镜自身的耐强光性能和主动冷却性能更为重要。

5.1.3　闭环控制器

闭环控制器是自适应光学系统的信号处理模块,其采用特定的控制算法,从波前传感器获得的光束波前畸变信息实时解算出变形镜各个驱动器的驱动电压。闭环控制器的核心技术是高速数字信号处理、自适应控制算法等。需要指出的是,自适应光学系统的实时波面重构与波前测量系统的波前重构含义并不同。普通的波前测量系统重构并显示的波前属测量结果,可通过各种波前复原算法(区域法、模式法)获得波前的空间分布;自适应光学系统的波前重构是指通过变形镜镜面的形变,制造一个指定的面型,实现空间二维面型拟合,使入射光束获得共轭补偿,因此,需要以变形镜的单位驱动响应面型矩阵为参考,并结合变形镜使用过程中的许用约束条件(最大许用动态范围、相邻驱动器电压差约束等)实时解算变形镜的驱动向量。

随着嵌入式硬件计算速度(带宽)的发展,多数实用的自适应光学系统均采用定制的嵌入式波面重构系统,实现波前测量数据、闭环控制算法、波面实时重构、变形镜并行高压驱动一体化设计模式,以提高系统处理速度,降低信号处理延时,提高系统闭环带宽。

5.1.4 自适应光学系统的人造导星

在地面天文观测成像应用中,为了提高观测目标程序分辨率和清晰度,大多采用自适应光学系统进行大气湍流和系统像差的实时闭环校正,据统计,目前全世界口径大于3m的近40座大型光学系统中都已采用自适应光学系统提高光学成像质量,改善激光传输特性。

正因为自适应光学闭环校正需要导星探测光路上的像差,而在特定波长条件下,满足导星条件的自然导星的天空覆盖度平均概率在0.1%,无法满足成像要求。近年来,激光主动导星(人造导星)技术在大型光学系统中的应用取得了快速的进展,在提高自适应校正的空间覆盖率、提高望远镜的成像质量和适应能力等方面发挥了重要的作用。

采用激光导星是实现全天空覆盖成像的有效手段,激光导星技术是采用主动发射激光束,通过大气后向瑞利散射或距地面100km钠原子层共振后向散射作为导星源(图5-6),为自适应光学系统实时校正提供大气传输光学畸变信息,实现对天文目标的高清晰成像观测(如图5-7所示对海王星的观测结果)[16]。

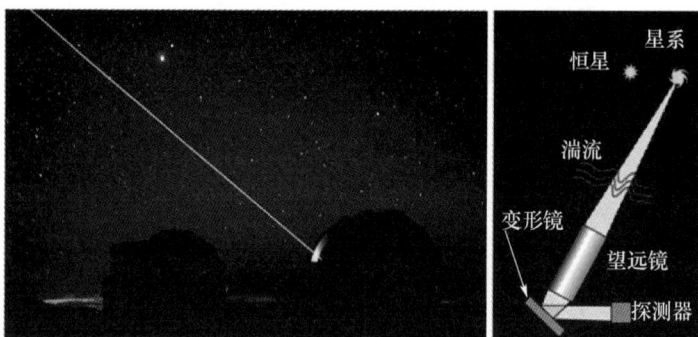

图5-6 凯克天文台的钠导星

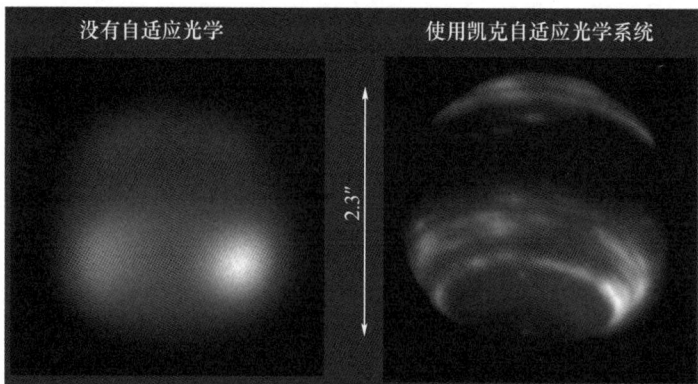

图5-7 AO开闭环时海王星的观测图片

人造激光导星可有效提高 AO 系统所需导星的天空覆盖率,提供闭环校正所需的波前畸变信息,但由于导星亮度较弱、与目标的偏移量、导星高度约束等问题,人造激光导星在自适应光学系统中的应用还面临诸多特殊的难题,主要有极微弱光波前探测与重构问题、非等晕性问题、导星扩展问题等,为解决这些问题,研究者发展了一系列的多导星技术、多层共轭校正技术等[17, 18]。

5.2 基于 HS 波面探测器的导星波面探测及波面重构

5.2.1 HS 波前传感器波面重构方法

通过 HS 波前传感器获得每个子孔径的质心偏移量后,即获得了波面的局部斜率,利用波前空间分布与其斜率的关系,可以重构出每个子孔径对应的波前空间值。

考虑一维情况,设相位可展开为关于 x 的多项式:

$$\Phi = C_0 + C_1 x + C_2 x^2 + \cdots K \tag{5-4}$$

则相应的倾斜量为

$$S^x = C_1 + 2C_2 x + \cdots \tag{5-5}$$

略去式(5-5)中的 x^2 项及更高阶项,将式(5-4)代入式(5-5),得

$$\Phi = \Phi_i + S_i^x x \tag{5-6}$$

根据哈特曼波前探测器子孔径的并列结构,有

$$S_i^x = (\Phi_{i+1} - \Phi_i)/h, \quad i = 1, 2, \cdots, N-1 \tag{5-7}$$

式中 N——子孔径数。

推广到二维平面上,得

$$S_{ij}^x = (\Phi_{i+1j} - \Phi_{ij})/h; \quad i = 1, 2, \cdots, N-1, j = 1, 2, \cdots, N \tag{5-8}$$

$$S_{ij}^y = (\Phi_{ij+1} - \Phi_{ij})/h; \quad i = 1, 2, \cdots, N, j = 1, 2, \cdots, N-1 \tag{5-9}$$

对于不同的子孔径划分,各个边缘子孔径的处理方式也不同。图5-8列出了比较经典的三种子孔径的划分方式:Shouthwell、Hudgin 和 Fried 方式。后面将看到三种划分模式没有实质上的区别,只是波前恢复过程中某些量的描述方式不同[19-21]。

由式(5-8)式(5-9)式可得

$$\frac{S_{i+1j}^x + S_{ij}^x}{2} = \frac{\Phi_{i+1j} - \Phi_{ij}}{h}; \quad i = 1, 2, \cdots, N-1, j = 1, 2, \cdots, N \tag{5-10}$$

$$\frac{S_{i+1j}^y + S_{ij}^y}{2} = \frac{\Phi_{ij+1} - \Phi_{ij}}{h}; \quad i = 1, 2, \cdots, N-1, j = 1, 2, \cdots, N \tag{5-11}$$

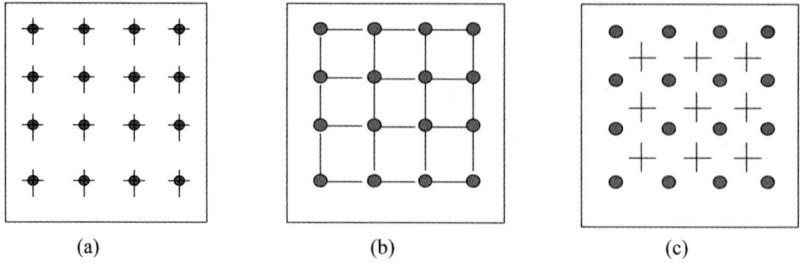

图 5-8　H-S 波前传感器 CCD 像面上子孔径划分方式

（a）Shouthwell；（b）Hudgin；（c）Fried。

由式（5-10）和式（5-11）可知，如果得到了一组 S^x 和 S^y，就可以得到 Φ 的最小二乘分布。式（5-10）和式（5-11）可以用向量形式写为

$$S = A\Phi \qquad (5-12)$$

式中　S——$2N$ 个倾斜量组成的列向量；

　　　Φ——N^2 个相位值构成的列向量；

　　　A—— 一个 $2N \times N^2$ 的矩阵，将式（5-12）两边左乘矩阵 A 的转置 A^T：

$$(A^T A)\Phi = A^T S \qquad (5-13)$$

即

$$\Phi = (A^T A)^{-1} A^T S \qquad (5-14)$$

理论上可以通过式（5-14）求解出 Φ，但实际上由于矩阵 A 不是方阵而且秩也不完备，这就意味着必须外加一定的约束条件，才能得到一个有意义的最小二乘解。

通常认为波前的平均值最小是较好的约束条件，因为波前的平均值最小，实现波面校正的变形镜就有最小的动态变化。

$$\sum \Phi = 0 \qquad (5-15)$$

这样，引入两个增广矩阵[3,4]：

$$A_e = \begin{bmatrix} A \\ A_s \end{bmatrix}, S_e = \begin{bmatrix} S \\ 0 \end{bmatrix} \qquad (5-16)$$

式中　A_s—— 一维向量，同时要求

$$A_e \Phi = S_e \qquad (5-17)$$

由于这时 $A_e^T A_e$ 不再是奇异的，所以式（5-12）具有如下的最小二乘最小范数解：

$$\Phi = (A_e^T A_e)^{-1} A_e^T S_e \qquad (5-18)$$

进一步从简单的几何关系出发，还可以得到相邻的子孔径的相位和相位的变化率的相互关系，对于图 5-8（b）的划分方法可以得到 Φ_{ij} 与 S^x 和 S^y 的关系：

$$g_{ij}\Phi_{ij} - (\Phi_{i-1j} + \Phi_{i+1j} + \Phi_{ij-1} + \Phi_{ij+1}) = \frac{h}{2}(S_{i+1j}^x - S_{i-1j}^x + S_{ij+1}^y - S_{ij-1}^y)$$

$$(5-19)$$

其中，g_{ij} 与孔径位置 (i, j) 有关的系数：

$$g_{ij} = \begin{cases} 2(i=1 \text{ 或 } N; j=1 \text{ 或 } N) \\ 3\begin{cases} i=1 \text{ 或 } N; j=2, \cdots, N-1 \\ j=1 \text{ 或 } N; i=2, \cdots, N-1 \end{cases} \\ 4, \text{其他} \end{cases} \tag{5-20}$$

对于图 5-8(b)、(c)，同样有类似于式(5-19)和式(5-20)的关系式，只是系数关系略有区别。

将式(5-19)右边记为 b_{ij}，则式(5-19)可写为

$$\Phi_{ij} = \overline{\Phi}_{ij} + b_{ij}/g_{ij} \tag{5-21}$$

此处 $\overline{\Phi}_{ij}$ 相邻子孔径的相位平均值为

$$\overline{\Phi}_{ij} = (\Phi_{i-1j} + \Phi_{i+1j} + \Phi_{ij-1} + \Phi_{ij+1})/g_{ij} \tag{5-22}$$

$$b_{ij} = \frac{h}{2}(S_{i+1j}^x - S_{i-1j}^x + S_{ij+1}^y - S_{ij-1}^y) \tag{5-23}$$

求解式(5-21)可以有各种方法，如常用的有雅各比(Jacobi)法、高斯-塞德尔(Gauss-Seidel)法和超张弛迭代法(SOR)等。由于雅各比法比较常用，这里不予讨论，但是对于式(5-23)，它并不是一个很好的方法。

式(5-21)的右边用最新的结果代入进行下一轮计算的方法称为高斯-塞德尔法，即

$$\Phi_{ij}^{(m+1)} = \overline{\Phi}_{ij}^{(m)} + b_{ij}/g_{ij} \tag{5-24}$$

但是，由于这种方法在计算第 $m+1$ 次结果时没有利用第 m 次周围网格的计算结果，收敛速度还不够快，为了使求解过程加速收敛，可以通过一个松弛因子 ω，使用超张弛迭代(SOR)技术进行求解，即在迭代过程中，令

$$\Phi_{ij}^{(m+1)} = \overline{\Phi}_{ij}^{(m)} + \omega[\overline{\Phi}_{ij}^{(m)} + b_{ij}/g_{ij} - \Phi_{ij}^{(m)}] \tag{5-25}$$

其中松弛因子为

$$\omega = \frac{2}{1 + \sin[\pi/(N+1)]} \tag{5-26}$$

这些求解方法的收敛速度比较可以通过下述实验来说明。

设边长为 $2a$ 的正方形波面分布为

$$W = 2.3717(x^2 + y^2)/a^2 + 6xy/a^2, |x| < 2a, |y| < 2a \tag{5-27}$$

对 W 分别求 x、y 方向的偏导数得到 S_x、S_y，用雅各比法、高斯-塞德尔法和 SOR 法对式(5-21)进行模拟迭代恢复，不同的子孔径数(N)和迭代次数的均方根误差见表 5-1[22]。

表 5 – 1 雅各比法、高斯 – 塞德尔法和 SOR 法迭代次数和精度比较

迭代次数	雅各比法	高斯 – 塞德尔法	SOR	子孔径数 N
2	0.487	0.504	0.620	
4	0.176	0.255	0.249	
8	0.126	0.043	2×10^{-4}	
16	0.125	8×10^{-4}	0	4
32	0.125	8×10^{-7}	0	
64	0.125	0	0	
2	1.638	1.389	1.062	
4	1.288	0.936	0.664	
8	0.823	0.454	0.319	
16	0.350	0.151	0.022	
32	0.067	0.034	6×10^{-5}	8
64	0.014	0.002	0	
128	0.013	4×10^{-6}	0	
256	0.013	0	0	
2	2.068	1.963	1.563	
4	1.947	1.763	1.159	
8	1.744	1.446	0.716	
16	1.422	0.996	0.344	
32	0.969	0.492	0.046	
64	0.467	0.135	5×10^{-4}	16
128	0.113	0.022	0	
256	0.007	0.001	0	
512	0.002	6×10^{-6}	0	
1024	0.002	0	0	

由表 5 – 1 不难看出，随着子孔径数目的增加，SOR 迭代法的收敛速度优势愈发明显，实际上，SOR 在求解线性方程组矩阵元素较多时是最好的选择。

5.2.2　人造导星 HS – WFS 子孔径扩展光斑的波面处理

在实际人造导星测量过程中，无论导星激光采用同轴发射还是分孔径发射，在 HS – WFS 子孔径焦平面上都会出现光斑扩展的情况，这时，采用常规的子孔径光斑质心强度一阶矩方法计算质心偏移、再重构波面就会产生较大的误差。

根据张建柱等的研究结果[23],在远距离应用场景下,导星扩展度与接收系统口径相同时,扩展与聚焦耦合非等晕方差最小,但扩展与聚焦耦合非等晕方差高阶项(去平移、倾斜和离焦)分量并非最小,高阶项分量最小时导星扩展尺度应小于接收系统口径。在近距离应用场景下,扩展导星纯扩展非等晕方差及其不同泽尔尼克模式分量均随导星扩展度增加而变大。导星扩展角 D_s/L_2 与导星偏置角 θ 相当时,纯扩展非等晕方差约是纯角度非等晕方差的 2.2%。总之,对两种场景下扩展导星非等晕误差的理论分析可知,相对于大气湍流纯聚焦或纯角度非等晕误差,导星扩展造成的湍流大气非等晕是小量。实际应用中,针对扩展导星,可重点考虑导星扩展度对 HS 探测器子孔径远场光斑质心提取的影响,而忽略导星扩展度带来的湍流大气非等晕。

可以分为两部分实现扩展目标导星波前的准确探测:首先是通过光学系统优化设计,避免子孔径内导星光斑的串联;其次是提高子孔径内表征光束波前子域斜率的计算精度[24,25]。

1. 设置视场光阑,消除子孔径图像混叠

在图 5-9 所示的带缩束器的 HS 波前传感器中增加一个优化设计的视场光阑。由于视场光阑与微透镜阵列焦平面(探测面)的共轭关系不受输入光束波前畸变的影响,所以,只要优化各个光学器件的参数,就可以保证视场光阑在探测面上形成一个密布但不重叠的阵列,从而消除子孔径光斑图像重叠的现象。

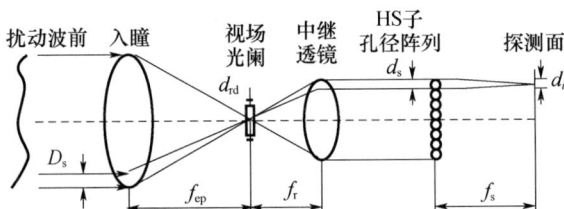

图 5-9 增加视场光阑的 HS 波前传感器

设缩束器物镜的焦距为 f_{ep},目镜的焦距为 f_r,HS 微透镜的焦距为 f_s,视场光阑和微透镜均为圆形,其直径分别为 d_{rd} 和 d_s,因此,探测面上每个子孔径的对应范围为

$$d_i = \frac{d f_s}{f_r} d_{rd} \qquad (5-28)$$

另外,视场光阑大小与物方视场角 θ_i 的关系为

$$d_{rd} = \theta_i f_{ep} \qquad (5-29)$$

要确保微透镜探测面上各个子孔径图像不重叠,必须满足

$$k d_i \leqslant d_s \qquad (5-30)$$

式中 k——由于衍射等因素引入的扩展系数,实际应用中取值略大于1。

联合以上三个关系式可得

$$\frac{d_{\mathrm{s}}}{f_{\mathrm{s}}} \geqslant \frac{f_{\mathrm{ep}}}{f_{\mathrm{r}}} k\theta_i \qquad (5-31)$$

式中 $d_{\mathrm{s}}/f_{\mathrm{s}}$——微透镜的相对孔径值。

假设微透镜口径在入瞳面对应的宽度为 D_{s},根据几何成像关系有 $D_{\mathrm{s}}/f_{\mathrm{s}} = f_{\mathrm{ep}}/f_{\mathrm{r}}$,因此,式(5-31)还可以进一步改写为

$$f_{\mathrm{s}} \leqslant \left(\frac{f_{\mathrm{r}}}{f_{\mathrm{ep}}}\right)^2 \frac{D_{\mathrm{s}}}{k\theta_i} \qquad (5-32)$$

2. 优化子孔径光斑偏移量计算方法

HS 波前传感器在测量自然星导星波前或小像差光束波前畸变时,子孔径光斑是单峰值焦斑,通过焦斑光强分布的一阶矩,可以相对准确地获得局部波前的斜率,从而通过不同的重构算法获得波前的空间分布。但在人造瑞利导星和钠导星的情况下,无论采用共孔径还是分孔径发射,在 HS - WFS 子孔径焦平面上都存在子孔径光斑的扩展,采用传统的强度一阶矩计算光斑质心偏移量将导致较大的波前测量误差,虽然通过上一节的方法,可以在一定程度上提高子孔径光斑成像质量,但仍需要对子孔径倾斜量的计算采取更优化的算法。

目前,采用最多的、效果最好的方法是阈值一阶矩法(Thresholding Centre of Gravity,TCoG)、加权强度一阶矩法(Weighted Centre of Gravity,WCoG)和子孔径光斑模板匹配法。

阈值一阶矩法是对 CoG 方法的改进之一,其子孔径光斑质心位置的计算方法为

$$\begin{cases} \hat{x}_{\mathrm{TCoG}} = \dfrac{\sum_{I > I_{\mathrm{T}}} x(I - I_{\mathrm{T}})}{\sum_{I > I_{\mathrm{T}}} (I - I_{\mathrm{T}})} \\[4mm] \hat{y}_{\mathrm{TCoG}} = \dfrac{\sum_{I > I_{\mathrm{T}}} y(I - I_{\mathrm{T}})}{\sum_{I > I_{\mathrm{T}}} (I - I_{\mathrm{T}})} \end{cases} \qquad (5-33)$$

式中 I_{T}——计算中采用的强度阈值。

式(5-33)表示在计算子孔径光斑质心位置时,采用像素强度大于阈值的点作为统计对象,该方法能在一定程度上避免噪声对实际光斑质心位置计算精度的影响,但 I_{T} 的取值偏大时,质心计算结果误差将偏大。

加权强度一阶矩法计算子孔径光斑位置(倾斜)时采用一种动态加权因子的思想,具体做法如下:

$$\begin{cases} \hat{x}_{\text{WCoG}} = \gamma \dfrac{\sum x I_{x,y} \left(F_{\text{W}} \right)_{x,y}}{\sum I_{x,y} \left(F_{\text{W}} \right)_{x,y}} \\[4mm] \hat{y}_{\text{WCoG}} = \gamma \dfrac{\sum y I_{x,y} \left(F_{\text{W}} \right)_{x,y}}{\sum I_{x,y} \left(F_{\text{W}} \right)_{x,y}} \end{cases} \qquad (5-34)$$

式中 γ——归一化系数；

$\left(F_{\text{W}} \right)_{x,y}$——权重系数，对于单峰值光斑类型应用，可以简单定义为当 $(x^2 + y^2 < 1)$ 时，$\left(F_{\text{W}} \right)_{x,y} = 1$，其他情况下，$\left(F_{\text{W}} \right)_{x,y} = 0$。

以上计算光斑质心的方法仍然是基于强度一阶矩的光斑质心模式，这些方法在点目标导星情况下可以取得较好的效果，但在扩展目标导星情况下，计算获得的子孔径质心位置则包含较大的误差。

在计算子孔径扩展目标导星时，更高精度的算法是匹配滤波（Matched Filter，MF）或相关匹配法（Correlation Algorithm，COR），具体算法过程如下：计算子孔径阵列图像 $I(x,y)$ 与子孔径光斑图像模板（$F_{\text{W}}(x,y)$）的互相关系数（Cross - Correlation Function，CCF），即

$$C(x,y) = I \otimes F_{\text{W}} = \sum_{i,j} I_{i,j} F_{\text{W}}(x_i + x, y_j + y) \qquad (5-35)$$

实际应用中，子孔径光斑图像模板可以使用子孔径光斑的平均结果、单个子孔径光斑图像或者取某个连续的空间分布函数均可，更准确的做法是通过仿真模拟的方法，获得实际导星发射接收模式（共孔径发射或分孔径发射）下，每个子孔径光斑的理想强度分布，如图5-10所示，并以每个子孔径模拟光斑分布为模板进行对应子孔径局部图像的互相关运算。

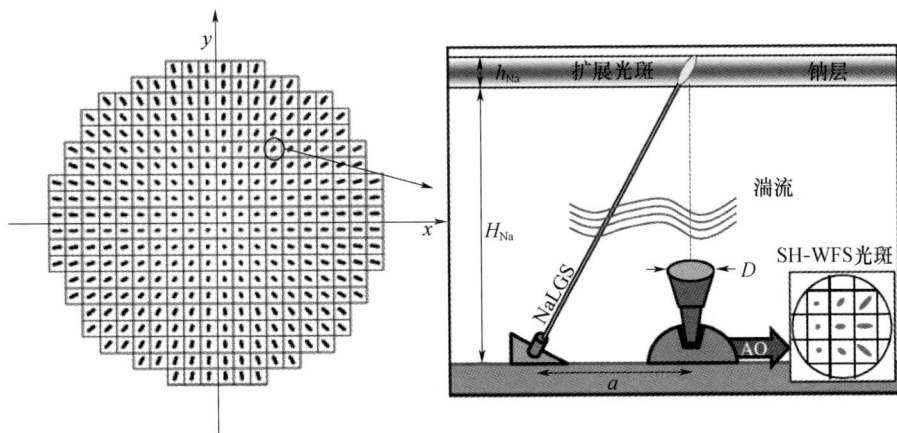

图 5-10 仿真模拟的共轴和旁轴导星发射接收子孔径光斑模板

为了提高图像相关运算的计算效率，还可以使用快速傅里叶变换优化、加速

式(5-35)的计算过程,获得互相关系数 C。

通过式(5-35)可获得一个二维分布的互相关系数 C,还需要进一步确定每个子孔径质心的位置。通常,每个子孔径图像与模板图像卷积后都会产生一个相关系数峰值,该峰值对应的位置就是光斑的最佳质心位置,但由于是离散数值计算,获得的峰值位置 x_M^*、y_M^* 都是整数,无法满足波前重构的计算精度要求,这时可以采用以下两种算法,进一步提高质心位置计算精度[15,26-29]。

TCoG 法:利用式(5-35),以 $C(x,y)$ 替代该式中的图像强度值,分别计算每个子孔径图像相关系数的阈值强度一阶矩,并以计算结果作为该子孔径对应的导星光斑质心位置。

抛物线拟合法:抛物线拟合法在互相关系数峰值位置 x_M^*、y_M^* 附近,分别在 x、y 方向上各取三个数据点,通过下式计算其抛物线拟合结果:

$$\begin{cases} \hat{x}_{corr} = x_M^* - \dfrac{0.5[C(x_M^*+1,y_M^*)-C(x_M^*-1,y_M^*)]}{C(x_M^*+1,y_M^*)+C(x_M^*-1,y_M^*)-2C(x_M^*,y_M^*)} \\ \hat{y}_{corr} = y_M^* - \dfrac{0.5[C(x_M^*,y_M^*+1)-C(x_M^*,y_M^*-1)]}{C(x_M^*,y_M^*+1)+C(x_M^*,y_M^*-1)-2C(x_M^*,y_M^*)} \end{cases} \quad (5-36)$$

加拿大维多利亚(Victoria)大学 AO 实验室针对 30m 口径望远镜(TMT)项目建立了一套 LGS 仿真平台,就各类光斑识别算法对 LGS 的 HS-WFS 性能影响进行了对比研究[30]。

该项目模拟的 LGS 对象如图 5-11 所示。由于 TMT 激光器放置于次镜后面,所以 LGS SH-WFS 光斑图像会产生沿主光瞳径向拉伸的现象。试验中发现钠导星信标波前测量中存在较为严重的子孔径光斑扩展问题,其中拉伸最严重的光斑具有 2×8 个像素。

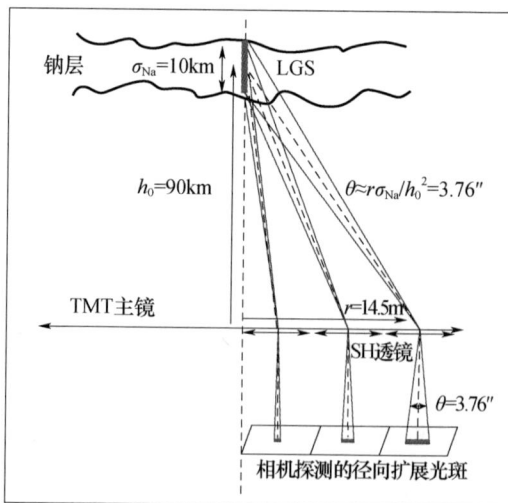

图 5-11　MTM 对天顶方向 LGS 导星进行的 HS-WFS 波前测量

仿真研究中,采用点光源(一个半导体激光器)经过准直,再用一个 8×8 变形镜产生离焦量从而形成传感器径向上的光斑拉长效应,使用 29×29 微透镜 SH - WFS 组成研究平台,如图 5 - 12 所示。

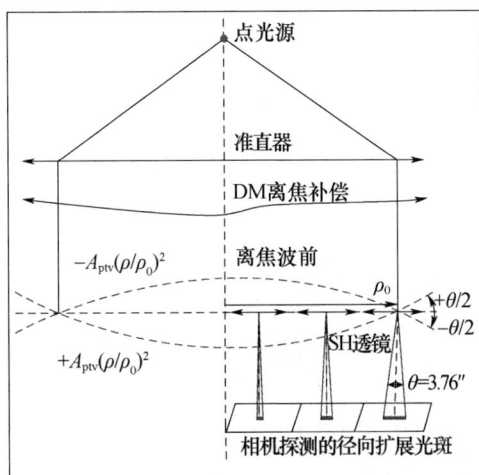

图 5 - 12　由 DM 产生的离焦量在 HS - WFS 像面上形成径向拉长效应

模拟平台相比于 TMT - LGS 可获得信噪比更高的 29×29 个子孔径的 LGS 拉伸图像(图 5 - 13)。平台完全在 Simulink 环境下运行,其允许图像快速成像和算法下载到平台之前进行仿真验证,钠层图像等试验数据由 Purple Crow LIDAR 测量获得并应用于 TMT 系统中。

在无大气扰动、高信噪比 SNR(中心光斑 SNR = 140)条件下,对 700 帧 LGS HS - WFS 图像进行波前分析,评估理想情况下匹配滤波器最佳精度,斜率测量数据的期望与方差均可由 700 帧数据列获取。MF 和 CoG 算法给出的斜率均值与斜率抖动幅值的关系如图 5 - 14 所示。由大幅值斜率抖动引起的斜率误差可以由 DM 运动误差通过外推法得到(变形镜 tip/tilt 值在 0.1 个像素之内)。可以看出,MF 算法比 CoG 算法精度提高了 30% ~ 40% 。

图 5 - 15 所示为不同泽尔尼克(Zernike)模式数、不同抖动幅值下系统均方差。由 CoG 算法试验结果可以看出,除了抖动幅值为 1 个像素的抖动,抖动幅值大小对系统并没有太大影响。对于 MF 算法,当系统抖动幅值大于 0.05 像素时,会引入一个明显的慧差,该慧差并不是一个真实的像差,因为 CoG 算法试验结果中并未测量到该像差,它更像是由于 MF 算法非线性或者是由于假设抖动图像时间平均值为参考图像所引入的模糊影响所引起。试验表明,抖动幅值为 0.01 像素和 0.05 像素时,系统性能最佳。

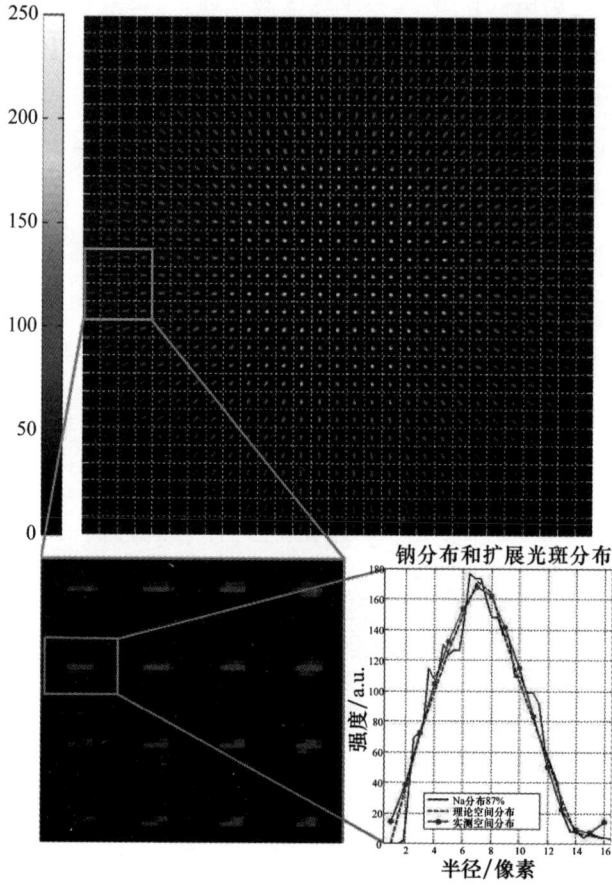

钠分布和扩展光斑分布

图 5 – 13　模拟试验获得的径向拉长导星光斑阵列图像

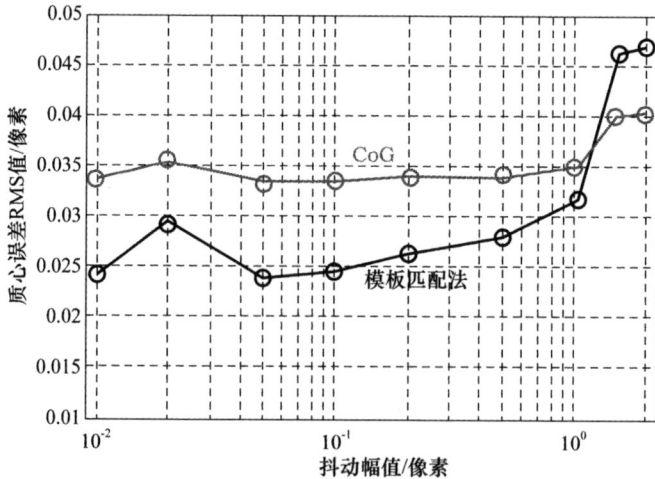

图 5 – 14　两种质心计算方法的计算精度对比

CoG

MFη

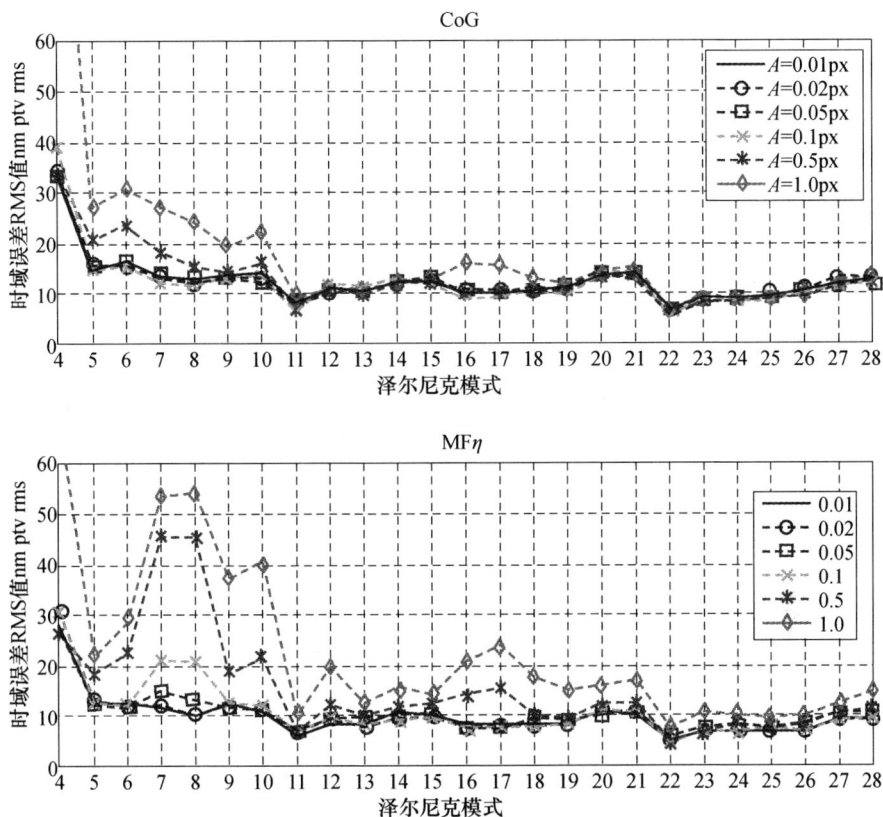

图 5-15　CoG 法与 MF 法对不同幅度扩展导星波前重构模式差异

5.3　基于强度分布测量的波面恢复

在光束的传输过程中,光束的相位畸变会导致不同位置(光束截面上)的光强分布受到调制,通过测量特定位置上的光强分布,可以在一定范围内重构、恢复光束的波前信息,由光强分布恢复相位的计算方法大体可分为以下三类:

(1)由光强反复迭代得到相位分布的方法。这种方法使用关于相位的隐性关系式,或者矩阵,通过迭代搜索计算得到最终的复原结果。这类方法包括 GS 算法[31]、基于 GS 算法改进方法[32] 等。

(2)通过解光强分布传输方程(Transport of Intensity Equation, ITE)得到相位分布的方法。这类方法包括傅里叶变换法[33]、格林函数方法[34]、泽尔尼克多项式(Zernike Polynomials)法[35] 等。

(3)直接相位反演法[36,37],利用不同的测量技术,在相位上加入各种限制,并通过分析得到强度和相位之间的显性关系式,从强度复原出相位。

5.3.1 曲率波前传感技术

F. Roddier 等于 1988 年提出波前曲率探测方法，它是通过测量离焦面上的光强分布求得波前的曲率和相位分布，以波前曲率（标量）测量代替传统方法中的波前斜率（向量）测量[10]。曲率传感器光学原理如图 5 - 16 所示。北京理工大学的魏学业和俞信等于 1994 年提出一种根据两个离焦面上的光强分布测量波前像差的方法，其基础也是曲率探测方法。

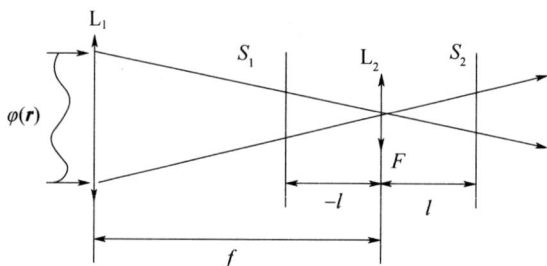

图 5 - 16 曲率传感器光学原理

图 5 - 16 中进入物镜 L_1 的畸变波前 $\varphi(r)$ 被聚焦于 F，光瞳函数为 $P(r)$。在焦点前后等距离的 S_1 和 S_2 两个离焦面上分别测出光强分布 $I_1(r)$ 和 $I_2(r)$。为了保持 S_1 和 S_2 两个位置上光强分布的对称性，可在焦点 F 处加入一个辅助透镜 L_2，其焦距为物镜 L_1 焦距的 $1/2$。因此，物镜 L_1 通过 L_2 后成像于焦点 F 后的对称位置处。

假设进入测量系统入口处的光场复振幅分布为 $E_i(r)$，系统光瞳函数为 $P(r)$，则待测光束通过物镜 L_1 后在其出瞳处的场分布为

$$E_o(r) = P(r)E_i(r)e^{-j\pi\frac{r^2}{\lambda f}} \tag{5-37}$$

式中 $e^{-j\pi r^2/(\lambda f)}$——省略了常数相位延迟因子的物镜相位变换函数。

当此入射波到达观测量位置 S_1 时，此处的场分布为

$$E_1(r) = P(r)E_i(r)e^{-j\pi\frac{r^2}{\lambda f}} * \frac{1}{j\lambda(f-l)}e^{j\pi\frac{r^2}{\lambda(f-l)}} \tag{5-38}$$

其中的卷积符号" * "以后的部分表示在菲涅尔近似条件下物镜 L_1 出瞳位置的子波源在 S_1 位置造成的复振幅贡献，即振幅脉冲响应函数，在计算 S_1 位置的场分布时，可通过对 L_1 出瞳位置子波源进行积分：

$$E_1(r) = \frac{1}{j\lambda(f-l)}\int P(r)E_i(r)e^{-j\pi\frac{r^2}{\lambda f}}e^{j\pi\frac{(r-r')^2}{\lambda(f-l)}}dr' \tag{5-39}$$

于是可得 S_1 位置的光强分布：

$$I_1(\boldsymbol{r}) = |E_1(\boldsymbol{r})|^2 = \frac{1}{\lambda^2(f-l)^2}\iint P(\boldsymbol{r}'')P(\boldsymbol{r}')E_i(\boldsymbol{r}')E_i^*(\boldsymbol{r}'')$$

$$e^{j\frac{l(r'^2-r'^2)}{\lambda f(f-l)}}e^{j2\pi\frac{r(r''-r')}{\lambda f(f-l)}}d\boldsymbol{r}'d\boldsymbol{r}'' \qquad (5-40)$$

令 $\boldsymbol{r}'' = \boldsymbol{r}' + \boldsymbol{\rho}$，式(5-40)可以简化为

$$I_1(\boldsymbol{r}) = \frac{1}{\lambda^2(f-l)^2}\int e^{\frac{-j\pi l\rho^2}{\lambda f(f-l)}}e^{\frac{j2\pi lr}{\lambda(f-l)}}$$

$$\int P(\boldsymbol{r}')P(\boldsymbol{r}'+\boldsymbol{\rho})E_i(\boldsymbol{r}')E_i^*(\boldsymbol{r}'+\boldsymbol{\rho})e^{\frac{-j2\pi l\rho r}{\lambda f(f-l)}}d\boldsymbol{r}'d\boldsymbol{\rho} \qquad (5-41)$$

同理，考虑 S_2 位置造成的光强分布：

$$I_2(\boldsymbol{r}) = \frac{1}{\lambda^2(f-l)^2}\int e^{\frac{-j\pi l\rho^2}{\lambda f(f-l)}}e^{\frac{j2\pi lr}{\lambda(f-l)}}$$

$$\int P(\boldsymbol{r}')P(\boldsymbol{r}'+\boldsymbol{\rho})E_i(\boldsymbol{r}')E_i^*(\boldsymbol{r}'+\boldsymbol{\rho})e^{\frac{j2\pi l\rho r}{\lambda f(f-l)}}d\boldsymbol{r}'d\boldsymbol{\rho} \qquad (5-42)$$

傅里叶光学理论可以证明，两离焦面上对应点归一化的光强分布差 $S(\boldsymbol{r})$ 与入射波前的曲率以及光瞳边缘处波前的法向斜率之间的关系可用泊松方程表示，即

$$S(\boldsymbol{r}) = \frac{I_2(\boldsymbol{r})-I_1(\boldsymbol{r})}{I_2(\boldsymbol{r})+I_1(\boldsymbol{r})} = \frac{f(f-l)}{l}\left[P(\boldsymbol{r})\nabla^2\varphi(\boldsymbol{r})-\frac{\partial}{\partial\boldsymbol{n}}\varphi(\boldsymbol{r})\delta_c\right] \qquad (5-43)$$

令 r_0 表示待测入射光束波前上复振幅扰动的相干长度，则在 r_0 范围内的波前的衍射角为 λ/r_0，对应于位置 S_1 上的衍射范围为 $\lambda(f-l)/r_0$，当光强探测位置 S_1 和 S_2 选择合适时，即满足该衍射范围远小于 r_0，则存在以下关系：

$$\frac{\lambda(f-l)}{r_0}\ll\frac{r_0 l}{f}或\frac{\lambda f(f-l)}{lr_0}\ll r_0 \qquad (5-44)$$

且容易满足横向尺度条件：

$$|\boldsymbol{\rho}|\ll r_0 \qquad (5-45)$$

利用以上关系式，简化场分布中纯相位分布函数如下：

$$E_i(\boldsymbol{r}')E_i^*(\boldsymbol{r}'+\boldsymbol{\rho}) = e^{j\phi'(\boldsymbol{r}')-j\phi'(\boldsymbol{r}'+\boldsymbol{\rho})}$$

$$\approx e^{-j\boldsymbol{\rho}\nabla\phi'(\boldsymbol{r}')} \qquad (5-46)$$

$$\approx 1-j\boldsymbol{\rho}\phi'(\boldsymbol{r}')$$

同理有

$$P(\boldsymbol{r}')P(\boldsymbol{r}'+\boldsymbol{\rho})\approx P(\boldsymbol{r}')$$

于是，$I_1(\boldsymbol{r})$、$I_2(\boldsymbol{r})$ 可以分别化简为

$$I_1(\boldsymbol{r}) = \frac{1}{\lambda^2(f-l)^2}\int\int e^{\frac{j2\pi r\rho}{\lambda(f-l)}}\int P(\boldsymbol{r}')[1-j\boldsymbol{\rho}\nabla\phi'(\boldsymbol{r}')]e^{\frac{-j2\pi l\rho r'}{\lambda f(f-l)}}d\boldsymbol{r}'d\boldsymbol{\rho} \quad (5-47)$$

$$I_2(\boldsymbol{r}) = \frac{1}{\lambda^2(f-l)^2}\int\int e^{\frac{j2\pi r\rho}{\lambda(f-l)}}\int P(\boldsymbol{r}')[1-j\boldsymbol{\rho}\nabla\phi'(\boldsymbol{r}')]e^{\frac{j2\pi l\rho r'}{\lambda f(f-l)}}d\boldsymbol{r}'d\boldsymbol{\rho} \quad (5-48)$$

当入射光为平面波时，即有 $\phi'(\boldsymbol{r}')$ 为常数，代入到式(5-47)、式(5-48)可得无像差光束入射时，位置 S_1 和 S_2 处的光强分布：

$$I_1(\boldsymbol{r}) = \frac{f^2}{l^2} P\left(\frac{f}{l}\boldsymbol{r}\right) \tag{5-49}$$

$$I_2(\boldsymbol{r}) = \frac{f^2}{l^2} P\left(-\frac{f}{l}\boldsymbol{r}\right) \tag{5-50}$$

式(5-50)表明，理想情况下，在焦点前后对称位置上的光强分布是相同的，只是上下倒置而已。当入射光波前存在畸变时，式(5-47)表征的位置 S_1 处的光强分布实际上是由式(5-48)所示的平均光强和由畸变波前导致的不均匀光强组成：

$$
\begin{aligned}
\Delta I_1(\boldsymbol{r}) &= -\frac{\mathrm{j}}{\lambda^2(f-l)^2} \int \mathrm{e}^{\frac{\mathrm{j}2\pi\boldsymbol{\rho}\boldsymbol{r}}{\lambda(f-l)}} \boldsymbol{\rho} \int P(\boldsymbol{r}') \nabla\varphi'(\boldsymbol{r}') \mathrm{e}^{\frac{-\mathrm{j}2\pi\boldsymbol{\rho}\boldsymbol{r}'}{\lambda(f-l)}} \mathrm{d}\boldsymbol{r}' \mathrm{d}\boldsymbol{\rho} \\
&= -\frac{\mathrm{j}f^3(f-l)}{l^3} \frac{\nabla[P(\boldsymbol{r}') \nabla\varphi'(\boldsymbol{r}')]}{\mathrm{j}2\pi} \\
&= \frac{-\lambda f^3(f-l)}{2\pi l^3} \nabla[P(\boldsymbol{r}') \nabla\varphi'(\boldsymbol{r}')]
\end{aligned} \tag{5-51}
$$

对式(5-51)中的散度表达式展开如下：

$$\nabla[P(\boldsymbol{r})\nabla\varphi'(\boldsymbol{r}')] = \nabla P(\boldsymbol{r}')\nabla\varphi'(\boldsymbol{r}') + P(\boldsymbol{r}')\nabla^2\varphi'(\boldsymbol{r}')$$

$$= P(\boldsymbol{r}')\nabla^2\varphi'(\boldsymbol{r}') + \left[\frac{\partial\varphi'(\boldsymbol{r}')}{\partial\boldsymbol{n}} + \frac{\partial\varphi'(\boldsymbol{r}')}{\partial\boldsymbol{t}}\right] \times \left[\frac{\partial P(\boldsymbol{r}')}{\partial\boldsymbol{n}} + \frac{\partial P(\boldsymbol{r}')}{\partial\boldsymbol{t}}\right] \tag{5-52}$$

式中 $\dfrac{\partial P(\boldsymbol{r}')}{\partial\boldsymbol{n}}$、$\dfrac{\partial P(\boldsymbol{r}')}{\partial\boldsymbol{t}}$——光瞳边界处的法向和切向偏导数。

因此有

$$
\begin{cases}
\dfrac{\partial P(\boldsymbol{r}')}{\partial\boldsymbol{t}} = -\delta_{\mathrm{c}} \\[2mm]
\dfrac{\partial P(\boldsymbol{r}')}{\partial\boldsymbol{t}} = 0
\end{cases} \tag{5-53}
$$

将式(5-53)代入到式(5-52)，并考虑到 $\boldsymbol{r}' = f\boldsymbol{r}/l$，可得

$$\Delta I_1(\boldsymbol{r}) = \frac{-\lambda f^3(f-l)}{2\pi l^3}\left[\frac{\partial\varphi'\left(\dfrac{f}{l}\boldsymbol{r}\right)}{\partial\boldsymbol{n}}\delta_{\mathrm{c}} + P\left(\frac{f}{l}\boldsymbol{r}\right)\nabla^2\varphi'\left(\frac{f}{l}\boldsymbol{r}\right)\right] \tag{5-54}$$

式中 δ_{c}——沿光瞳边界的 δ 函数；

$\partial\varphi'/\partial\boldsymbol{n}$——入射光波前的径向斜率分布。

对应焦后 S_2 处的光强不均匀分布同样可表示为

$$\Delta I_2(\boldsymbol{r}) = \frac{-\lambda f^3(f-l)}{2\pi l^3}\left[\frac{-\partial\varphi'\left(-\dfrac{f}{l}\boldsymbol{r}\right)}{\partial\boldsymbol{n}}\delta_{\mathrm{c}} + P\left(-\frac{f}{l}\boldsymbol{r}\right)\nabla^2\varphi'\left(-\frac{f}{l}\boldsymbol{r}\right)\right]$$

$$\tag{5-55}$$

因此通过测量焦点前后位置 S_1 和 S_2 处的光强分布,计算对应点光强差并将其归一化可得以下关系:

$$S(r) = \frac{I_2(r) - I_1(r)}{I_2(r) + I_1(r)} = \frac{\Delta I_2(r) - \Delta I_1(r)}{2\Delta I_1(r)_0}$$

$$= \frac{\lambda f(f-l)}{2\pi l}\left[\frac{\partial}{\partial \boldsymbol{n}}\varphi'\left(\frac{f}{l}r\right)\delta_c - P\left(\frac{f}{l}r\right)\nabla^2\varphi'\left(\frac{f}{l}r\right)\right]$$

$$= \frac{f(f-l)}{l}\left[\frac{\partial}{\partial \boldsymbol{n}}W\left(\frac{f}{l}r\right)\delta_c - P\left(\frac{f}{l}r\right)\nabla^2 W\left(\frac{f}{l}r\right)\right] \qquad (5-56)$$

式(5-56)表明,强度测量计算获得的归一化信号 $S(r)$ 与入射光波前曲率分布函数 $\nabla^2 W(fr/l)$ 和波前在光瞳边界处的法向斜率 $\frac{\partial}{\partial \boldsymbol{n}}W\left(\frac{f}{l}r\right)$ 有关。通过求解上述泊松方程式(5-56)即可求出入射波前的相位分布。

5.3.2　基于相位反演的波前测量技术

相位反演技术的核心思想就是通过分析、处理焦平面上的光强度分布获得入射光束的相位信息。最早提出这一思想解决方案的是 Gerchberg – Saxton 在1972 年提出的 GS 算法,随后其他人又提出了很多的改进算法。

通常把根据焦平面上的光斑强度分布计算入射孔径上光束相位分布信息的过程称为"相位反演(Phase Retrieval)"[35]。一般来说,相位反演是一个非线性的迭代过程,它利用强度测量结果和关于物体和噪声的先验信息反演得到孔径平面的相位信息。

令 $\boldsymbol{x} = (x, y)$ 代表入射孔径上正交网格点空间位置向量,(ξ, η) 代表焦平面上的正交网格点,$W(x,y) = A(x,y)\mathrm{e}^{\mathrm{i}\phi(x,y)}$ 代表入射孔径上的复振幅分布,其中 $A(x,y)$ 为振幅分布,表征光强,$\phi(x,y)$ 为其相位的空间分布函数。

根据傅里叶光学原理,单透镜焦平面上的复振幅分布 $w(\xi, \eta)$ 与入射孔径上的复振幅间的关系可表示为

$$W(\xi, \eta) = \frac{\mathrm{e}^{\mathrm{i}\pi(\xi^2+\eta^2)/\lambda f}}{\mathrm{i}\lambda f}\iint_{-\infty}^{\infty}A(x,y)\mathrm{e}^{\mathrm{i}\varphi(x,y)}\mathrm{e}^{-\frac{\mathrm{i}2\pi(x\xi+y\eta)}{\lambda f}}\mathrm{d}x\mathrm{d}y \qquad (5-57)$$

式中　λ——波长;

　　　f——透镜焦距。

当入射孔径上光强分布是均匀的,即振幅分布 $A(x,y)$ 为常数时,由振幅分布对焦平面强度分布的影响可以忽略。

若定义坐标变换:$\boldsymbol{u} = (u,v) = (\xi, \eta)/\lambda f$,且忽略式(5-57)中与积分变量无关的项,则入射孔径和焦平面上的复振幅分布可以用二维傅里叶变换关系简化表示为

$$w(u,v) = \mathscr{F}\{A\mathrm{e}^{\mathrm{i}\phi(x,y)}\} \qquad (5-58)$$

其中傅里叶变换关系为

$$\mathcal{F}[f(x,y)] = \iint_{-\infty}^{\infty} f(x,y)\,\mathrm{e}^{-\mathrm{i}2\pi(xu+yv)}\,\mathrm{d}x\mathrm{d}y \qquad (5-59)$$

在焦平面上,可以用一个成像探测器记录光斑强度分布:

$$I(\boldsymbol{u}) = |w(\boldsymbol{u})|^2 \qquad (5-60)$$

相位反演问题就是从探测器得到的光斑强度信息 $|w(\boldsymbol{u})|^2$ 复原出相位 $\phi(x,y)$。

从式(5-60)中可以看出,光强空间分布仅反映了光场复振幅模的平方值,在光场的数学表达式中,相位中增加一个常数(相当于光束波前增加一个平移量)或光瞳中任意一点相位增加 2π 的整数倍常数等情况,并不影响光强测量结果,这些都是相位反演过程中不可避免的唯一性问题。为了解决相位反演过程中的准确求解问题,必须在单次强度分布测量的基础上增加不同的附加条件和额外的测量信息,于是就发展了一系列各具特色的相位反演方法,其中最经典的就是 GS 算法。

GS 算法最初是基于两次强度测量结果处理发展而来的,其算法流程如图 5-17 所示。

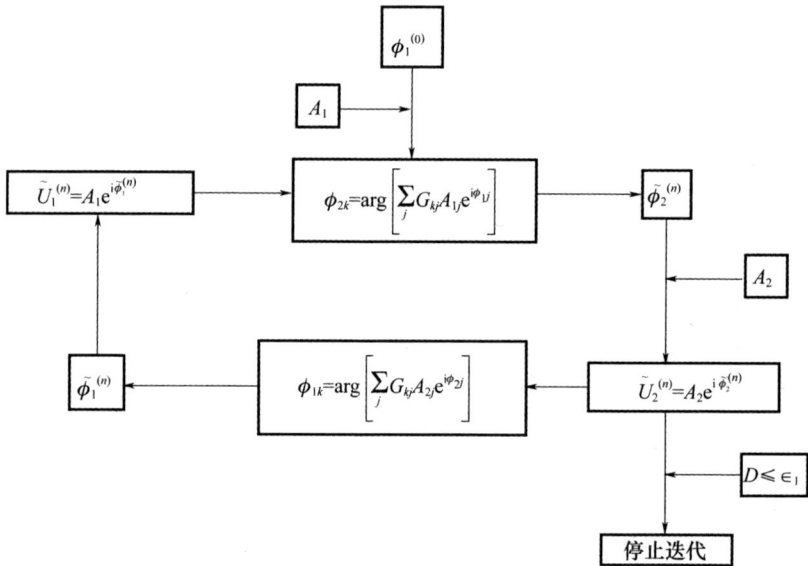

图 5-17 GS 算法迭代流程示意图

GS 算法假定输入的场分布可以表示为

$$U_1(x_1) = A_1(x_1)\,\mathrm{e}^{\mathrm{i}\Phi_1(x_1)} \qquad (5-61)$$

同样,假定输出平面处的场分布为

$$U_2(x_2) = A_2(x_2)\,\mathrm{e}^{\mathrm{i}\Phi_{21}(x_2)} \qquad (5-62)$$

输入和输出函数由光学系统的变换函数 $G(x_2, x_1)$ 联系起来：

$$U_2(x_2) = \int G(x_2, x_1) U_1(x_1) \, dx_1 \tag{5-63}$$

当光学系统为一幺正系统时，GS 算法的基本迭代公式如下：

$$\phi_{2k} = \arg \left[\sum_j G_{kj} A_{1j} e^{i\phi_{1j}} \right] \tag{5-64}$$

$$\phi_{1k} = \arg \left[\sum_j G_{kj} A_{2j} e^{i\phi_{2j}} \right] \tag{5-65}$$

如果通过测量获得了 P_1 和 P_2 面上的光强或振幅分布，可预先将入射光束初始相位设为一个常数（例如 0），然后使用式（5-64）、式（5-65）对每一个空间网格点进行反复迭代运算，就可以恢复出 P_1、P_2 面上的相位分布。

假设选 P_1 和 P_2 之间为傅里叶变换空间，在近轴条件下，系统的光学传递函数为 $G(x_2, x_2)$：

$$G(x_2, x_1) = \frac{-\mathrm{i} e^{ikl}}{\lambda l} e^{-\frac{ik}{l} x_1 x_2}$$

式中　l——P_1 和 P_2 面之间的距离。

设初相位为常数，加上已知的输入光波的振幅 $A_1(x_1)$，代入式（5-64）进行一步运算就可以得到 $\tilde{\phi}_2^1$；将 $\tilde{\phi}_2^1$ 和设定的 A_2 代入式（5-63），就可以得到 $\tilde{\phi}_1^1$。如此形成迭代，直到满足迭代条件。

在实际运算中，通常以和方差 SSE 小于某一小值 ε_1 为迭代中止条件。和方差 SSE 的定义为

$$\mathrm{SSE} = \int \left[A_2(x_2) - \| \hat{G} A_1 e^{i\phi_1'} \|^2 \right] dx_2 \bigg/ \int A_2^2(x_2) \, dx_2 \tag{5-66}$$

事实上，由于在频域的强度替换只可能是估算物体的幅度，这样就会给 GS 算法带来误差，后来又发展了 Error-Reduction(ER) 迭代算法[39,40]、最陡下降法 (Steepest-Descent Method, SDM)、Hybrid Input-Output(IO) 算法，这些方法都在迭代过程的某些环节、判据等方面做了若干细化，但迭代收敛速度和精度等都各有优缺点。

5.3.3　解光强分布传输方程重构相位法

光束传播过程中，在光学系统的输出或成像光轴方向上进行多次光强测量，获得更多的光强分布信息就可以得到相位恢复更准确的结果。当光束可以认为是旁轴入射或传输时（如天文观测），可将光强分布传输方程作为相位恢复的基础，通过求解该方程可以复原出光学系统在瞳面上的相位分布。

最早提出使用光强分布传输方程（ITE）方法的是爱尔兰人，在傍轴近似情况下，沿光轴 z 方向传输的光束，复振幅 $u_z(r)$ 满足[41]

$$\left(\mathrm{i} \frac{\partial}{\partial z} + \frac{\nabla^2}{2k} + k \right) u_z(r) = 0 \tag{5-67}$$

其中

$$\nabla^2 = \partial^2 / \partial x^2 + \partial^2 / \partial y^2 , \ r = (x,y) , \ k = 2\pi / \lambda$$

而光场的复振幅可以写成

$$u_z(r) = [I_z(r)]^{1/2} e^{i\phi_z(r)} \tag{5-68}$$

式中 $I_z(r)$——光轴方向光强;

$\phi_z(r)$——相位分布函数。

将式(5-68)代入式(5-67)并利用复共轭乘积展开后就可以获得如式(5-69)所示的光强分布传输方程:

$$-k \frac{\partial}{\partial z} I_z(r) = I_z(r) \nabla^2 \phi_z(r) + \nabla I_z(r) \cdot \nabla \phi_z(r) \tag{5-69}$$

式(5-69)包含光束相位的斜率项 $\nabla^2 \phi_z(r)$ 和倾斜项 $\nabla \phi_z(r)$,通过式(5-67),可以将旁轴传播时光波相位的曲率分布和斜率分布与光强沿光轴方向的变化率联系起来。这也表明,通过探测沿光轴方向的光强变化可以将相位恢复出来。

在入射光光强均匀的情况下,即

$$\begin{cases} I = I_0 W_A \\ \nabla I = -I_0 \delta_c \hat{\boldsymbol{n}} \end{cases} \tag{5-70}$$

式中 W_A——光瞳函数(在光瞳孔径内为1,在光瞳孔径外为0);

c——光瞳孔径周长;

$\hat{\boldsymbol{n}}$——光瞳孔径外法线向量。

把式(5-70)代入式(5-69)得

$$-k \frac{\partial}{\partial z} I_z(r) = I_0 W_A \nabla^2 \phi_z(r) - -I_0 \delta_c \hat{\boldsymbol{n}} \cdot \nabla \phi_z(r) \tag{5-71}$$

求解上述 ITE 微分方程有众多方法,主要差别体现在边界条件的确定上。

1. 狄利克雷(Dirichlet)边界条件的格林(Green)函数方法解 ITE 方程

1983 年,Teaque 等采用狄利克雷边界条件(第一类边界条件)的格林函数求解 ITE 方程,在一个半径为 R、圆周为 P 的闭环域内,运用狄利克雷边界条件的格林函数得到波前相位[34],即

$$\phi(r) = \iint_R G(r,r') \left[-\frac{2\pi}{\lambda} \frac{\partial I_z(r')}{\partial z} \right] dr' + \int_p \phi(r') \frac{\partial G(r,r')}{\partial n'} dS' \tag{5-72}$$

式中 $G(r,r')$——狄利克雷边界条件的格林函数,即对于 $r, r' \in R, G(r,r')$ 满足

$$\begin{cases} G(r,r') \mid_{r \in p} = 0 \\ \nabla^2 G(r,r') = \delta(r-r') \end{cases} \tag{5-73}$$

可见,在这种边界条件下,光束相位不仅取决于光瞳上强度的轴向梯度,而

且取决于圆周上相位分布 $\phi(r')$,但在实际中,边界上 $\phi(r')$ 是不好测量的,这种方法理论上可行,但实现上比较困难。

2. 傅里叶变换法解 ITE 方程

Kazuichi Ichikawa 提出用傅里叶变换法(Fourier Transform Method)解 ITE 方程[42,43]来解决 ITE 方程,但是这种方法有一定的适用条件,即未知畸变波前的光束经过一光栅产生需具有高频空间频率的周期性的边界[34]。

3. 泽尔尼克多项式法来解 ITE 方程

1995 年,Gureyev 和 Nugent 把 ITE 方程分解成泽尔尼克多项式的形式[36],找到一矩阵,把光强梯度的泽尔尼克多项式分解和波前相位的泽尔尼克分解联系起来。在强度均匀时,对于单阶泽尔尼克多项式,这一矩阵给出了很精确的描述。把 ITE 方程里的函数展成泽尔尼克多项式为基进行展开,然后把边界条件展成线性代数方程。由于泊松方程诺依曼问题解的稳定性,这种方法对由波前曲率和边界斜率得到的相位误差不敏感。

5.3.4 直接相位反演法

直接相位反演法是通过建立强度和相位之间的显性线性关系式,从光束截面强度复原出相位。比较经典和简单的算法是 Robert A. Gonsalve 在 2000 年提出的一种小像差条件下进行相位反演的直接计算方法。这种算法利用相位差异技术同时测量一幅离焦图像和一幅焦面上图像,并利用奇偶函数分解法,通过两个方程,用解析方法分别得到了畸变波前相位,同时也从理论上证明了相位反演方法的可行性和解的唯一性。当波前像差很小时,这种方法可以唯一求解波前像差的计算方法[44]。

假设未知波前相位 W 很小,则未知波前像差可以表示为

$$H = Ae^{iW} \approx A(1 + iW) \tag{5-74}$$

将未知波前相位 W 分成奇函数和偶函数两部分,$W = W_o + W_e$,其中 W_e 为偶函数部分,W_o 为奇函数部分,则未知波前像差表示为

$$H = A + i(V + Q) \tag{5-75}$$

式中 $V = AW_e$;

$Q = AW_o$。

待测像差奇数部分相位的求解可通过测量单个焦平面强度,即待测波前在远场产生的光强,将其进行奇偶函数分解,利用线性关系式直接得到。具体关系式如下:

$$P = a^2 + 2ay + y^2 + v^2 = P_e + P_o \tag{5-76}$$

$$P_o = 2ay \tag{5-77}$$

式中 P_e 和 P_o——焦面上强度 P 的偶函数和奇函数部分;

v——V 的傅里叶变换;

q——Q 的傅里叶变换;

$y = \mathrm{i}q$。

待测像差偶数部分相位的求解需要同时测量两个平面的强度分布:焦平面强度偶函数部分 P_e 和利用相位差异技术得到的离焦面上的强度偶函数部分 P_{De},然后通过线性关系式可以得到。利用相位差异技术引入离焦相位 D 后,波面变为

$$H_D = A + \mathrm{i}\left[(V + Z) + Q \right] \qquad\qquad (5-78)$$

式中 $Z = AD$。

则离焦面上的强度偶函数部分 P_{De} 为

$$P_{De} = a^2 + y^2 + (v + z)^2 = P_e + 2vz + z^2 \qquad (5-79)$$

通过求解式(5-77)和式(5-79),就可以分别线性得到待测波前相位的奇函数和偶函数部分。

这种方法可以在小像差条件下得到唯一解,但需要同时测量焦平面和离焦平面上的两个图像。

5.4　LGS 导星波面探测及波面重构新方法

5.4.1　自参干涉法[45]

自参干涉法将来自 LGS 导星的场分成信号源和参考源,见图 5-18。输入的待测光束分光后,透射部分进入单模光纤(Single Mode Fiber,SMF),输出后变为参考光场;反射部分作为信号光场;参考光场和信号光场经不同的光路,在四个位置进行干涉,记录四个干涉场强分布。

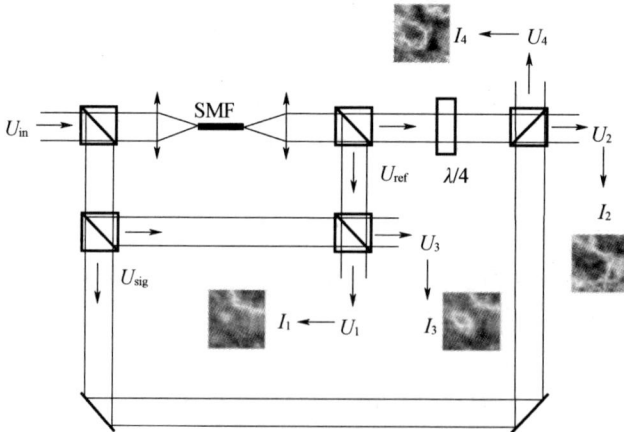

图 5-18　SRI 法波面测量系统原理

为了将信号光束 U_{sig} 与参考光束 U_{ref} 相干,信号光束分离导星场后保持不变。参考光结合导星的位置并校准。实际操作中,SRI 模型使用相位移动算法计算入射场的相位。四个等强度的参考光分别改变相位 0、$\pi/2$、π 和 $3\pi/2$,每束光都与信号光束独立干涉。

图 5-18 中,U_1 参照 0 相移光束与信号光的组合光,同样,U_2 参照 $\pi/2$ 相移光束,U_3 参照 π 相移光束,U_4 参照 $3\pi/2$ 相移光束。应用经典光波理论和三角函数,四个相干过程表示为

$$\begin{cases} I_1(x,y) = A + B\cos\left[\Delta\varphi(x,y)\right] \\ I_2(x,y) = A + B\sin\left[\Delta\varphi(x,y)\right] \\ I_3(x,y) = A - B\cos\left[\Delta\varphi(x,y)\right] \\ I_4(x,y) = A - B\sin\left[\Delta\varphi(x,y)\right] \end{cases} \quad (5-80)$$

式中 A——信号光强 $I_{sig}(x,y)$ 与参考光强 $I_{ref}(x,y)$ 叠加;

$B = \left[I_{sig}(x,y)I_{ref}(x,y)\right]1/2$;

$\Delta\varphi(x,y)$——信号源和参考源光波在 (X,Y) 处的相差。

在 SRI 中,设参考光的相位为 0,即将式(5-80)中的 $\Delta\varphi(x,y)$ 用信号源的相位 $\varphi(x,y)$ 取代。$I_2(x,y)-I_4(x,y)=2B\sin\left[\varphi(x,y)\right]$,$I_1(x,y)-I_3(x,y)=2B\cos\left[\varphi(x,y)\right]$,这两者与复杂光场的虚部及实部成比例。因此,信号源的空间相变可表示为

$$\varphi(x,y) = \arctan\left\{\left[I_2(x,y)-I_4(x,y)\right]/\left[I_1(x,y)-I_3(x,y)\right]\right\} \quad (5-81)$$

式中 $\arctan$——四象限正切反函数算子。

SRI 计算出的相位在 2π 之内,为了持续控制变形镜,需要对相位进行空间连续展开。

SRI 传感器由光探测器阵列记录得到相干图像,因此探测器阵列单元即子孔径。仿真 SRI 中,256×256 相干图像结合相邻的采样得到周边距离为 d/r_0 的像素。因为每个导星光源独立产生相干图像,将其叠加后作为扩展光源的图像。假定理想条件下每个点光源被视为不相关,从而每个信号源经过 SRI 时只与相应的参考光发生干涉。

单个轴上点光源的测试结果:图 5-19 给出了 SRI 使用单个轴上导星光源在强湍流的性能效率。图 5-19(a)显示在 $d/r_0=1$ 条件下,哈特曼和 SRI 传感器的 DMPFS 值。Rytov 数较小时,$d=r_0$,哈特曼表现优于 SRI,然而随着湍流强度的增大,哈特曼性能锐减。图 5-19(b)显示在 $d/r_0=1/4$ 时,SRI 性能优于哈特曼。

图 5-19 给出的只是扩展导星中的轴上点光源情况,轴外扩展导星的测试结果如图 5-20 所示,仍然采用 $d/r_0=1$ 和 $d/r_0=1/4$ 条件下模拟的扩展光源得到的 DMPFS 值。

和图 5-19 比较来看,在导星扩展后,尤其当 $d/r_0=1$ 时,两者性能皆有降低。SRI 性能不会下降到低于哈特曼的性能,然而不要忽略的是模拟过程中我们假设光轴之外的光源与参考光完全独立。

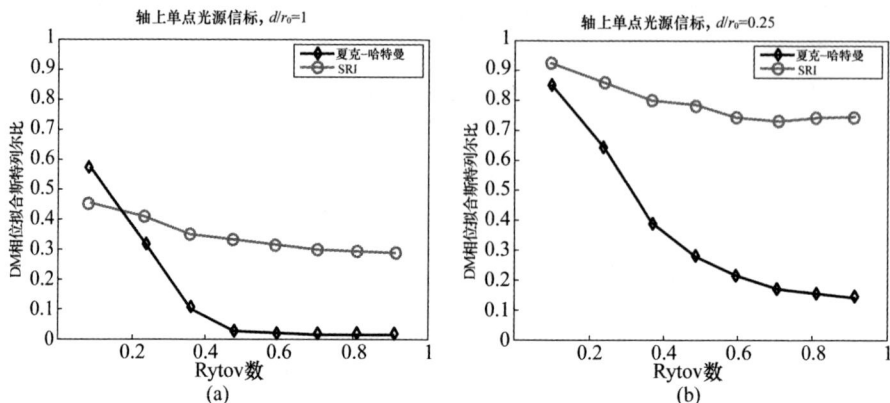

图 5-19 轴上点光源扩展导星测试结果

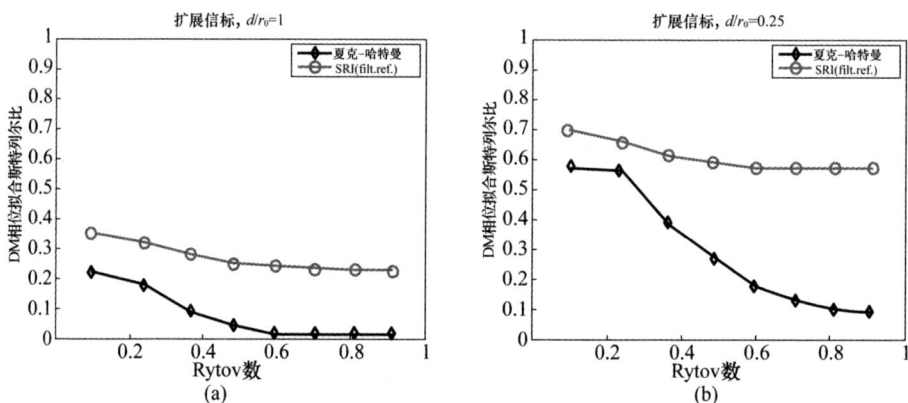

图 5-20 轴外点扩展导星测量结果

利用特制的耦合光纤,只有光轴上的点光源在其中传播,使得光轴以外的光源不影响参考光,光轴以外的光源只能影响瞳面上的图像,而不影响干涉图像。不过该项研究尚处在开始阶段,还没有考虑近轴光源耦合到光纤中,这样的处理方式很理想化,但 SRI 方法也不失为解决在扩展导星波前重构的一种有益的探索。

5.4.2 双棱镜阵列法[46]

对于 LGS 系统,每一个子孔径均聚焦去双棱镜的尖端使光束被分割为两束。第二个微透镜阵列用于把分开的光束聚焦于探测器所在平面,如图 5-21 所示。

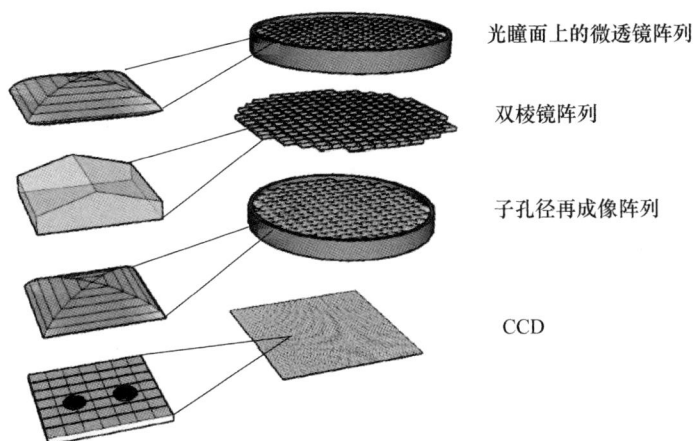

光瞳面上的微透镜阵列

双棱镜阵列

子孔径再成像阵列

CCD

图 5 – 21　双棱镜阵列成像结构示意图

每一个子孔径都是从不同角度测量 LGS。因此图像在焦平面具有不同的大小和方向，其光斑拉伸轴指向激光发射器位置。因此，焦平面的每一个棱锥需要进行相应的旋转以再现拉伸光斑的像。垂直于双棱镜面方向的局部斜率与微图像在 CCD 子孔径中的综合强度差成比例关系，但是这种方法会损失平行于拉伸方向的所有信息。

如果考虑在初级镜面边缘存在多个不同的 LGS 系统均使用相同的子孔径，则可以通过综合不同双棱镜阵列的信息获得完全的波前信息，如图 5 – 22 所示。因为只能使用 LGS1/2 的信息，所以在一级近似下，LGS 的需求数量翻番。

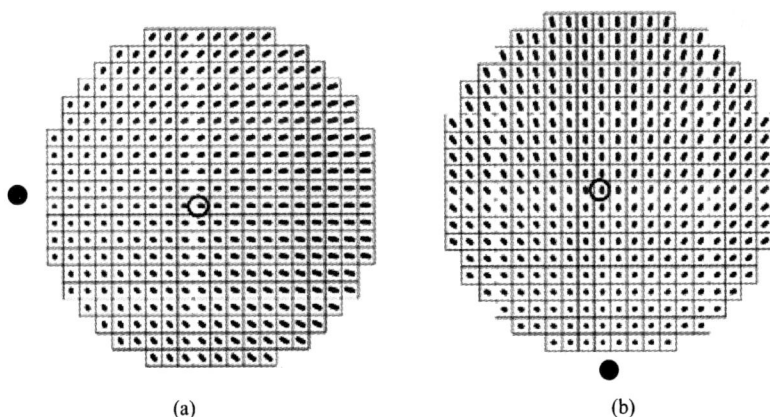

(a)　　　　　　　　　　　　　(b)

图 5 – 22　棱镜阵列对旁轴 LGS 测量获得的扩展导星图像

如果考虑像素尺寸为 $24\mu m$ 的 CCD 上一个 4×4 像素的子孔径，双棱镜

的最大拉伸范围是 $10''$(LGS 在 M1 边缘),子孔径图像直径为一个像素,两个微透镜阵列大小为 $96\,\mu m$,焦距分别为 $F/4$ 和 $F/1$,双棱镜顶点角度为 $60°$。

由于对两个分束光的测量是线性独立的,所以可以认为局部斜率是由两个不同的双棱镜探测器得到分束光信息的线性组合。严格来说,这两个衍生物的测量方向不是严格的正交关系,但是可以通过每一个 LGS 的拉伸图像进行补偿。如果知道了局部斜率的两个衍生斜率之间的夹角,则可以通过调整其中一个光,使其垂直于另一个。最后一个步骤是,旋转两个部件到一个共同的参考系。测量误差已被计算为一个双单元,考虑为信号重构过程中的一个传播系数。

双单元的测量误差表达式如下:

$$\sigma_{\text{bicell}} = \frac{\pi^{3/2}}{2\sqrt{\ln 2}} \cdot \frac{\sqrt{n + n_{\text{px}} \cdot \text{RON}^2}}{n} \cdot \frac{\text{FWHM}}{\text{DIFFR}} \qquad (5-82)$$

式中　n——检测到的光子数;

　　　n_{px}——子孔径的像素总数;

　　　FWHM——双棱镜非拉伸方向上大气相干长度对应的衍射极限光斑半高宽;

　　　DIFFR——指衍射极限光斑尺寸。

信号重构过程中每一个子孔径的测量误差和测量系统旋转角度由下式给出:

$$\sigma_{\text{sub}} = \sigma_{\text{bicell}} \cdot \sqrt{\left(\sum \frac{1}{\sigma_x^2}\right)^{-1} + \left(\sum \frac{1}{\sigma_y^2}\right)^{-1}} \qquad (5-83)$$

设 φ 是旋转角度,θ 是两个部分衍生光之间的夹角,则

$$\begin{cases} \sigma_x = \sqrt{\left(\cos\phi + \dfrac{\sin\phi \cdot \cos\theta}{\sin\theta}\right)^2 + \left(\dfrac{\sin\phi}{\sin\theta}\right)^2} \\[4mm] \sigma_y = \sqrt{\left(\sin\phi + \dfrac{\cos\phi \cdot \cos\theta}{\sin\theta}\right)^2 + \left(\dfrac{\cos\phi}{\sin\theta}\right)^2} \end{cases} \qquad (5-84)$$

相同子孔径的误差通过最大似然法估计得到。

为了评价双棱镜阵列的性能,将其与 HS - WFS 波前传感器进行比较。在相同条件下(子孔径数、采样、后向散射光子数等),对两个探测器每一个子孔径的光程差进行计算。正如上一节所提到的,对于双棱镜阵列系统,需求的 LGS 是 HS - WFS 系统的 1 倍。假定 8 个 LGS 分别布置于双棱镜阵列边缘,探测 1/2 的子孔径信息,4 个 LGS 布置于 HS - WFS 探测器边缘。两个方法的参数设置如表 5 - 2 所列。

表 5 - 2　BPA 与 HS - WFS 方法使用的计算参数

波前传感器	BPA	HS(夏克 - 哈特曼)
RON	3e⁻	
采样率	0.75″/像素	
子孔径数	84	
LGS 个数	8	4
最大拉伸量	10″	5″
发射位置	M1 边缘	M2 背后
子孔径大小	4 ×4 像素	10 ×10 像素
单子孔径光子数	50,100,200	100,200,400

在下面的讨论中,使用了所有 LGS 信号。对每个 LGS,对于一个 HS - WFS 的每个子孔径计算的光程差需要除以 LGS 总数的方根值。

由图 5 - 23、图 5 - 24 可以看出,对于测量误差的径向分布,其随着夏克 - 哈特曼传感器的拉伸情况增加而增加(图(a)),当使用双棱镜阵列后,误差得以补偿(图(b))。在信号重组过程中,测量误差波动很小。由于在双棱镜阵列情况下,测量误差几乎恒定不变,可以使用一个包含 3000 阶 Karhunen - Loeve 模式的传递系数表征,该系数的值大约为 0.52。传播后的试验结果如表 5 - 3 所列。

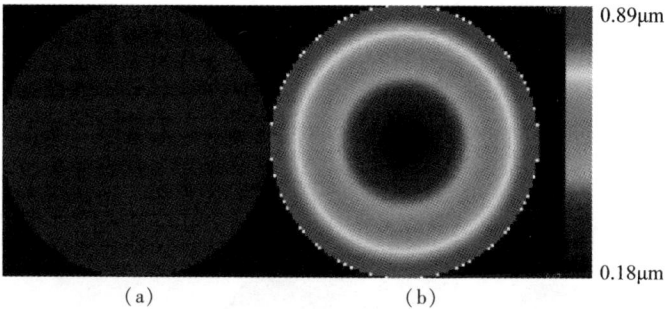

图 5 - 23　近地层每个子孔径光程差
(a)双棱镜阵列,50 个光子/子孔径;(b)HS - WFS,100 个光子/子孔径。

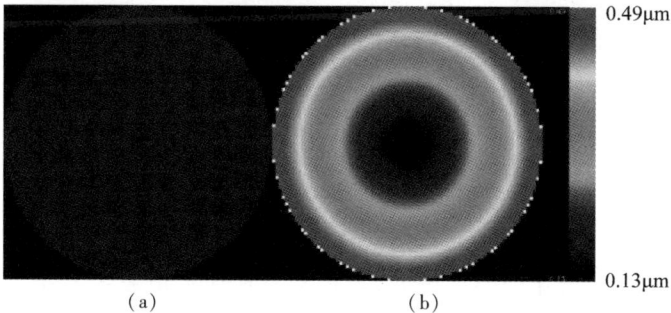

图 5 - 24　近地层每个子孔径光程差
(a)双棱镜阵列,100 个光子/子孔径;(b)HS - WFS,200 个光子/子孔径。

表 5 - 3　导星强度不同时两种方法的波前测量结果对比

单子孔径光子数	双棱镜阵列/μm	有拉伸的 SH/μm	无拉伸的 SH/μm
50 - 100 - 100	0.18	0.35	0.13
100 - 200 - 200	0.11	0.19	0.08
200 - 400 - 400	0.07	0.12	0.06

值得注意的是,表 5 - 3 中,双棱镜阵列的波前误差约为夏克 - 哈特曼传感器的 1/2,与没有拉伸现象时 HS - WFS 测量结果类似,但是子孔径探测的光子数仅为 HS - WFS 的 1/2。

当在近地层,信号测量范围完全覆盖 LGS 时,海拔越高,LGS 测量范围越小。事实上,为了覆盖需求的视场范围,LGS 总是安装于一个与垂直方向固定的角度。若想重构双棱镜阵列局部斜率,至少需要两种方法,所有仅由一个 LGS 测量得到的固定高度元光瞳都必须丢弃。此外,只有两个近乎平行的信号是可用的。

如图 5 - 25 所示,一种可能性是在拉伸现象远小于中心值的地方,采用棱锥替代双棱镜阵列。采用棱锥可以直接测量局部斜率,从而跳过了信号重构过程。这个方法虽然看似很有吸引力,但是依旧需要仔细考虑,因为尽管伸长率很小,但是依旧有可能以一种未知的增益从一个子孔径到另外一个子孔径。分别对纯两棱锥阵列、混合棱锥阵列以及棱柱镜阵列进行了研究,由哈特曼探测器测量得到的每个子孔径光程差如图 5 - 26 所示。

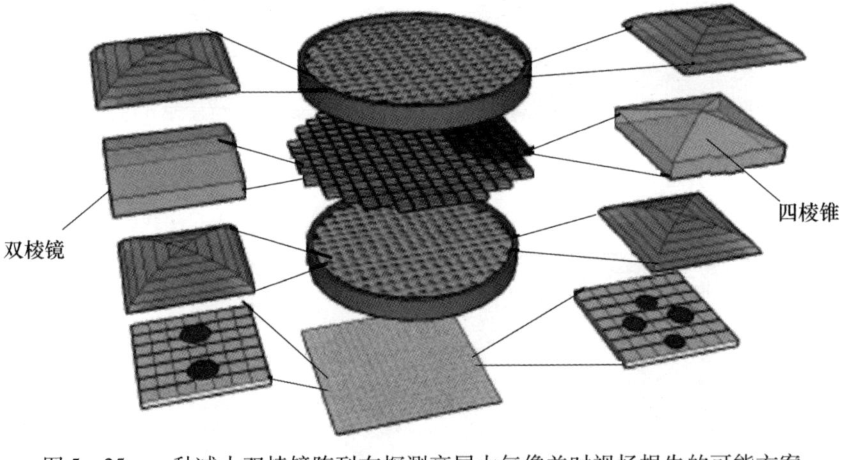

图 5 - 25　一种减小双棱镜阵列在探测高层大气像差时视场损失的可能方案

假设主光瞳具有相同的区域面积,每个子孔径光程差小于 0.6μm,可以估计相对于这个虚拟光瞳的等效视场。LGS 被合理安置以使视场为 0.2′,视场定义为信号的外切圆大小。当使用一个简单的双棱镜阵列时,视场范围大约为30″;当使用混合双棱镜阵列时,视场范围大约是90″。这意味着使用混合双棱镜阵列有能力满足对视场大小的需求。由图5－26可以明显看出,在高层重构时,HS－WFS波前误差依旧是双棱镜阵列(单纯阵列或混合阵列)的2倍。

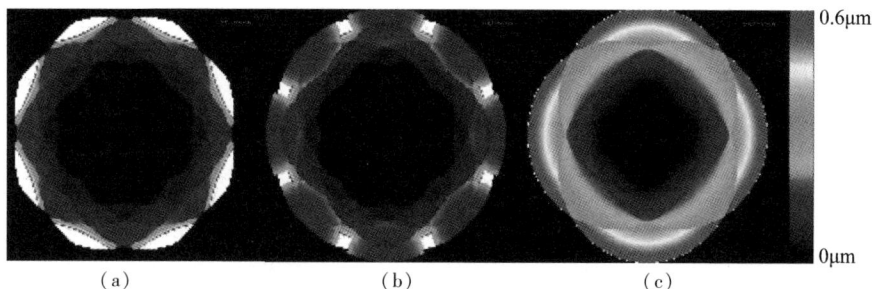

图5－26　12km 高度测量结果

(a)200 光子/子孔径、仅有双棱镜阵列;(b)200 光子/子孔径、双棱镜＋四棱锥阵列;

(c)400 光子/子孔径的传统 HS－WFS。

　　虽然相关模拟研究结果很振奋人心,但是需要注意由光斑拉伸与棱锥耦合所带来的变增益问题。这里主要研究利用柱面透镜代替双透镜以及利用棱锥代替普通微透镜阵列的问题,虽然该方法可以将波前误差减小为 HS－WFS 的1/2,但是同时也损失了波前探测 CCD 的增益。

参考文献

[1] Hardy J W. Adaptive optics for astronomical telescopes[M]. New York:Oxford University Press,1998.

[2] 阎吉祥,俞信. 人造导星技术及导星用激光系统[J]. 激光技术,1996,20(1):37－40.

[3] 周仁忠. 自适应光学[M]. 北京:国防工业出版社,1996.

[4] 周仁忠,阎吉祥. 自适应光学理论[M]. 北京:北京理工大学出版社,1996.

[5] Tyson Robert K. Principles of Adaptive Optics[M]. 3rd. Charlotte, CRC Press,2011.

[6] Ren Zhijun, Liang Xiaoyan, Yu Hongliang, et al. Efficient spherical wavefront correction near the focus for the 0. 89 PW/29. 0 fs Ti:sapphire laser beam [J]. Chin Phys Lett, 2011,28(2): 024201.

[7] Babcock H W. The possibility of compensating astronomical seeing[J]. Pub. Astr. Soc. Pac. , 1953,65: 229－236.

[8] Born M, Wolf E. 光学原理(Principles of Optics)[M]. 7 版,杨葭荪,译. 北京:电子工业出版社,2007.

[9] Barclay H T, et al, The SWAT wavefront sensor [J]. The Lincoln Laboratory Journal, 1992, 5(1):115－130.

[10] Roddier F. Curvature sensing and compensation:a new concept in adaptive optics [J]. Appl. Opt. , 1988, 27(7):1223－1225.

[11] 姜文汉,鲜浩,杨泽平,等. 哈特曼波前传感器的应用[J]. 量子电子学报,1998,15(2):164－168.

[12] Koliopoulos C L. Radial grating lateral heterodyne interferometer [J]. Appl. Opt. , 1980, 19(9): 1523－1528.

[13] 李明全,等. 剪切干涉仪光子计数法动态波前探测[J]. 光电工程,1990,17(1):9 – 18.

[14] Gonsalves R A,Chidlaw R. Wavefront sensing by phase retrieval [J]. Proc. SPIE, 1979, 207:32 – 39.

[15] Thomas S, et al. Comparison of centroid computation algorithms in a Shack – Hartmann sensor[J]. Mon. Not. R. Astron. Soc. ,2006,371:323 – 336.

[16] Marcos A van Dam. Performance of the Keck Observatory adaptive optics system,UCRL – JRNL – 201902.

[17] Beckers J M. Adaptive optics for astronomy – Principles, performance, and applications[J]. Annual review of astronomy and astrophysics,1993,31:13 – 62.

[18] Happer W, MacDonald G J, Max C E, et al. Atmospheric turbulence compensation by resonant optical back-scattering from the sodium layer in the upper atmosphere[J]. J. Opt. Soc. Am. , 1994,A 11:263 – 276.

[19] Hudgin R H. Wavefront reconstruction fo compensated imaging. JOSA,1977,67:376 – 378.

[20] Hudgin R H. Optimal wavefront estimation. JOSA,1977,67:378 – 382.

[21] Southwell W H. Wavefront estimation from wavefront sensors. JOSA,1980,70:998 – 1006.

[22] 向汝建. 光束波前校正与信标研究[D]. 北京:中国工程物理研究院北京研究生部,2000.

[23] 张建柱,张飞舟,等. 扩展信标非等晕误差理论分析[J]. 强激光与粒子束,2014,26(No. 10):101012 – 1 – 7.

[24] 毛珩,赵达尊,胡新奇. 两种提高扩展信标波前探测信噪比的方法[J]. 北京理工大学学报,2006,26(5):438 – 441.

[25] 陈珂,赵达尊. 自适应光学中扩展信标波前探测的研究与实验[J]. 光学技术,2001,27(5):387 – 390.

[26] Li Huaqiang, Song Helun, Rao Changhui, et al. Accuracy analysis of centroid calculated by a modified center detection algorithm for Shack – Hartmann wavefront sensor[J]. Optics Communications, 2008,281:750 – 755.

[27] Schreiber L, Foppiani I C, et al. Laser guide stars for extremely large telescopes: efficient Shack – Hartmann wavefront sensor design using the weighted centre – of – gravity algorithm[J]. Mon. Not. R. Astron. Soc. , 2009,396 : 1513 – 1521.

[28] Vitayaudom K P, Sanchez D J, et al. Experimental Analysis of Perspective Elongation Effects Using a Laser Guide Star in an Adaptive – Optics System (POSTPRINT). 2009, AFRL – RD – PS – TP – 2010 – 1002.

[29] Poyneer Lisa A, Palmer David W, et al. Experimental results for correlation – based wavefront sensing, 2006. Proc. of SPIE 58940N – 1 – 14.

[30] Olivier Lardière, Rodolphe Conan, et al. Laser – Guide – Star wavefront sensing for TMT: Experimental results of the matched filtering[J]. Adaptive Optics Systems Conference, 2008, 7016.

[31] Gerchberg R W, Saxton W O . Optik 35, 237 ,1972 .

[32] Fienup J R. Phase retrieval algorithms: a comparison [J]. Appl. Opt. , 1982,21:2758 – 2769.

[33] Ichikawa K, Lohmann A W, Takeda M. Phase retrieval based on the irradiance transport equationand the Fourier transform method: experiments[J]. Appl. Opt,1988, 27(16), 3433 – 3436.

[34] Teague M R. Deterministic Phase Retrieval: a Green's Function Solution. [J] J. Opt. Soc. Am. , 1983, 73:1434.

[35] Gureyev T E, Roberts A, and Nugent K A. Phase retrieval with the transport of intensity equation: matrix solution with the use of Zernike polynomials[J]. J. Opt. Soc. Am. , 1995,12: 1932 – 1941.

[36] Ellerbroek B, Morrison D. Linear Methods in Phase Retrieval. [J] SPIE, 1982, 351.

[37] Nakajima N. Reconstruction of Phase Objects from Experimental Far Field Intensities by Exponential Filtering [J]. Applied Optics, 1990, 29(23).

[38] Nakajima N. Reconstruction of Phase Objects from Experimental Far Field Intensities by Exponential Filtering [J]. Applied Optics, 1990,29(23).

[39] Nakajima N. Two Dimensional Phase Retrieval by Exponential Filtering. [J] Applied Optics, 1989;28: 1489 - 1493.

[40] Gonsalves R A. Phase retrieval and diversity in adaptive optics. [J] Opt. Eng. , 1982,21:829 - 832.

[41] Takeda M, Ina H, Kobayashi S. Fourier - Transform Method of Fringe - Pattern Analysis for Computer - Based Topography agreement. and Interferometry. [J] J. Opt. Soc. Am. , 1982,72:156.

[42] Takeda M, Kobayashi S. Lateral Aberration Measure - variation is ments with a Digital Talbot Interferometer. [J] Appl. Opt. , 1984,23:1760.

[43] 李敏. 基于线性相位反演的波前探测技术及其在自适应光学中的应用[D]. 成都:中国科学院光电技术研究所, 2009.

[44] Troy R Ellis, Jason D Schmidt. Wavefront Sensor Performance in Strong Turbulence with an Extended Beacon . 2010, IEEE Aerospace Conference.

[45] Schreiber Laura, Lombini Matteo, et al. An optical solution to the LGS spot elongation problem. Proc. of SPIE,2008,7015:1 - 9.

第6章

激光导星非等晕性

6.1 大气的等晕特性

自适应光学系统在工作过程中需要实时采集信号光束路径上的波前畸变信息,将此畸变信息处理后用于校正相应光路上的信号光束波前,以此达到好的成像质量或发射激光远场光束能量集中度。然而,基于人造激光导星的自适应光学系统在实际应用过程中,导星光束的控制偏差、光束扩展、导星与目标纵向距离不同、导星回光信号处理延时等因素的存在,使得导星光束传输路径与方向不能完全代表信号光束所经历的传输路径与方向(图6-1),此类误差通常统称为非等晕误差[1,2]。

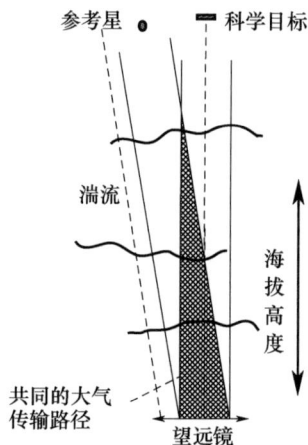

图6-1 人造激光导星的非等晕误差

人造激光导星(Laser Guide Star)所具有的非等晕误差更为复杂,根据其产生的特点及影响大致可分为三类[3]。首先是整体倾斜非等晕误差(Tip - Tilt Angular Anisoplanatism),这主要源于导星和目标的顶端角度倾斜量的不同。其次为聚焦非等晕误差(Focal Anisoplanatism),即圆锥效应,是由有限高度人造导星用锥形湍流采样代替望远镜对遥远距离目标工作时实际的近圆柱形湍流采样造成的。最后是角度非等晕(Angular Anisoplanatism),其由人造导星在空间上与目标之间存在角度偏差造成。在天文领域,视场中的目标常常有很多个,或者目标本身是比较大的扩展目标,因此需要平衡视场与角度非等晕的关系。但对于军事应用,实际所需的目标校正区域相对较小,由于激光导星可以在天空中任意方向指向目标的位置,因此这个误差可以被消除或降低。激光导星的波前探测采样区域相对遥远目标近圆柱形湍流路径存在一定偏离角度,因此聚焦和角度非等晕在激光导星自适应光学系统中本质上是相互联系的。

6.2　激光导星等晕性物理分析

人造导星所带来的误差是包括圆锥效应、活塞效应、整体倾斜、导星扩展、时间延迟、角度偏移等误差的综合。Sasiela 等在此方面开展了大量的工作,并发展的横向滤波技术很好地描述了光在湍流中的传播问题[4,5],为有效分析望远镜孔径上的波前误差提供了思路[6,7]。

按照这一方法,在傍轴近似(光束传输向量接近 z 轴)等条件下,无限宽高斯光束在 $z = 0 \sim L$ 之间传输的位相 φ 可表示为

$$\phi(\boldsymbol{r}, L) = k_0 \int_0^L \mathrm{d}z \int \mathrm{d}\nu(\boldsymbol{\kappa}, z) \cos[P(\boldsymbol{\gamma}, \boldsymbol{\kappa}, z)] \mathrm{e}^{\mathrm{i}\gamma \boldsymbol{\kappa} \cdot \boldsymbol{r}} \tag{6-1}$$

式中　L——距目标点的距离;

k_0——即 $2\pi/\lambda$,λ 为传输的波长;

$\boldsymbol{\kappa}$——空间波数,沿与光传播方向 z 垂直的方向;

$\mathrm{d}\nu(\boldsymbol{\kappa}, z)$——$\mathrm{d}z$ 距离内湍流导致的折射率的方差;

γ——区别平行于聚焦光束的传输参数;

$P(\boldsymbol{\gamma}, \boldsymbol{\kappa}, z)$——衍射参数。

对相距 $z = L$ 中心处的光源发出的光,$\gamma = 1$ 代表平面波,$\gamma = (L-z)/L$ 代表球面波。对 $z = L$ 到 $z = 0$ 的传输,衍射参数为

$$P(\boldsymbol{\gamma}, \boldsymbol{\kappa}, z) = \frac{\gamma \kappa^2 z}{2k_0} \tag{6-2}$$

为对接收孔径上的位相进行权重平均,在式(6-1)中增加归一化的位相权重函数 $g(r)$,则对直径 D 的孔径积分即可作为孔径函数的傅里叶变换,如下式:

$$G(\gamma \boldsymbol{\kappa}) = \int \mathrm{d}r g(r) \mathrm{e}^{\mathrm{i}\gamma \boldsymbol{\kappa} \cdot \boldsymbol{r}} \tag{6-3}$$

式中　$G(\gamma \boldsymbol{\kappa})$——复孔径滤波函数。

对于单个激光导星,式(6-1)乘以它的复共轭,不考虑衍射项的影响,即得到方差表达式:

$$\sigma_{\phi R}^2 = 0.2073 k_0^2 \int_0^L \mathrm{d}z C_n^2(z) \int \mathrm{d}\boldsymbol{\kappa} f(\boldsymbol{\kappa}) \cos^2[P(\boldsymbol{\gamma}, \boldsymbol{\kappa}, z)] F(\gamma \boldsymbol{\kappa}) \tag{6-4}$$

式中 $f(\boldsymbol{\kappa})$ —— 归一化的二维湍流谱，代入科尔莫哥洛夫谱；

$C_n^2(z)$ —— 沿传输路径的折射率结构常数；

$F(\gamma\boldsymbol{\kappa})$ —— 孔径滤波函数，$G(\gamma\boldsymbol{\kappa})G^*(\gamma\boldsymbol{\kappa})$。

若忽略大气内外尺寸的影响，二维湍流谱代入归一化的科尔莫哥洛夫湍流功率谱，则有[8]

$$f(\boldsymbol{\kappa}) = \kappa^{-11/3} \qquad (6-5)$$

6.2.1 激光导星聚焦非等晕误差

对有限高度激光导星所具有的圆锥效应误差的分析，应当首先得到在导星以下，由活塞和倾斜造成的位相方差以及总的非等晕位相方差。因此，从总的方差中减去活塞效应及整体倾斜的方差，可得仅由导星以下的聚焦非等晕引起的方差。在此基础上，综合导星以上的位相方差即可得到有限高度的激光导星因圆锥效应所带来的总聚焦非等晕误差。

为了得到导星高度以下活塞效应和整体倾斜所引入的方差，Marcos 等对不同情况下的孔径滤波函数进行了分析。无视轴误差、近似为点光源的激光导星情况下，活塞效应和整体倾斜效应所对应的孔径滤波函数为[9]

$$F(\boldsymbol{\kappa}) = 4\nu^2 \left\{ \frac{J_\nu(\kappa D/2)}{\kappa D/2} - \frac{J_\nu[\kappa D(1-z/L)/2]}{\kappa D(1-z/L)/2} \right\}^2 \qquad (6-6)$$

当 ν 为 1 或 2 时，分别代表活塞效应和整体倾斜对应的滤波函数。J_ν 为第一类 ν 阶贝塞尔函数。同等条件下，总的非等晕误差对应的孔径滤波函数为[9]

$$F(\boldsymbol{\kappa}) = 2\left[1 - 2\frac{J_1[D\kappa z/2L]}{D\kappa z/2L} \right] \qquad (6-7)$$

忽略衍射项，将式(6-5)、式(6-6)代入式(6-4)，可得到活塞效应非等晕方差 σ_{piston}^2、整体倾斜非等晕方差 σ_{tilt}^2 和总非等晕方差 σ_{Low}^2 如下[9]：

$$\sigma_{\text{piston}}^2 = 0.5k_0^2 D^{5/3} \int_0^L dz C_n^2(z) \left\{ F\left[-\frac{5}{6}, -\frac{11}{6}; 2; (1-z/L)^2 \right] - \frac{1+(1-z/L)^{5/3}}{\sqrt{\pi}2^{-8/3}} \Gamma\left[\begin{matrix} 7/3 \\ 23/6 \end{matrix} \right] \right\}$$
$$(6-8)$$

$$\sigma_{\text{tilt}}^2 = 0.8345k_0^2 D^{\frac{5}{3}} \int_0^L dz C_n^2(z) \left\{ \frac{1+\left(1-\frac{z}{L}\right)^{\frac{5}{3}}}{\sqrt{\pi}2^{-\frac{11}{3}}} \Gamma\left[\begin{matrix} 7/3 \\ 29/6 \end{matrix} \right] - \left(1-\frac{z}{L}\right) F\left[\frac{1}{6}, -\frac{11}{6}; 3; \left(1-\frac{z}{L}\right)^2 \right] \right\}$$
$$(6-9)$$

$$\sigma_{\text{Low}}^2 = 2.606k_0^2 \int_0^L dz C_n^2(z) \int_0^\infty d\kappa \kappa^{-8/3} \left[1 - 2\frac{J_1[D\kappa z/2L]}{D\kappa z/2L} \right] \qquad (6-10)$$

式中 $\Gamma[x]$ —— 伽玛函数；

$F[x]$ —— 超几何函数。

此时,去除活塞效应和整体倾斜位相方差后,仅由圆锥效应引起的位相方差 σ_{cLow}^2 可用下式计算得到:

$$\sigma_{cLow}^2 = \sigma_{Low}^2 - \sigma_{piston}^2 - \sigma_{tilt}^2 \qquad (6-11)$$

导星生成区域以上湍流引起的误差,可以通过修正泽尔尼克多项式位相方差的标准结果得到。经分析,移除了活塞效应和整体倾斜位相方差的导星以上湍流引起的误差为

$$\sigma_{cHigh}^2 = 0.057 D^{5/3} k_0^2 u_0^+(H) \qquad (6-12)$$

式中　$u_m^+(H)$——湍流的 m 阶矩,$u_0^+(H)$ 是 $m=0$ 的情况;

$$u_m^+(H) = \int_H^\infty \mathrm{d}h C_n^2(h) h^m$$ ——导星以上海拔的部分湍流阶矩,H 为导星海拔高度,h 为积分海拔高度。

综合有限高度激光导星在整个大气所具有的位相误差,移除了活塞效应和整体倾斜后,仅由圆锥效应引起的位相误差为[9]

$$\sigma_{cone}^2 = \sigma_{cLow}^2 + \sigma_{cHigh}^2 \qquad (6-13)$$

1. 激光发射系统有效口径的影响

聚焦非等晕误差与激光发射系统的有效口径密切相关,随着系统发射口径的不断增大,圆锥效应所带来的误差会严重降低自适应光学系统的校正效果。

对于激光发射系统,其所处的海拔越高,所受大气湍流的影响越小,本书中的所有计算以激光系统处于海平面高度为前提。假定目标对应天顶角为0°,导星为点光源且相对目标不存在角度偏移,大气湍流符合 Hufnagel Valley 模型折射率结构常数,导星选择聚焦非等晕相对比较明显、海拔高度为20km 的瑞利导星,通过对前述聚焦非等晕误差相关公式的联立求解,得到不同发射口径下的导星聚焦非等晕误差如图6-2、图6-3所示。图6-2中三角实线、虚线、圆点实线、实线分别代表导星高度以下的总误差、活塞效应误差、整体倾斜误差、聚焦非等晕误差。图6-3中虚线、实线分别代表导星高度以上的总误差、全大气通道的聚焦非等晕误差。

由图6-2、图6-3的计算结果可以看出,随着望远镜口径的增大,各类误差增长迅速。Hufnagal Valley 折射率结构常数模型下,对于20km 高的瑞利激光导星,导星高度以下整体倾斜误差对总误差的贡献较大,而导星高度以上部分对应的圆锥效应误差的贡献相对较小,全大气通道的聚焦非等晕误差主要由导星高度以下的聚焦非等晕误差决定。望远镜口径的增大使得聚焦非等晕误差显著提高,若将 $1\,\mathrm{rad}^2$ 作为此项误差可以接收的临界值,则针对可见光波段,20km 的瑞利导星在前述条件下仅能够满足口径约为 0.95m 的激光发射系统要求。

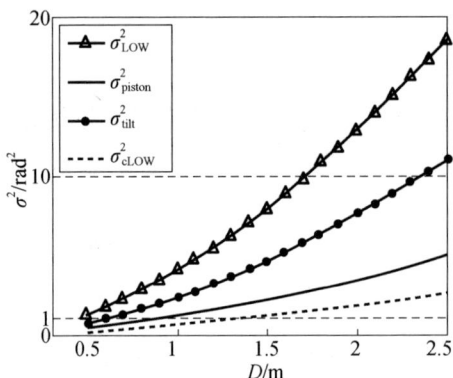

图 6-2　瑞利导星高度以下聚焦非等
晕误差随望远镜口径的变化

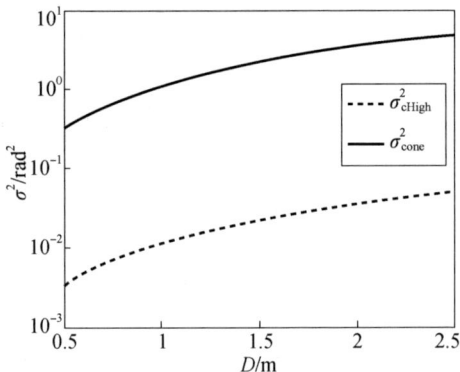

图 6-3　瑞利导星聚焦非等晕
误差随望远镜口径的变化

2. 导星海拔高度的影响

人造导星海拔高度有限是聚焦非等晕效应产生的一个重要原因。随着导星海拔高度的降低，导星光与实际的主激光在传输路径上的偏角愈发明显，导星以上部分未探测到的湍流所引起的误差也不断增大。

望远镜有效口径取 1.8m，保持前述计算条件不变，计算得到 6～50km 的瑞利导星（波长取 532nm）和 85～105km 的钠导星（波长取 589nm）去除活塞效应和整体倾斜方差后的聚焦非等晕误差，如图 6-4 所示。图中的圆点实线、实线和虚线分别代表瑞利导星全大气通道聚焦非等晕误差、导星高度以下和导星高度以上的聚焦非等晕误差；正、倒三角实线分别代表钠导星全大气通道的聚焦非等晕误差和钠导星高度以上的聚焦非等晕误差。

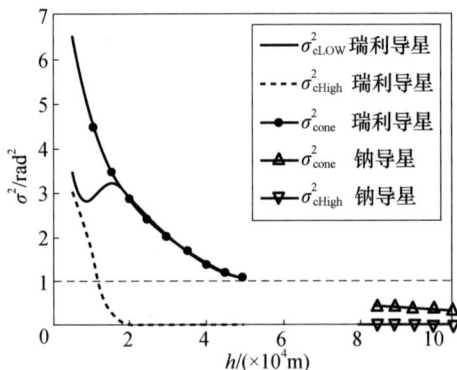

图 6-4　不同导星海拔高度的聚焦非等晕误差（$r_0 = 5.8$cm）

聚焦非等晕误差由以导星海拔高度为界的两部分组成。在 Hufnagel Valley

大气折射率结构常数模型下,由图6-4可以看出,当导星的海拔高度高于20km时,导星海拔以上的聚焦非等晕误差可以忽略,整个大气通道的聚焦非等晕误差将主要由导星以下的部分产生。对应于1.8m望远镜口径的激光导星,当导星的海拔高度大于50km(Hufnagel模型下为73km)时,导星的聚焦非等晕误差可以降至比较低的$1rad^2$;而钠导星则能够一直保持较低水平,约在$0.44rad^2$(Hufnagel模型下为$0.67rad^2$)以下。由图6-3中的计算结果,在前述计算条件下,应用于口径达1.8m的激光发射系统,海拔高度为20km、30km和35km的单个瑞利导星所具有的聚焦非等晕误差分别为$2.90rad^2$、$1.99rad^2$和$1.68rad^2$,存在比较强的聚焦非等晕误差。对于天文探测系统而言,较大的聚焦非等晕误差也将会严重影响系统对遥远暗目标的探测,计算得到前述条件下天文观测系统仅考虑聚焦非等晕误差影响的斯特列尔比如图6-5所示。图中的虚线和实线分别代表瑞利导星和钠导星全大气通道的聚焦非等晕误差对应的斯特列尔比。

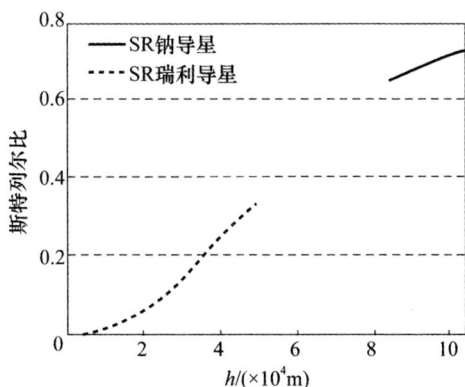

图6-5 不同导星海拔高度聚焦非等晕
误差对应的斯特列尔比($r_0 = 5.8cm$)

可以看出,单个钠导星的聚焦非等晕误差很小,能够很好地满足1.8m口径望远镜的需求,而瑞利激光导星的聚焦非等晕误差所对应的斯特列尔比在50km以下的导星高度内不会超过0.37(因采用近似公式,瑞利导星的斯特列尔比计算结果存在较大误差)。

除了激光系统的发射口径与导星高度因素外,导星所处天顶角也会对聚焦非等晕误差产生影响。保持前述条件不变,天顶角ζ在$0° \sim 45°$范围内,90km的钠导星与30km的瑞利导星所对应的聚焦非等晕误差如图6-6所示。图中,实线和虚线分别代表钠导星和瑞利导星的全大气通道聚焦非等晕误差。

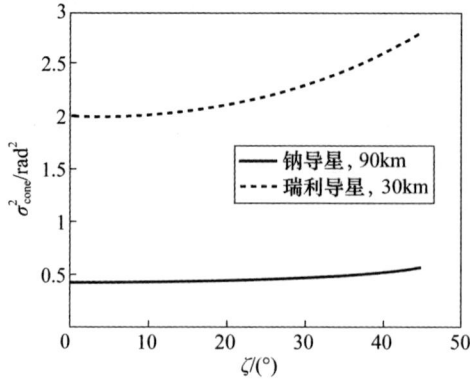

图 6 - 6　聚焦非等晕误差随天顶角的变化

显然,海拔较低的瑞利导星随天顶角变化的绝对值远高于钠导星。进一步分析发现,全大气通道的聚焦非等晕误差正比于 $\sec(\zeta)$,则在 $0° \sim 45°$ 的天顶角变化范围内,总聚焦非等晕误差变化量不会超过 41%。对应用于 1.8m 口径望远镜的单个钠激光导星,前述计算条件下,在此天顶角范围内所具有的聚焦非等晕误差不会超过 $1\,rad^2$,能够满足应用要求;而对 30km 高的瑞利激光导星,聚焦非等晕误差大于 $2\,rad^2$,会在波面探测过程中引入较大误差,影响主激光路径内大气湍流的有效探测。

6.2.2　激光导星尺度问题

对存在一定扩展的目标导星分析,应当首先得到在导星产生区域以下,由活塞和倾斜造成的位相方差以及总的非等晕位相方差。因此,从总的方差中减去活塞效应及整体倾斜的方差,可得仅由导星扩展而引起的非等晕误差。

若忽略大气内外尺寸的影响,二维湍流谱代入归一化的科尔莫哥洛夫湍流功率谱,则有[8]

$$f(\boldsymbol{\kappa}) = \kappa^{-11/3} \tag{6-14}$$

Marcos 等对不同情况下的孔径滤波函数进行了分析[3],令 $h = \kappa z / 2L$,总的非等晕误差对应的孔径滤波函数为[8,10]

$$F(\boldsymbol{\kappa}) = 1 - 2\frac{2J_1(D_s h)}{D_s h}\frac{2J_1(Dh)}{Dh} + \left[2\frac{J_1(D_s h)}{D_s h}\right]^2 \tag{6-15}$$

当导星扩展严重,例如导星直径显著大于所需地面处有效校正口径时,导星扩展所引起的非等晕误差不能忽略,通过对式(6-15)做近似处理,可得对应的大尺寸人造导星的孔径滤波函数为

$$F(\kappa) = \left[1 - 2\frac{J_1(D_s h)}{D_s h}\right]^2 \tag{6-16}$$

忽略衍射项,可得到针对目标导星的非等晕方差 σ^2 如下:

$$\sigma^2_{\text{Total}} = 1.303k_0^2 \int_0^L dz C_n^2(z) \int_0^\infty d\kappa\kappa^{-8/3}\left[1 - 2\frac{J_1(D_s h)}{D_s h}\right]^2 \tag{6-17}$$

利用式(6-17)可对大尺寸导星的非等晕误差进行数值计算。如前所述,导星激光光束质量、发射口径,以及站址处大气条件、人造导星距离等状态参数是影响导星尺寸的重要因素,各参数的失配易引起导星的过度扩展。当导星存在严重扩展,且大于天文望远镜或激光发射系统有效口径时,所引起的非等晕方差可采用式(6-17)处理。钠导星使用波长为589nm,若500km目标导星采用1064nm波长,大气湍流采用Hufnagal Valley模型折射率结构常数,计算出导星尺度过度扩展情况下的非等晕方差如图6-7、图6-8所示。

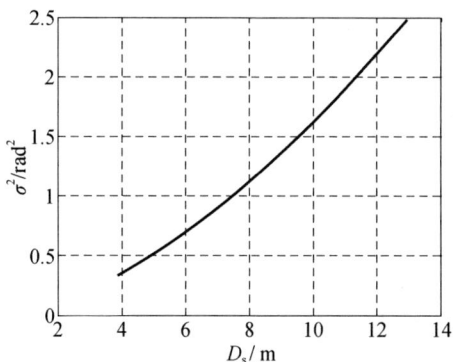

图6-7 扩展钠导星非等晕方差

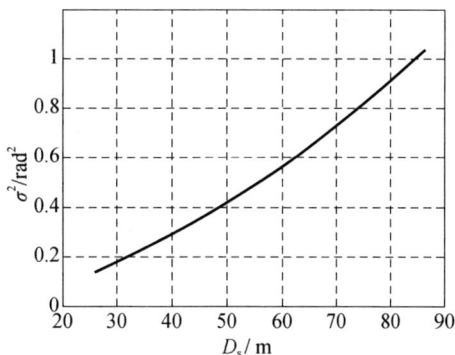

图6-8 500km处扩展目标导星非等晕方差

由数值计算结果可以看出,过大的导星尺寸所引起的非等晕方差随着导星尺寸的增大迅速增长。当钠导星截面直径扩展至7.5m或500km处,1064nm目标导星扩展至85m时,二者所引起的非等晕误差可达1rad^2。再有,若要求导星扩展所引起的非等晕误差小于0.2rad^2,则要求钠导星直径不大于2.8m,500km处1064nm波长的目标导星直径不大于32m。

前述大气湍流计算采用了比较常用的Hufnagal Valley模型,为对比大气湍流对相同尺度扩展导星非等晕误差的影响,利用Hufnagal模型、HV模型、HV改进模型分别计算了扩展钠导星的非等晕方差,不同模型的大气相干长度如图6-9所示,大气等晕角如图6-10所示,扩展非等晕方差对比结果如图6-11所示。

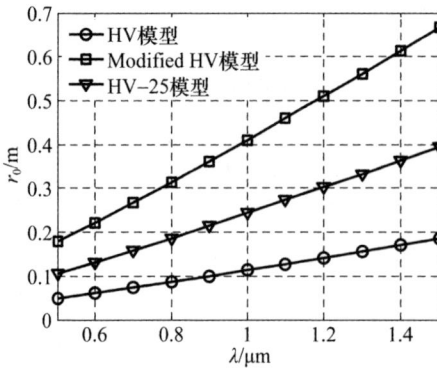

图6-9 不同大气条件下的大气相干长度

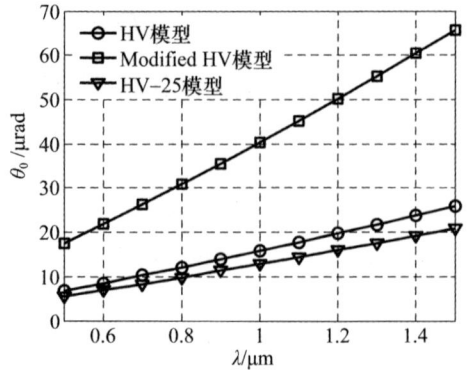

图6-10 不同大气条件下的等晕角

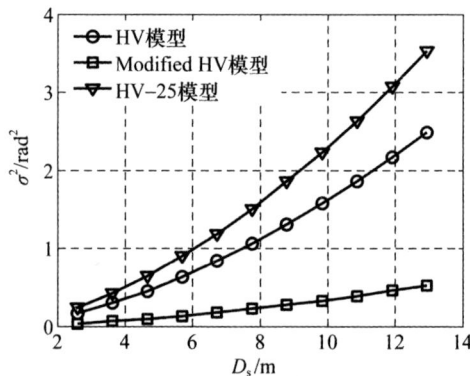

图6-11 不同大气条件下扩展钠导星的非等晕方差

　　对比图6-9~图6-11发现,导星扩展所引起的非等晕方差与大气相干长度不存在明显的数值关系,但与大气等晕角存在某种正比关系,具有较大等晕角的弱大气湍流状态所对应的扩展导星非等晕误差较小。大气等晕角反映了导星在保证有效工作情况下相对信号光束所允许的最大偏离角,存在角度偏移的导星具有角度非等晕误差。这一数值分析结果表明导星扩展非等晕误差与角度非等晕误差存在一定比例关系,在特定的情况下,扩展导星非等晕误差可等效为一定大小的角度非等晕误差。

　　人造导星的扩展程度受导星激光光束质量、出射口径、大气湍流等的影响,远距离传输后,大大超过天文观测或激光发射系统的有效口径,存在大于波面探测系统子孔径衍射极限相应尺寸。导星扩展引起的非等晕误差与角度非等晕误差存在一定转换关系,特定情况下,视轴与导星轴重合的扩展导星非等晕误差,可等效为视轴与导星轴存在偏角的点光源导星角度非等晕误差。

6.2.3 激光导星角度偏离与非等晕误差

自然导星自适应光学系统已广泛用于天文领域,用来补偿由大气湍流导致的成像模糊,但自然导星自适应光学系统的应用受到两方面的基本限制。首先,需要足够亮的自然星作为导星用于测量波前。其次,成像质量随目标与自然导星的夹角的增大不断降低,即角度非等晕效应。激光导星(即 LGS)技术可以在天空任意方向产生人造导星,克服了自然导星的天空覆盖率带来的限制。

由于激光导星与目标的路径不能严格做到同轴,甚至会因为工作模式的原因而出现较明显的角度偏离,其对校正后成像质量的影响将不能被忽略。激光导星波前探测系统测量的并非是来自目标的圆柱体湍流,而是存在一定偏离角度(也可消除偏角,近似看作同轴)的圆锥体湍流。因此,聚焦非等晕和角度非等晕在激光导星自适应光学系统中本质上是相互联系的。为获得角度差异所带来的影响,本节将激光导星和目标之间的角间距作为变量,得到了两波前差异的表达式。这个误差由聚焦非等晕和角度非等晕组成。

利用解析的方法,忽略衍射,利用 Sasiela 等发展的横向滤波技术,我们先前已得到了聚焦非等晕的表达式[4]。本节将继续通过经湍流的横向传播光谱滤波函数,研究综合了角度和聚焦非等晕误差的总表达式。这个方法先前用于探寻激光导星 AO 系统的聚焦非等晕、非等动力、聚焦非等晕。泰勒通过结构函数的计算,得到了一个与自然导星系统相似、针对激光导星系统等晕误差的非常复杂的表达式。在此,将利用孔径滤波函数研究一个针对激光导星非等晕的简单关系。激光导星在原理上不能测量波前整体倾斜和绝对焦点,但激光导星活塞和整体倾斜的误差可利用相对激光导星偏角为 θ 的自然星的活塞与整体倾斜移除,继而得到激光导星无活塞和整体倾斜位相的孔径平均位相方差[8,9]。

利用解析的方法,忽略衍射,Sasiela 和 Shelton 研究发现[5],波前相位误差均方值 σ_ϕ^2 为

$$\sigma_\phi^2 = 0.2073k^2 \int_0^\infty C_n^2(z) \left(\int f(\boldsymbol{\kappa}) h(\boldsymbol{\kappa}, z) \mathrm{d}\boldsymbol{\kappa} \right) \mathrm{d}z \qquad (6-18)$$

式中 $k = 2\pi/\lambda$ ——波数(λ 为波长);

$C_n^2(z)$ ——海拔 z 处的折射率结构常数;

$\boldsymbol{\kappa} = (\kappa\cos(\alpha), \kappa\sin(\alpha))$ ——空间频率域坐标。

相对普通符号表达的标量振幅和 α 角度座标,向量符号在本书中描述二维变量。

这里仍假定科尔莫哥洛夫湍流功率谱为 $f(\boldsymbol{\kappa}) = \kappa^{-11/3}$。式(6-18)中的最后一项 $h(\boldsymbol{\kappa}, z)$ 是光瞳面处的孔径滤波函数,此项对每个所要讨论的问题是唯一

的。高度为 L 的激光导星与无限远处的自然星之间夹角为 θ，需要求解两者之间的方差。不考虑衍射情况下，针对这个问题 $h(\boldsymbol{\kappa},z)$ 应为[10]

$$h(\boldsymbol{\kappa},z) = |G(\gamma_1\boldsymbol{\kappa}) - G(\gamma_2\boldsymbol{\kappa})\mathrm{e}^{\mathrm{i}\gamma_2\boldsymbol{\kappa}\cdot\boldsymbol{\theta}z}|^2 \qquad (6-19)$$

式中，传输参数 γ 代表了波面会聚的权重。对于平面波（无限远处的自然星），$\gamma_2 = 1$，但对海拔 L 处的点光源（激光导星），$\gamma_1 = 1 - z/L$。滤波函数 $G(\gamma,\boldsymbol{\kappa})$ 是孔径函数的傅里叶变换，可以将孔径处的相位转化为位相[10]：

$$G_\phi(\gamma\boldsymbol{\kappa},\boldsymbol{\rho}) = \mathrm{e}^{\mathrm{i}\gamma\boldsymbol{\kappa},\boldsymbol{\rho}} \qquad (6-20)$$

角标 ϕ 代表位相，孔径坐标系附带的变量 $\boldsymbol{\rho}$，后续其将会在整孔径平均位相方差中被消掉。

针对活塞和整体倾斜的滤波函数依次为

$$G_\mathrm{P}(\gamma\boldsymbol{\kappa}) = \frac{2\mathrm{J}_1[\gamma\kappa D/2]}{\gamma\kappa D/2} \qquad (6-21)$$

$$G_\mathrm{T}(\gamma\boldsymbol{\kappa}) = \frac{4\mathrm{J}_2[\gamma\kappa D/2]}{\gamma\kappa D/2} \qquad (6-22)$$

以在孔径中的位置为变量，求解激光导星与偏离角为 θ 的自然导星之间的位相差，可得

$$
\begin{aligned}
h_\phi(\boldsymbol{\kappa},\boldsymbol{\rho},z) &= |\mathrm{e}^{\mathrm{i}\boldsymbol{\kappa}\cdot\boldsymbol{\rho}(1-z/L)} - \mathrm{e}^{\mathrm{i}(\boldsymbol{\kappa}\cdot\boldsymbol{\rho}+\boldsymbol{\kappa}\cdot\boldsymbol{\theta}z)}|^2 \\
&= 2(1 - \cos[\boldsymbol{\kappa}\cdot\boldsymbol{\rho}z/L + \boldsymbol{\kappa}\cdot\boldsymbol{\theta}z)]) \\
&= 2(1 - \cos[\boldsymbol{\kappa}\cdot\boldsymbol{\rho}z/L]\cos[\boldsymbol{\kappa}\cdot\boldsymbol{\theta}z)] + \sin[\boldsymbol{\kappa}\cdot\boldsymbol{\rho}z/L]\sin[\boldsymbol{\kappa}\cdot\boldsymbol{\theta}z)])
\end{aligned}
\qquad (6-23)
$$

最后一项为基于孔径位置的正弦项。若孔径中心对称，那么最后一项积分的平均值为 0。剩余项在整孔径内平均后[4]：

$$
\begin{aligned}
h_\phi(\boldsymbol{\kappa},z) &= \int\mathrm{d}\boldsymbol{\rho}h_\phi(\boldsymbol{\kappa},z)\Big/\int\mathrm{d}\boldsymbol{\rho} \\
&= \frac{4}{\pi D^2}\int_0^{D/2}\rho\mathrm{d}\rho\int_0^{2\pi}\mathrm{d}\theta 2(1 - \cos[\boldsymbol{\kappa}\cdot\boldsymbol{\rho}z/L]\cos[\boldsymbol{\kappa}\cdot\boldsymbol{\theta}z]) \\
&= \frac{8}{D^2}\int_0^{D/2}\rho\mathrm{d}\rho 2\Big(1 - \mathrm{J}_0\Big[\frac{\kappa\rho z}{L}\Big]\cos[\boldsymbol{\kappa}\cdot\boldsymbol{\theta}z]\Big) \\
&= 2\Big(1 - \frac{4L}{\kappa z D}\mathrm{J}_1\Big[\frac{\kappa z D}{2L}\Big]\cos[\boldsymbol{\kappa}\cdot\boldsymbol{\theta}z]\Big)
\end{aligned}
\qquad (6-24)
$$

孔径平均滤波函数代入式(6-18)得

$$\sigma_\phi^2 = 0.4146k^2\int_0^L\mathrm{d}zC_n^2(z)\int\mathrm{d}\boldsymbol{\kappa}\kappa^{-11/3}\Big(1 - \frac{4L}{\kappa z D}\mathrm{J}_1\Big[\frac{\kappa z D}{2L}\Big]\cos[\boldsymbol{\kappa}\cdot\boldsymbol{\theta}z]\Big) \qquad (6-25)$$

利用标量积分 $2\pi\int\kappa\mathrm{d}\kappa$ 代替向量积分 $\int\mathrm{d}\boldsymbol{\kappa}$，并且 cos 余弦函数转换为第一

类零阶贝塞尔函数,可得[4]

$$\sigma_\phi^2 = 2.606k^2 \int_0^L \mathrm{d}z C_n^2(z) \int_0^\infty \mathrm{d}\kappa \kappa^{-11/3} \left(1 - \frac{4L}{\kappa zD} \mathrm{J}_1 \left[\frac{\kappa zD}{2L} \right] \mathrm{J}_0 \left[\kappa\theta z \right] \right) \quad (6-26)$$

式(6-26)是激光导星的非等晕位相方差。尽管如此,因未被激光导星测量的原因,激光导星非等晕的活塞和整体倾斜成分没有影响成像质量。因此,表达式应当去掉活塞和整体倾斜方差。

激光导星与偏离角为 θ 的自然导星之间的活塞项位相方差的滤波函数为

$$h_\mathrm{P}(\boldsymbol{\kappa},z) = \left| \frac{2\mathrm{J}_1 \left[(1-z/L)\kappa D/2 \right]}{(1-z/L)\kappa D/2} - \frac{2\mathrm{J}_1 \left[\kappa D/2 \right]}{\kappa D/2} \mathrm{e}^{\mathrm{i}\boldsymbol{\kappa}\cdot\boldsymbol{\theta}z} \right|^2 \quad (6-27)$$

注意到式(6-27)不需要在整孔径积分,因为在定义上泽尔尼克多项式系数就是对整个孔径的积分。简化表达式起见,用 $\alpha = \kappa D/2$ 和 $b = (1-z/L)\kappa D/2$ 化简,则

$$\sigma_\mathrm{P}^2 = 0.2073k_0^2 \int_0^L \mathrm{d}z C_n^2(z) \int \mathrm{d}\kappa \kappa^{-11/3} 4\left(\frac{\mathrm{J}_1^2[b]}{b^2} + \frac{\mathrm{J}_1^2[a]}{a^2} - 2\cos(\boldsymbol{\kappa}\cdot\boldsymbol{\theta}z) \frac{\mathrm{J}_1[a]\mathrm{J}_1[b]}{ab} \right)$$
$$(6-28)$$

同理可得两类导星之间整体倾斜位相方差的滤波函数为

$$h_\mathrm{T}(\boldsymbol{\kappa},z) = \left| \frac{4\mathrm{J}_2[b]}{b} - \frac{2\mathrm{J}_2[a]}{a} \mathrm{e}^{\mathrm{i}\boldsymbol{\kappa}\cdot\boldsymbol{\theta}z} \right|^2 \quad (6-29)$$

最终,偏离一定角度的整体倾斜位相方差为[9]

$$\sigma_\mathrm{T}^2 = 0.2073k_0^2 \int_0^L \mathrm{d}z C_n^2(z) \int \mathrm{d}\kappa \kappa^{-11/3} 16\left(\frac{\mathrm{J}_2^2[b]}{b^2} + \frac{\mathrm{J}_2^2[a]}{a^2} - 2\cos(\boldsymbol{\kappa}\cdot\boldsymbol{\theta}z) \frac{\mathrm{J}_2[a]\mathrm{J}_2[b]}{ab} \right)$$
$$= 20.83k_0^2 \int_0^L \mathrm{d}z C_n^2(z) \int \mathrm{d}\kappa \kappa^{-8/3} \left(\frac{\mathrm{J}_2^2[b]}{b^2} + \frac{\mathrm{J}_2^2[a]}{a^2} - 2\mathrm{J}_0 \left[\kappa\theta z \right] \frac{\mathrm{J}_2[a]\mathrm{J}_2[b]}{ab} \right)$$
$$(6-30)$$

另外,从总方差中去除式(6-28)的活塞和式(6-30)的整体倾斜方差后,有效的激光导星非等晕方差为[3]

$$\sigma_\mathrm{EFF}^2 = \sigma_\phi^2 - \sigma_\mathrm{P}^2 - \sigma_\mathrm{T}^2 \quad (6-31)$$

式(6-51)中代入 $\theta=0$ 可以计算得到聚焦非等晕误差。通过式(6-50)代入 $\theta=0$ 得到的整体倾斜聚焦非等晕误差,限制了利用激光导星提取整体倾斜信息。

通过以上激光导星自适应光学系统非等晕的相关解析式可发现,激光导星中的聚焦和角度非等晕是内在联系且必须一并计算的。若在这个表达式中减去由聚焦非等晕产生的贡献,可发现,目标与导星距离增加会引起成像退化。

6.3 激光导星等晕性要求

6.3.1 激光导星参数与等晕性

为保障自适应光学系统的正常工作,人造激光导星需要在亮度与尺寸方面分别做到足够亮与足够小。在满足这两个最基本要求的前提下,激光导星的工作频率、波长、高度、时序、等晕性等方面也会影响到最终的校正效果。针对等晕问题,前述分析已经说明,导星的尺度和导星偏离角的增加会引起波面探测误差的增加。因此,在基于激光导星的自适应光学系统的设计过程中,必须优化激光导星的设计参数,将其所产生的非等晕误差降至最低或系统的容差范围内。

首先,就激光导星的类型而言,瑞利激光导星与钠激光导星是目前主流的两类激光导星,两者的高度分别约在12km(可根据光源功率与需求调整)和90km。两类激光导星的差异主要差别来自于由高度决定的聚焦非等晕误差项,这已在前面进行了分析和计算。工程设计过程中,可以根据望远镜的口径、信号波长、校正带宽选择合适的导星类型。

其次,就导星的尺寸而言,激光导星应尽量满足自适应光学系统对引导星点光源特性的基本要求,这就要求激光导星不大于哈特曼波面探测器子孔径的衍射极限。这是一个非常严格的要求,工程应用过程中较难达到。90km的钠激光导星由于远程传输的自然弥散以及饱和效应方面的考虑,其导星截面尺寸通常大于子孔径的衍射极限,其计算结果在前述章节已给出。此处给出导星尺寸大于子孔径衍射极限时的瑞利激光导星(12km)的计算结果,如图6-12所示。

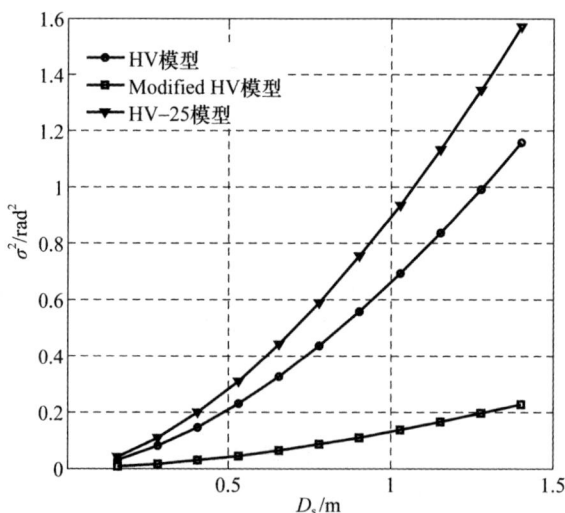

图6-12 不同大气条件下扩展瑞利导星的非等晕方差

此外,激光导星的角度偏离,也是增大非等晕误差的一个重要诱因。简单情况下,可定义角度范围 θ_0,当导星与科学目标之间夹角小于此角度时,认为由于二者角度偏差而引起的非等晕误差可以忽略,称此角度为等晕角,可由下式计算:

$$\theta_0 = \left[2.91 k^2 \sec(\Omega) \int_0^\infty C_n^2(h)\,\mathrm{d}h \right]^{-3/5} \qquad (6-32)$$

当自然导星与科学目标偏离角度较大时,其对校正效果将产生显著影响,其波面探测方差为

$$\sigma_\theta^{\ 2} \approx \left(\frac{\theta}{\theta_0} \right)^{5/3} \qquad (6-33)$$

式(6-33)计算得到的角度偏离所致非等晕误差通常相对真实误差偏大,准确值可根据 Marcos 给出的解析式精确计算。

6.3.2　角度非等晕与偏置

对于天文应用中广泛采用的夏克-哈特曼波面探测系统,自然导星与科学目标常常存在不重合的情况,二者存在角度偏差。由于导星与目标路径的不同,校正后成像的质量会受到影响。在本章中,已将 LGS 和目标之间的角间距作为变量,得到了两波前差异的表达式。这个误差由聚焦非等晕和角度非等晕组成。本节将已以凯克望远镜为例,介绍角度非等晕对成像的影响。

Marcos 在完成理论分析的基础上,进而基于凯克天文台直径 10m 的凯克Ⅱ望远镜,利用 Mauna Kea 湍流模型,数值计算了自然导星与激光导星自适应光学系统的非等晕。设钠层的激光导星聚焦于望远镜以上,高度 $L = 86000\mathrm{m}$。计算采用了四种闪烁探测层析的平均值[11],列于表6-1。

表6-1　计算所采用的湍流模型

高度/m	500	1000	2000	4000	8000	16000
$C_n^2/(\times 10^{-14}\,\mathrm{m}^{-1/3})$	2.400	1.575	1.475	3.025	4.575	2.325

图6-13 表明了 K 波段(2.12μm)斯特列尔比降低的情况,S 为采用式(6-14)并利用近似式 $S = \mathrm{e}^{-\sigma_{\mathrm{EFF}}^2}$ 的计算结果,S 取决于以与激光导星的距离为函数的激光导星非等晕。当科学目标与激光导星方向一致时,激光导星非等晕为聚焦非等晕。取决定聚焦非等晕的 RMS 波前误差为 178nm,这与利用式(6-35)的计算所得结果 177nm 相一致[14]。

在完成数值计算的基础上,Marcos 尝试开展了针对非等晕和整体倾斜的试验研究。试验依然利用了在 10m 凯克Ⅱ望远镜中凯克天文台的激光导星自适应光学系统。

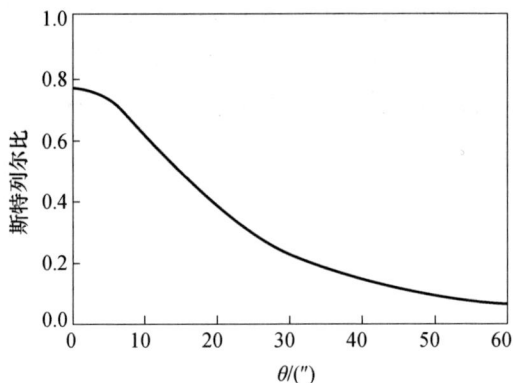

图6-13 随角度变化的激光导星非等晕误差 σ_{EFF}^2 导致的
K 波段斯特列尔比的降低(采用 Mauna Kea 湍流模型)

激光导星角度非等晕的测量试验方法如下:捕获一个 10 等自然星作为整体倾斜的参考导星。将导星激光沿自然参考导星的视轴发射,使系统处于闭环状态,利用 NIRC2 型近红外相机探测经布拉开(Brackett)γ 滤光片(2.17μm)来自整体倾斜参考星的信号光。偏移导星激光的同时,移动波前传感器前的视场转向镜,使得激光导星在天空中移动。移动过程中,采集导星激光器不同指向位置下的整体倾斜参考星图像(此时整体倾斜参考星的图像仍然在轴上)。

2005 年 6 月 30 日图像斯特列尔比的测量采用了 Roberts 等的方法[7],所得结果如图 6-14[12] 所示。为匹配斯特列尔比的测量结果,将表 6-1 中所有 C_n^2 值除以 2.5,利用此湍流参数及式 $S=0.45e^{-\sigma_{EFF}^2}$ 进行理论计算,结果如图 6-14 中的曲线。显然,理论与实验结果相互吻合。所测点扩散函数如图 6-15 所示[9]。

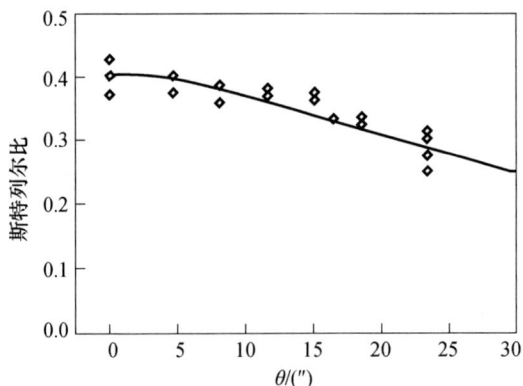

图6-14 激光导星离轴状态下 K 波段斯特列尔比的测量结果
(数据点为测量结果,实线为利用表 6-1 湍流模型的最佳理论计算结果)

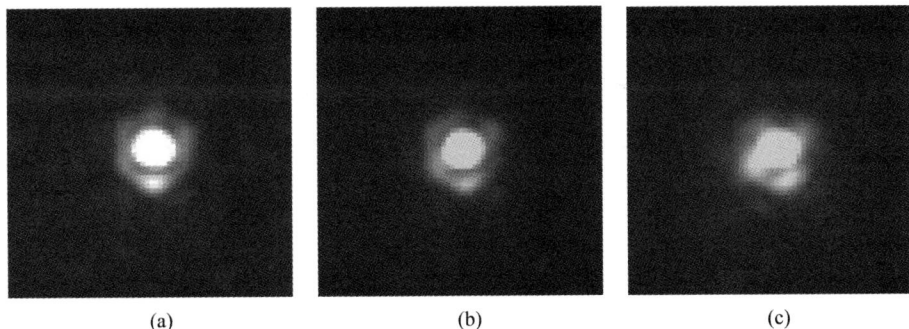

图 6 – 15　激光导星不同离轴状态下 K 波段点扩散函数的测量结果

(a)轴上;(b) 15″离轴;(c)23″离轴。

上述试验结果表明目标与导星距离增加会引起成像退化。由于大气等相关参数的随机性,通过系数修正可以看出,试验所得结果与理论分析结果相吻合。不同口径、不同站址、不同大气参数条件下激光导星偏角对成像斯特列尔比的影响程度不同,应根据前述计算方法,结合系统应用需求进行计算,得到自适应光学系统有效工作所能容忍的最大激光导星偏角。

6.3.3　单导星的覆盖范围

为了能够探测遥远的近地或深空目标,充分发挥大口径地基望远镜系统的探测能力,人们引入了基于自然导星的自适应光学系统。由于自然导星的天空覆盖率仅能达到百分之几,Feinleib 与 Happer 分别提出了瑞利激光导星与钠激光导星,这两类激光导星作为提高天空覆盖率的重要途径已广泛应用于地基望远镜系统中。激光导星和大气的特性决定了有限高度激光导星所带来的原理性误差将限制其所能应用的望远镜有效口径。

等晕角限制了目标与导星分开的距离,同时也限制了导星所能校正的有效口径大小。若等晕角为 θ_0,激光导星距离望远镜瞳面的高度为 H,则激光导星在望远镜孔径上所能提供的有效校正区域直径为

$$D = 2H \cdot \tan(\theta_0) \approx 2H \cdot \theta_0 \qquad (6-34)$$

可见光波段等晕角 θ_0 一般为数角秒,而导星高度一般为数十千米,因此有效校正区域直径 D 一般为米级。不同等晕角下,12km 高瑞利激光导星与 90km 高钠激光导星所对应的地面有效校正区域如图 6 – 16 所示。

随着望远镜口径的不断增大,单个激光导星的有效校正区域已不能满足自适应光学系统校正的需求,可利用一定排布的多个激光导星实现对大口径望远镜系统的完全覆盖。若 $\Delta\psi$ 为系统所能分配给此项误差的最大均方根剩余波前误差,相对应的有效区域直径用 D_0 表示,则所需要的导星数目约为[9,15]

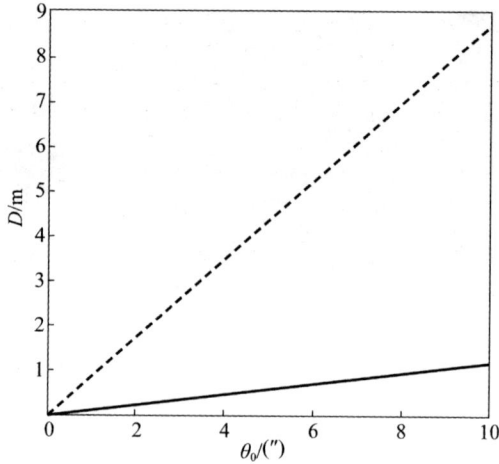

图 6 - 16 　不同等晕角下激光导星所对应的有效校正区域
（虚线为瑞利导星结果，实线为钠导星结果）

$$N = \frac{\alpha^2 D^2}{D_0^2} = \frac{\alpha^2 D^2}{4H^2 \theta_0^2} \qquad (6-35)$$

式中 α——常数，决定了所能允许的剩余波前误差，例如，当剩余波前误差为 $\lambda/10$ 时，α 为 1.25。

　　单导星的结果可以扩展到多导星。后者的每个导星应当仅仅校正孔径上的一部分，由此降低等晕误差。尽管如此，由于波前探测器测量的是位相变化量而不是实际的位相，由每个导星对应的位相变化量重构出的位相面应当与其他位相缝合。在此过程中，因不能完全得到每个孔径部分的整体倾斜而引入了误差。这个误差来自两个部分：由聚焦非等晕造成在每个孔径部分湍流导致倾斜的不正确测量，还有由于非等晕效应，导星相关位置的测量存在误差。有关多激光导星的内容将在第 7 章中详细介绍。

参考文献

[1] Louarn M Le, Hubin N, Sarazin M, et al. New challenges for adaptive optics: extremely large telescopes[J]. MNRAS, 2000, 317(3), 535 - 544.

[2] Michael Hart, Mark Milton N, Christoph Baranec, et al. Wide field astronomical image compensation with multiple laser - guided adaptive optics[J]. Proc. of SPIE, 2009, 7468: 1 - 11.

[3] Marcos A, Richard J, et al. Angular anisoplanatism in laser guide star adaptive optics[J]. Proc. SPIE, 2006, 6272: 1 - 9.

[4] Sasiela R J, Shelton J D. Mellin transform techniques applied to integral evaluation: Taylor series and asymptotic approximations. [J]. Math. Phys. , 1993, 34: 2572 - 2617.

［5］ Sasiela R J, Shelton J D. Transverse spectral filtering and Mellin transform techniques applied to the effect of outer scale on tilt and tilt anisoplanatism. ［J］. Opt. Soc. Am. ,1992, A 10：646 – 660.

［6］ Sasiela R J. Strehl ratios with various types of anisoplanatism. ［J］. Opt. Soc. Am. ,1992,A 9：1398 – 1405.

［7］ Sasiela R J. Wave – front correction by one or more synthetic beacons. ［J］. Opt. Soc. Am. ,1994, A 11：379 – 393.

［8］ ChrisDainty N A. Laser Guide Star Adaptive optics for Astronomy［M］. Netherlands：Kluwer Academic Publishers, 1997.

［9］ Stroud P D. Anisoplanatism in Adaptive Optics Compensation of a Focused Beam Using Distributed Beacons. ［J］. Opt. Soc. Am. 1996,A 13, 868 – 874.

［10］ Sasiela R J. Electromagnetic wave propagation in turbulence：evaluation and application of Mellin transforms ［M］. Berlin：Springer – Verlag, 1994.

［11］ Tokovinin A, Vernin J , Ziad A, et al. Optical turbulence profles at Mauna Kea measured by MASS and SCIDAR Pub［J］. Astron. Soc. Pac. , 2004,117：395 – 400.

［12］ 苏毅, 万敏. 高能激光工程［M］. 北京：国防工业出版社, 2004.

［13］ 张逸新, 迟泽英. 光波在大气中的传输与成像［M］. 北京：国防工业出版社, 1997.

［14］ ChrisDainty N A. Laser Guide Star Adaptive optics for Astronomy［M］. Kluwer Academic Publishers, 1997.

［15］ Stroud P D. Anisoplanatism in Adaptive Optics Compensation of a Focused Beam Using Distributed Beacons. ［J］. Opt. Soc. Am. 1996,13：868 – 874.

第7章

多导星技术

7.1 多导星技术概述

对于较大口径望远镜,使用单导星自适应光学校正大气湍流存在以下问题:

(1)受大气非等晕性影响,单个导星探测的波前畸变只能有效校正一个较小的视场区域,导星光束与成像光束(或发射光束)之间的夹角大于等晕角 θ_0 时,湍流附加到两光束上的相位噪声是不同的,自适应光学不能有效校正。也就是说,单个导星自适应光学校正只能在一个较小的视场角内清晰成像:对于可见光波长来说,这个角度通常在几个角秒以内;对于红外 K 波段(2.2μm)可校正清晰的视场角典型值为30″。

(2)由于导星聚焦高度有限,钠导星高度为 90~100km,瑞利导星高度在20km 左右,探测到的大气柱是一个以导星为顶点,望远镜光瞳为底面的圆锥,圆锥以外的大气湍流不能被探测到,即单导星存在湍流采样的圆锥效应,与实际观察目标的光束经过的大气区域不一致,导致自适应光学校正误差。

为了解决上述问题,J. M. Beckers 于 1987 年提出了多导星技术以及多层共轭自适应光学技术[1]。使用波前传感器探测到的是望远镜孔径上的一个大气柱(对于自然导星)或大气锥(激光导星)内波前畸变在整个路径上的投影积分,由多个导星探测到的数据重建大气湍流的三维分布是一个逆向问题,称为大气层析(atmosphere tomography)。为了克服大气等晕性限制,使用多个导星,可以通过大气层析技术获得视场内大气湍流导致的三维波前畸变分布,获得不同高度层湍流的波前畸变信息。采用多个变形镜分别安装在各个湍流层的共轭位置上进行校正(多层共轭校正),可以获得更大视场的高清晰度成像。

多层共轭自适应光学(Multi Conjugate Adaptive Optics, MCAO)的概念是由欧洲南方天文台的贝克(Beckers)于 1987 年首次提出,其基本思想是将湍流分成若干层,分别于各层的共轭位置处设置可变形的反射镜,实时测出各层湍流大气对传播面所引起的相位畸变,并将大小相等、符号相反的相位差附加到处于相应湍流层共轭位置的变形镜上。于是,波面通过湍流大气所产生的相位差,经变形镜反射后恰好得到补偿,在理想情况下便可得到无畸变波面。

1989 年,贝克(Beckers)进一步论证了上述方案[2],并基于简化湍流模型得到视场角增益与分层数的关系,初步证明 MCAO 可以实现大视场校正的可能性。贝克分析指出,将大气分为 N 层,校正视场可扩大 $2N$ 倍。

在贝克提出多层共轭自适应光学系统的基本思想后,当时人们认为,由于每个校正镜都需要很多子单元,分层校正的结果会导致子单元总数大幅度地增加,而使本来就很复杂的系统变得更加复杂。在 1989 年,贝克再次分析了该技术,指出分层校正时每个子层的大气相干长度比不分层情况下总的相干长度大得多,使每层校正所需变形镜单元数相应减小,虽然增加了变形镜个数,但变形镜总体校正单元数增加不多,而等晕区则将随着层数的增加显著增大。

分层共轭的基本思想是将湍流大气分成若干层,在每层的共轭位置上设置一块自适应光学校正镜以校正该层大气所引起的波前畸变。1992 年,美国空军技术学院考虑将湍流大气分为两层($0.9km$,90% ;$2.9km$,10%),使用 4 个导星,模拟仿真计算得到含有 2 个变形镜的 MCAO 系统在 $19''$ 视场内的残余相位差小于 $\lambda/8$,而只有 1 个变形镜的 AO 系统仅在 $6''$ 的视场内才能达到此精度[3]。

7.2　湍流分层

MCAO 的基本思想是将湍流大气分成若干层[2-7],在每层的共轭位置上设置 1 块自适应校正镜以校正该层大气引起的波面畸变,因此需将湍流进行最佳分层,确定层边界位置,即共轭高度的选取。1989 年,贝克提出了均匀分层模型。

7.2.1　大气的等晕性

根据科尔莫哥洛夫湍流模型,平面波前的空间结构函数为 $D_\varphi(\rho)$,即空间相距为 ρ 的两点 x_1 和 x_2 之间的相位差为

$$D_\varphi(\rho) = <[\varphi(x_1) - \varphi(x_2)]> = A\rho^{5/3} \qquad (7-1)$$

其中

$$A = 2.91k^2 \int_0^\infty C_n^2(h)\,\mathrm{d}h \qquad (7-2)$$

大气相干长度为

$$r_0 = (6.88/A)^{3/5} = \left[0.423k^2 \int_0^\infty C_n^2(h)\,\mathrm{d}h\right]^{-3/5} \qquad (7-3)$$

于是

$$D_\varphi(\rho) = 6.88(\rho/r_0)^{5/3}\,(\mathrm{rad}^2) \qquad (7-4)$$

空间相距为 ρ 的两点 x_1 和 x_2 之间的相位差均方根值为

$$\sigma(\rho) = <[\varphi(x_1) - \varphi(x_2)]>^{1/2} = 2.623 (\rho/r_0)^{5/6} (\text{rad}) \qquad (7-5)$$

如果用波长表示,则为

$$<[\varphi(x_1) - \varphi(x_2)]>^{1/2} = 0.42 (\rho/r_0)^{5/6} \lambda \qquad (7-6)$$

区域中心点 x_1 与边缘点 x_2 之间的相位差均方根值取某个常数 $a\lambda$ 时,该区域的半径定义为等晕区半径:

$$\rho_0 = \left(\frac{a}{0.42}\right)^{6/5} r_0 \qquad (7-7)$$

等晕角 θ_{ip} 满足

$$\theta_{\text{ip}} \approx \frac{2\rho_0}{h} \qquad (7-8)$$

令 $\rho = r_0$,得到距离为大气相干长度两点之间用波长表示的均方根相位差为 0.42λ。通常定义高度 h 处的等晕区半径时使 $a = 0.42/e$,相当于等晕区中心和边缘两点之间的相位差均方根等于 0.42λ 的 $1/e$ 倍。于是

$$\begin{cases} \rho_0 = 0.31 r_0 \\ \theta_0 = 0.62 r_0/h \end{cases} \qquad (7-9)$$

上述结果适用于湍流出现在高度为 h 的薄层的情况。考虑到实际湍流层有一定的厚度,例如从 h_1 到 h_2,则式(7-9)中的 h 要用 $\bar{h}$ 代替,得

$$\theta_0 = 0.62 r_0/\bar{h} \qquad (7-10)$$

其中

$$\bar{h} = \left[\frac{\int_{h_1}^{h_2} h^{5/6} C_n^2(h) \mathrm{d}h}{\int_{h_1}^{h_2} C_n^2(h) \mathrm{d}h}\right]^{6/5} \qquad (7-11)$$

需要指出的是,等晕区中心和边缘处的波像差 w 在 $\bar{h}$ 处为 $0.42\lambda/e$,但 $\theta_0 h/2$ 的最大值 $\theta_0 h_2/2$ 则将超过 $0.31 r_0$。

在多层共轭自适应光学中,大气被分为 N 个高度层,每层的厚度为 $h_i (i = 1, 2, \cdots, N)$,每层对应的大气相干长度为

$$r_i = a \left[\int_{h_i} C_n^2(h) \mathrm{d}h\right]^{-3/5} \qquad (7-12)$$

式中 a——常数。

总的大气相干长度为

$$\begin{aligned} r_0 &= a \left[\int C_n^2(h) \mathrm{d}h\right]^{-3/5} \\ &= a \left[\int_{h_1} C_n^2(h) \mathrm{d}h + \int_{h_2} C_n^2(h) \mathrm{d}h + \cdots + \int_{h_N} C_n^2(h) \mathrm{d}h\right]^{-3/5} \end{aligned} \qquad (7-13)$$

于是有

$$r_0^{-5/3} = a^{-5/3} \left[\int_{h_1} C_n^2(h)\,\mathrm{d}h + \int_{h_2} C_n^2(h)\,\mathrm{d}h + \cdots + \int_{h_N} C_n^2(h)\,\mathrm{d}h \right]^{-3/5}$$

$$= \left\{ a \left[\int_{h_1} C_n^2(h)\,\mathrm{d}h \right]^{-3/5} \right\}^{-5/3} + \left\{ a \left[\int_{h_2} C_n^2(h)\,\mathrm{d}h \right]^{-3/5} \right\}^{-5/3}$$

$$+ \cdots + \left\{ a \left[\int_{h_N} C_n^2(h)\,\mathrm{d}h \right]^{-3/5} \right\}^{-5/3}$$

$$= \sum_i r_i^{-5/3}$$

$$(7-14)$$

在大气分层的情况下,等晕角的大小由每层内所允许的光路横向位移 $\pm \theta_i h_i/4$ 所决定(其中 θ_i 为第 i 层的等晕角)。总位移则应等于波长表示的最大允许波前均方误差(即 $0.42\lambda/e$)。当此位移量对 N 层平均分配时,w 为定值,而每层所允许的波前误差为总误差的 $1/\sqrt{N}$ 倍,亦即

$$0.42 \left(\frac{\rho_i}{r_i} \right)^{5/6} \lambda = \frac{0.42\lambda}{\sqrt{N}\mathrm{e}} \qquad (7-15)$$

由此得

$$\rho_i = 0.31 r_i N^{-3/5} \qquad (7-16)$$

或

$$\frac{\theta_i h_i}{4} = 0.62 r_i N^{-3/5} = 0.62 N^{-3/5} a \left[\int_{h_i} C_n^2(h)\,\mathrm{d}h \right]^{-3/5} \qquad (7-17)$$

7.2.2　均匀分层模型

贝克给出 C_n^2 模型:

$$C_n^2(h) = \begin{cases} 2 \times 10^{-17}\,(\mathrm{m}^{-2/3}), & 0 \leqslant h \leqslant 1 \times 10^4\,(\mathrm{m}) \\ 0, & h > 1 \times 10^4\,(\mathrm{m}) \end{cases} \qquad (7-18)$$

并将大气按等高分为 4 层(图 7-1)。

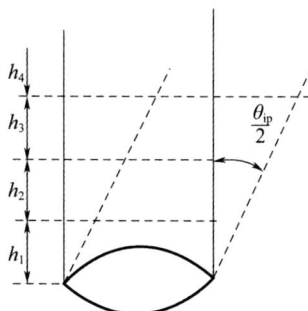

图 7-1　分为 4 层的大气等晕角

将所得结果连同不分层的情况一并列入表 7 - 1 中。由表中数据可见,即使对适中的 N 值,等晕区的扩大也是令人振奋的。进一步,贝克对这个例子给出了子单元总数,表明分层与不分层情况大体相等。

表 7 - 1 分层大气的等晕性

	普通系统	分层共轭校正系统	
		一般 N	$N = 4$
$C_n^2/\mathrm{m}^{-2/3}$	2×10^{-17}	2×10^{-17}	2×10^{-17}
h_i/m	10000	$10000/N$	2500
R_i/cm	21.1	$21.1N^{3/5}$	48.5
θ_0/urad	5.4	$10.8N$	43.2
等晕区面积增大	1	$4N^2$	64
注:得到 r_i 和 r_0 时,假定了工作波长 λ 为 500nm			

可见,在均匀分层模型下,多层共轭校正在扩大等晕区方面的确有显著效果。

7.2.3 非均匀分层模型

阎吉祥等[5,6]提出了非均匀分层模型,导出了对高度任意变化的 $C_n^2(h)$ 适用的结果,简单介绍如下。

在 $C_n^2(h)$ 随高度变化的情况下,分层校正仍然要求各层等晕角相等,各层厚度与大气相干长度之间的关系见式(7 - 17),得湍流每层高度为

$$h_i = \frac{4}{\theta_i} \times 0.62 r_i N^{-3/5} \qquad (7-19)$$

由此得

$$h_i^{-5/3} = (4 \times 0.62)^{-5/3} N \theta_i^{5/3} r_i^{-5/3} \qquad (7-20)$$

两边对 $i = 1 \sim N$ 求和,得

$$\sum_{i=1}^{N} h_i^{-5/3} = (4 \times 0.62)^{-5/3} N \theta_i^{5/3} r_0^{-5/3} \qquad (7-21)$$

利用前面的 $\theta_0 = 0.62 r_0/\bar{h}$,得

$$\sum_{i=1}^{N} h_i^{-5/3} = 4^{-5/3} N \left(\frac{\theta_i}{\theta_0 \bar{h}} \right)^{5/3} \qquad (7-22)$$

或

$$\theta_i = 4 N^{-3/5} \bar{h} \left(\sum_{i=1}^{N} h_i^{-5/3} \right)^{3/5} \theta_0 \qquad (7-23)$$

式(7 - 23)表明,将大气按一定准则分为 N 层时,其等晕区直径与不分层时等晕区直径比值为

$$K_{\rm d} = \frac{\theta_i}{\theta_0} = 4N^{-3/5}\,\bar{h}\left(\sum_{i=1}^{N} h_i^{-5/3}\right)^{3/5} = 4\left(\frac{\sum\limits_{i=1}^{N}\left(\dfrac{\bar{h}}{h_i}\right)^{5/3}}{N}\right)^{3/5} \qquad (7-24)$$

而相应的面积比为

$$K_{\rm A} = 16\left(\frac{\sum\limits_{i=1}^{N}\left(\dfrac{\bar{h}}{h_i}\right)^{5/3}}{N}\right)^{6/5} \qquad (7-25)$$

把以上结果应用于均匀分层模型的特例,由于假定了 $C_n^2(h)$ 为常数,所以,为使各层 θ_i 相等,必须且只需按等厚分层,于是有

$$\begin{cases} \bar{h} = h/2 \\ h_i = h/N \end{cases} \qquad (7-26)$$

代入式(7-24)即可得到等晕区面积扩大 $4N^2$ 倍。

为确定每层大气的厚度 h,将式(7.22)代入层高的表达式(7-21),得

$$\begin{aligned}
h_i &= \frac{4\times0.62r_iN^{-3/5}}{4N^{-3/5}\,\bar{h}\left(\sum\limits_{i=1}^{N} h_i^{-5/3}\right)^{3/5}\theta_0} \\
&= \frac{0.62r_i}{\bar{h}\theta_0\left(\sum\limits_{i=1}^{N} h_i^{-5/3}\right)^{3/5}}
\end{aligned} \qquad (7-27)$$

再将式(7-9)代入,得

$$\begin{aligned}
h_i &= \frac{r_i}{r_0}\frac{1}{\left(\sum\limits_{i=1}^{N} h_i^{-5/3}\right)^{3/5}} \\
&= \left[\left(\sum\limits_{i=1}^{N} h_i^{-5/3}\right)^{3/5}\frac{\displaystyle\int_{h_i}^{\infty} C_n^2(h)\,{\rm d}h}{\displaystyle\int_{0}^{\infty} C_n^2(h)\,{\rm d}h}\right], i = 1,2,\cdots,N
\end{aligned} \qquad (7-28)$$

这是由 N 个方程组成的方程组,在 $C_n^2(h)$ 的函数形式已知的条件下,原则上可由这组方程确定每层大气的厚度 h_i,进而可以确定相应的共轭镜的位置。但实际上求解析解是相当困难的。文献对哈夫纳哥模型和 $N=2,3,4$ 三种情况进行了计算,所得结果列于表7-2中。

表7-2　对哈夫纳哥模型及 $N=2,3,4$ 大气分层厚度计算结果

N	h_1/km	h_2/km	h_3/km	h_4/km	Q/km	s/km
2	6.76	13.24			0.20	0.32
3	2.77	7.45	9.78		0.35	0.34
4	1.54	3.95	6.51	8.0	0.71	0.43

其中

$$h_i = \sum_{i=1}^{N} \left\{ h_i - \left(\sum_{i=1}^{N} h_i^{-5/3} \right)^{-3/5} \left[\frac{\int_{h_i} C_n^2(h) \mathrm{d}h}{\int_0^H C_n^2(h) \mathrm{d}h} \right]^{-3/5} \right\}^2 \qquad (7-29)$$

表 7 – 2 中, Q 表示方差和, 而 $s = \sqrt{Q/N}$ 是平均 rms 值, H 是湍流大气总高度, 计算中取为 20km。

7.3 校正镜的单元数

另一个问题是每块校正镜的分块数。如果假定望远镜的直径为 D, 要求系统的斯特列尔比为 SR, 或校正后瞳面上允许残存的最大的 rms 波前方差为 $(\Delta\varphi)^2 (\mathrm{rad}^2)$, 则对整体校正, 子孔径数为

$$n_{\mathrm{ga}} = \frac{\left[0.051k^2 \int_0^\infty C_n^2(h) \mathrm{d}h \right]^{6/5} D^2}{\ln(1/\mathrm{SR})}$$

$$= \frac{\left[0.051k^2 \int_0^\infty C_n^2(h) \mathrm{d}h \right]^{6/5} D^2}{(\Delta\varphi)^2} \qquad (7-30)$$

式(7 – 30)最后一步用到关系 $\mathrm{SR} \approx \mathrm{e}^{-(\Delta\varphi)^2}$。当 $\mathrm{SR} \geqslant 0.3$ 时, 用该式计算的斯特列尔比 SR 与其精确值 SR_0 的百分比误差不超过 10%。

在多层共轭校正的情况下, 与每层大气相对应的校正镜单元数为

$$n_{\mathrm{ga}} = \frac{\left[0.051k^2 \int_0^\infty C_n^2(h) \mathrm{d}h \right]^{6/5} D^2}{(\Delta\varphi_i)^2} \qquad (7-31)$$

而总的子单元数为

$$(N_{\mathrm{ga}})_{\mathrm{T}} = \sum_{i=1}^{N} (N_{\mathrm{sa}})_i \qquad (7-32)$$

7.4 多导星波前探测

多层共轭自适应光学(Multi Conjugate Adaptive Optics, MCAO)使用多个激光导星, 探测大气湍流的三维分布, 使用多个共轭于不同高度的变形镜进行校正, 相对于传统自适应光学扩展了校正视场的范围[5 – 7,9 – 17]。

为了探测大气湍流的三维分布, 作为对传统自适应光学的扩展, 1990 年, Tallon 和 Foy 首次提出了大气层析(Atmosphere Tomography)技术[8], 该方法也称作星向法(Star Oriented Approach)。星向法中, 使用波前传感器探测位于天空中

不同方向的多个导星,所有传感器的信息通过综合处理重构出视场中大气湍流波前畸变的三维分布信息,用于控制多个变形镜。这种技术称为全局重构(Global Reconstruction),通过一个全局重构矩阵从所有波前传感器信息计算得到每个变形镜的控制信息。如图7-2(a)所示,图中使用1个波前控制器,利用3个波前传感器探测的信息,通过全局重构大气层析(Global Reconstruction Atmosphere Tomography)控制2个变形镜。

几年以后,R. Ragazzoni 提出了分层探测(layer oriented)的概念[9-11]。对于 layer oriented approach 一词国内文献中有"分层导向法""层向法"等不同译法。在该技术中,使波前传感器位于不同高度大气层的光学共轭像面上,传感器同时收集所有导星的光信号,直接测量不同高度大气层的波前畸变信息。变形镜的控制信号仅取自与它位置共轭的对应波前探测器探测的信息。也就是说,每个变形镜和它的共轭面探测信息构成独立的闭环路径,如图7-2(c)所示。其他非共轭层上的波前扰动作为一种高频信息被滤除。这就是局部分层探测法(Local Layer Oriented Approach)。

实际上,在局部分层探测法中,其他非共轭层上的波前扰动并不能完全滤除,在某些情况下会对自适应光学校正带来一定的层间耦合。为了解决这个问题,提出了全局分层探测法(global Layer Oriented Approach)。在全局分层探测法中,对应不同高度的探测器探测信息送到同一个波前控制器中进行综合处理,完成解耦合计算得到各层的波前扰动,再分别控制相应的变形镜,如图7-2(b)所示。

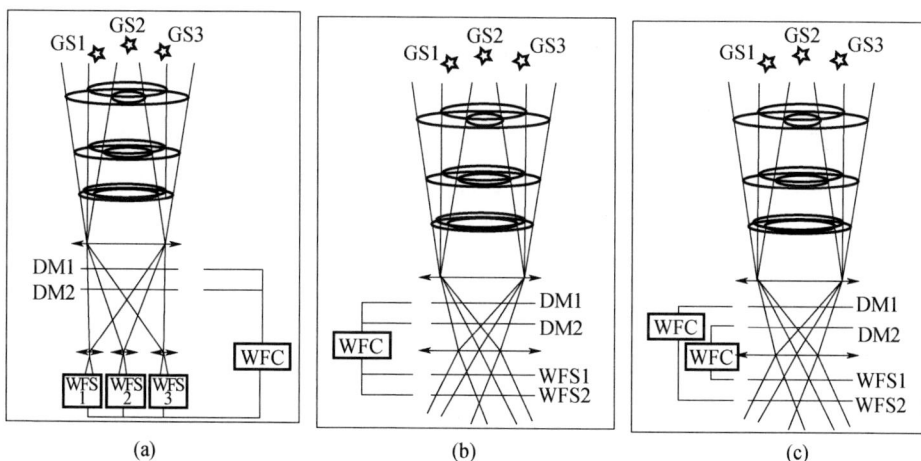

图7-2 全局层析法、全局分层探测法、局部分层探测法示意图
(a)全局层析法;(b)全局分层探测法;(c)局部分层探测法。

可见,层析法和分层探测法是用于获取各层大气波前探测信息的策略,全局法和局部法是对变形镜的控制策略。

7.5　大气层析自适应光学

7.5.1　大气层析的原理

大气层析(Atmosphere Tomography)技术,也被称作星向法(Star Oriented Approach),是通过天空中大量不同方向的观察目标在望远镜入瞳处的波前畸变来推算不同大气高度层的三维波前畸变分布。星向多层共轭自适应光学(Star Oriented MCAO)技术最早由 M. Tallon 和 R. Foy 在 1990 年提出[8]。该方法的特点是导星分布于天空中的不同方向,每个波前传感器与 1 个导星对应。利用传感器探测到的波前信息对望远镜视场范围内的大气湍流进行重建,计算施加到变形镜上的控制电压,对不同高度的大气湍流进行补偿校正。

该技术可以采用任何类型的波前传感器,如夏克 - 哈特曼波前传感器或者四棱锥波前传感器来探测波前信息。

使用波前传感器探测到的是望远镜孔径上的一个大气柱(自然导星)或大气锥(激光导星)内波前畸变在整个路径上的积分投影。从投影数据重建三维细节分布的层析技术有多种不同的方法。其中,Radon 变换是最常用的一种,在工业 CT、医学 CT 等方面广泛使用。但它需要获得大角度(如180°)范围内的投影数据来重建完整的三维图像。大气层析只能从一个小范围的角度视场内获得投影数据,使用 Radon 变换是不合适的。

早期的大气层析是基于传统的光线追迹技术,在这个方法中,使用了一种波前区域法,导星下的大气柱(锥)被分成几层。在每层的任一点,用两个数分别表示该处波前在两个正交方向的斜率。该斜率数据是未知的。从导星到望远镜孔径平面进行光线追迹,每根光线通过各层大气经历的波前变化之和,得到望远镜孔径平面处的斜率,被波前探测器所探测。设从每一个导星追迹的光线数为 N,则每个导星提供了 $2N$ 个方程。N 条光线与一层大气有 N 个交点,在一层大气上,表示斜率的未知数是 $2N$ 个。如果大气湍流层多于 1 个,需要多个导星才能完成这个逆问题的求解。

7.5.2　大气层析三维波前重建

Ragazznoi 于 1999 年提出了多层共轭自适应光系统中的模式复原算法来重建三维的波前[9],这里进行简单介绍。

假设在观测的视场中分布着 N 颗导引星,N 个波前传感器分别用来探测来自这些导引星方向上的波前信息。大气湍流被分成 M 层,每层分别位于不同的高度。此处,暂不考虑使用激光导引星时带来的圆锥效应。

将第 i 颗导星方向上探测得到的波前进行泽尔尼克模式分解。假设模式分解的阶数为 p，分解后的泽尔尼克模式系数为

$$L_i = [a_4, a_5, \cdots, a_{p+3}], \quad i = 1, 2, \cdots, N \tag{7-33}$$

由于波前传感器无法探测到活塞和倾斜项，所以忽略了泽尔尼克模式的前三项。

图 7-3 中，虚线圆区域表示第 i 颗导星在第 j 层大气上的投影波前，称作"印迹"（Footprint），该波前进行泽尔尼克分解之后的系数用 L_{ij} 表示，根据它们之间的几何关系可知：

$$L_i = \sum_{j=1}^{M} L_{ij} \tag{7-34}$$

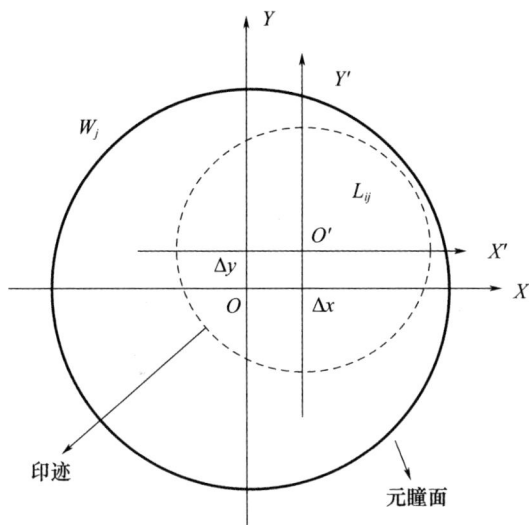

图 7-3 导星在光瞳上的印迹

来自所有导星光束在第 j 层大气上投影覆盖圆形区域的波前称作"元瞳面"（Metapupil）。元瞳面的大小同望远镜的口径、导星的位置以及该层大气的高度有关。元瞳面上的波前进行泽尔尼克模式分解之后的系数为 W_j。

在确定了各个星的位置以及各层大气的高度等几何信息之后，L_i、L_{ij}、W_j 存在如下的线性关系：

$$L_i = \sum_{j=1}^{M} L_{ij} = \sum_{j=1}^{M} A_{ij} W_j, \quad j = 1, 2, \cdots, N \tag{7-35}$$

为了确定 A_{ij} 的值，建立如图 7-3 所示的坐标系。OXY 表示第 j 层大气上的元瞳面的坐标系，$O'X'Y'$ 表示第 i 颗导星在第 j 层大气上的印迹的坐标系。将坐标系 OXY 在 X、Y 方向上分别平移 x、y，然后缩小 k 倍之后可以得到坐标系 $O'X'Y'$。此时，A_{ij} 第 m 行第 n 列的元素值由下式确定：

$$a_{mn} = \pi^{-1}\int Z_n(\Delta x + kx, \Delta y + ky) Z_m(x,y)\,\mathrm{d}x\mathrm{d}y \qquad (7-36)$$

式中　Z——泽尔尼克多项式。

考虑到有 N 颗导引星，M 层大气，则

$$\begin{bmatrix} L_1 \\ L_1 \\ \vdots \\ L_N \end{bmatrix} = \begin{bmatrix} A_{11} & A_{12} & \cdots & A_{1M} \\ A_{21} & A_{22} & \cdots & A_{2M} \\ \vdots & \vdots & \vdots & \vdots \\ A_{N1} & A_{N2} & \cdots & A_{NM} \end{bmatrix} \begin{bmatrix} W_1 \\ W_1 \\ \vdots \\ W_M \end{bmatrix} \qquad (7-37)$$

式(7-37)可以记作

$$L = AW \qquad (7-38)$$

式中　A——各个导星探测得到的模式系数同各层大气上的元瞳面波前系数之间的关联矩阵。

当 $N \geq M$ 时，利用奇异值分解的方法可以重建得到各层大气的波前系数：

$$W = A^+ L \qquad (7-39)$$

式中　A^+——A 的伪逆矩阵。

Fusco 等已经证明，尽管实际大气湍流是多层分布结构，但是实际系统只需要重建视场范围内等效的两层或者三层大气相位屏就可以获得很好的校正结果。

7.6　分层探测自适应光学

对于大气层析多层共轭自适应光学，其测量的波前畸变为导星传输路径上的所有湍流波前扰动的叠加，因此也称作"星向多层共轭自适应光学"（Star Oriented MCAO），对于分层探测多层共轭自适应光学，探测器直接测量的波前畸变为传感器共轭高度处相应大气层的波前扰动，因而称作"分层共轭自适应光学"（Layer Oriented MCAO）。在分层共轭自适应光学系统中，目前主要使用四棱锥传感器来探测波前畸变。

分层共轭自适应光学技术分为全局型分层共轭自适应光学（Global Layer Oriented MCAO）和局部型分层共轭自适应光学（Local Layer Oriented MCAO）两种形式。

全局型分层共轭自适应光学是使用一个波前控制器，将波前传感器信息综合起来去控制系统中的每一个变形镜，见图 7-4（a）。局部型分层共轭自适应光学则将每个波前传感器的信息用来控制与其共轭的对应高度层的变形镜，见图 7-4（b）。

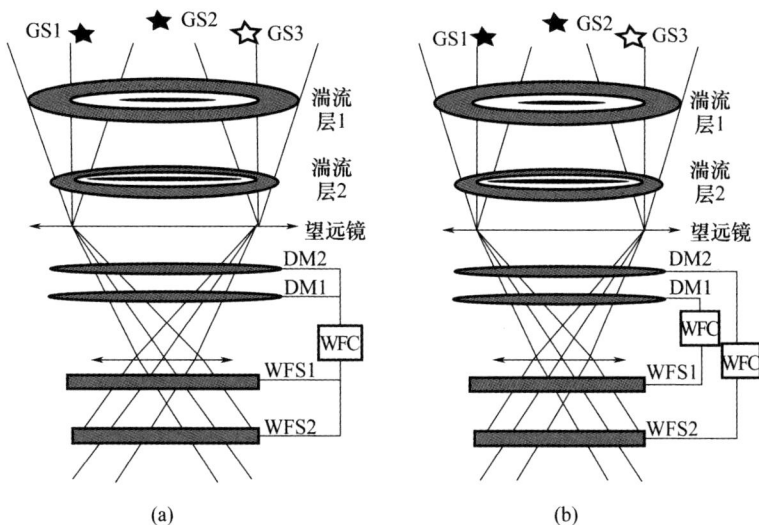

图 7 - 4　分层共轭自适应光学的两种形式
(a)全局型分层共轭自适应光学;(b)局部型分层共轭自适应光学。

Ragazzoni 等最初提出的是局部型分层共轭自适应光学技术,每个共轭高度探测器的波前信息控制一个与之对应的变形镜,环路是独立的。但一个探测器除了主要探测到与之共轭高度的波前扰动信息,也会探测到一部分其他非共轭高度层的大气扰动,为了解决各层之间的耦合问题,于是发展了全局型分层共轭自适应光学技术。

Dolores Bello 等通过研究对星向法和分层法进行了比较。分层法的优点是利用了来自所有导星的光能量,使波前传感器上的光子密度得到优化。星向与分层两种方法的优越性与系统中的导星数量有关,通过理论计算与系统性能分析表明,在星向法中,当导星数增加时,探测器的噪声会增加,信噪比降低,系统的功能下降。在多导星的系统,使用分层法比星向法所需的测量次数少,因而测量相对简单。而在导星数量少时,星向法占优。

7.7　地表层自适应光学

大气折射率结构常数是描述湍流强弱的一个参数,国内外对 C_n^2 进行了大量的测量和研究,在实验观察的基础上,提出了种种 C_n^2 的理论模型。图 7 - 5 给出了 $C_n^2(h)$ 随高度的变化,表明地球大气层湍流靠近地面的地表层部分最强。地面附近几千米内边界层的湍流对波前扰动的影响超过了整层大气的 1/2 以上。从不同天文站址的观察经验中发现,典型地有 1/2 ~ 2/3 的大气畸变是近地面层的湍流产生的。

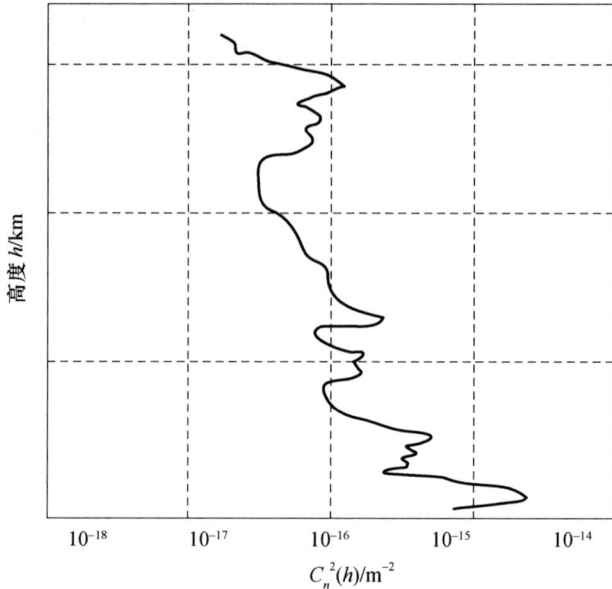

图 7 - 5　$C_n^2(h)$ 随高度的变化

　　如果只校正地表层的大气湍流,虽然不能达到衍射极限的效果,也会对成像带来极大改善。另外,地表层的湍流对宽视场内各点的贡献是相同的,只校正地表层大气湍流,可以得到较大的视场范围(可达到几角分的视场)的成像改善,解决了传统自适应光学中校正视场太小的问题。

　　在地表层自适应光学(GLAO)中,只要探测到地表层的湍流带来的波前扰动即可[17]。对于使用多个激光导星的系统,不同视线方向的导星通过高层大气湍流的不同位置,只有地表层内经过的位置彼此重叠,直至望远镜光瞳上完全重合。高层大气湍流在不同位置上彼此独立,多个不同方向的导星探测到的高层湍流波前扰动均值趋近于0。因此,对各个方向的导星探测到的波前信息进行平均,高层大气的波前畸变被"平均"掉,可以得到靠近望远镜入瞳附近的地表层湍流贡献的波前畸变。

7.8　多导星技术应用

　　2002 年,欧洲南方天文台研制了多层共轭自适应光学验证系统(Multi - conjugate Adaptive optics Demonstrator, MAD),系统设计使用亮度高于14 等星的自然星作为导引星,采用两个变形镜分别对地表层和 8.5km 处湍流层进行校正。2005 年实现了实验室闭环。MAD 上可以安装两种波前传感器:夏克 - 哈特曼波前传感器和四棱锥传感器,分别用于研究和验证星向法和分层法两种波前探测和校正方法。系统安装在 8.2m 口径的 VLT – Melipal(UT3)上,2007 年初完成了与望远镜对接,开展对空观测试验。

坐落于智利 Cerro Pachon 的双子座南半球天文台,配备了世界上第一套多个激光导星的 MCAO 系统。2011 年 11 月 6 日,双子座天文台的多层共轭自适应光学 GeMS 完成了它的第一次天空观测,其多层共轭自适应光学系统使用了 5 个激光钠导星,在 H 波段 87″ 的视场中获得了 0.08″ 的成像 FWHM。

由于可校正视场太小,存在圆锥效应等问题,单导星自适应光学在大型天文光学望远镜上几乎不再使用。目前在建的大型光学望远镜均按多导星分层共轭自适应光学进行规划和设计。

参考文献

[1] Beckers J M. Increasing the size of the isoplanatic patch with Multiconjugate Adaptive Optics, in: Very Large Telescopes and their Instrumentation[J]. ESO Conference and Workshop Proceedings, Garching, Germany, 1988: 693 – 703.

[2] Beckers J M. Detailed compensation of atmospheric seeing using multicon jugatead aptive optics[J]. Proc. SPIE, 1989, 1114: 215 – 217.

[3] Johnston D C, Welsh B. M. Estimating contributions of turbulent layers to total wavefront phase aberration [J]. Proceedings of SPIE, 1992, 1688: 510 – 521.

[4] Ellerbroek B. First order performance evaluation of adaptive optics system for atmospheric turbulence compensation in extended field – of – view astronomical telescope[J]. J. Opt. Soc. Am. A, 1994, 11(2):783 – 805.

[5] 周仁忠,阎吉祥. 自适应光学理论[M]. 北京:北京理工大学出版社,1996.

[6] 周仁忠,阎吉祥,俞信,等. 自适应光学[M]. 北京:国防工业出版社,1996.

[7] 荣健,丁学科,白宏,等. 单双层共轭系统的共轭高度对等晕角的影响[J]. 强激光与粒子束,2007,19(9):1429 – 1433.

[8] Tallon M, Foy R. Adaptive telescope with laser probe – Isoplanatism and cone effect[J]. Astronomy and Astrophysics, 1990, 235: 549 – 557.

[9] Ragazzoni R, Marchetti E, and Rigaut F. Modal tomography for adaptive optics[J]. Astronomy and Astrophysics, 1999, 342: 153 – 156.

[10] Ragazzoni R, Farinato J, Marchetti E. Adaptive optics for 100m – class telescopes: new challenges require new solutions[J]. Proc. SPIE, 2000, 4007: 1076 – 1087.

[11] Ragazzoni R. Adaptive optics for giant telescopes: NGS vs. LGS[J]. Proceedings of the Backaskog workshop on extremely large telescopes, 2000: 175.

[12] Tokovinin A, Louarn M L, Sarazin M. Isoplanatism in a multiconjugate adaptive optics system[J]. J. Opt. Soc. Am. A, 2000, 17(10):1819 – 1827.

[13] Louarn M L, Hubin N,et al. New challenges for adaptive optics: extremely large telescopes[J]. MNRAS, 2000, 317(3): 535 – 544.

[14] Knutsson P A, Owner – Petersen M. Emulation of dual – conjugate adaptive optics on an 8 – m class telescope

[J]. Optics Express,2003, 11(18):2231－2237.

[15] Marchetti E, Brast R, Delabre B, et al. MAD star－oriented:laboratory results for ground layer multi－conjugate adaptive optics. Advances in Adaptive Optics II[J]. Proc. of SPIE, 2006, 6272:1－12.

[16] Goncharov A V, Dainty J C, Esposito S,et al. Laboratory MCAO test－bed for developing wavefront sensing concepts[J]. Optics Express, 2005, 13(14): 5580－5590.

[17] Clare Richard M, Miska Le Louam, Clementine Bechet. Laser guide star wavefront sensing for ground－layer adaptive optive optics on extremely largy telescopes[J]. Applied Optics, 2011, 50(4):473－483.

第8章

导星激光器技术

导星激光器是产生人造导星的前提。当前,适合用于产生人造导星的激光器主要包括两种:瑞利导星激光器和钠导星激光器。

早期科学家们采用的是瑞利导星激光器。通常采用高重频、短脉冲的532nm绿光激光器,利用 $10 \sim 20$ km 高度平流层大气分子对该激光瑞利散射产生的后向回光导星,称为瑞利导星。其优势在于瑞利导星激光器技术较成熟、结构相对简单、实现难度较小。但由于瑞利导星高度较低(通常在20km以下),聚焦非等晕性误差偏大,无法补偿校正高层大气层波前畸变,后来逐渐被人们舍弃。

20世纪80年代末期至90年代初期,科学家们发明了钠导星激光器。在地面上发射一台谱线与钠原子 D_{2a} 线精确匹配的589nm黄光激光器,通过它与90km高度大气层钠原子后向共振散射产生的回光,称为钠导星。钠导星激光器的优势在于产生的导星高度较高,聚焦非等晕性误差偏小,能补偿校正大气层绝大多数波前畸变。但由于钠导星激光器在产生方式、谱线结构、工作体制等方面较为特殊,其技术成熟度远不及瑞利导星激光器,因此钠导星激光器既是当前国内外研究机构研究的热点,也是全固态激光器领域一项技术难点。

8.1 瑞利导星激光器

瑞利导星激光器通常采用高重频(数百赫至数千赫)、短脉冲(纳米级)全固态倍频532nm绿光激光器,通过二极管泵浦的 Nd 离子激光器产生1064nm近红外激光,然后再利用非线性晶体将之倍频转换为532nm激光。根据倍频方式的不同,常用作瑞利导星激光器的绿光激光器可分为腔内倍频绿光激光器和腔外倍频绿光激光器。

8.1.1 腔内倍频绿光激光器

传统的倍频技术主要分为腔内倍频与腔外倍频两种方式。腔内倍频是指将倍频晶体放置在基频光的激光谐振腔内,实现倍频转换。其基本结构如图 8 - 1 所示。M_1、M_2 构成激光谐振腔的两个腔镜,并在腔内插入对基频光高透、倍频

光高反的双色镜 M_3，以保证基频光在腔内谐振的同时获得的倍频光通过输出镜 M_2 输出。

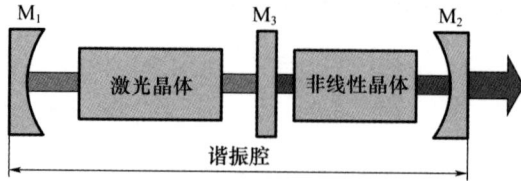

图 8-1　腔内倍频绿光激光器示意图

采用腔内倍频方式能使基频光多次经过倍频晶体，增加倍频次数，并且能有效利用腔内较高的基频光功率密度，从而获得较高的转换效率和较低的泵浦光的阈值，另外也易于实现激光器的小型化和全固化。

1983 年，Y. S. Liu 等[1]利用 KTP 晶体腔内调 Q 的方法，获得了重复频率为 5kHz、平均功率为 5.6W 的 532nm 绿光输出。

1987 年，姚建铨采用同种倍频晶体，获得了当时国际最高平均功率 34W 的绿光输出[2]。

1996 年，法国的 Garrec 等采用 30 个连续二极管激光器侧面泵浦单棒，在 Z 型腔中用 KTP 晶体内腔倍频，双端输出得到重复功率 27kHz、输出功率 106W 的绿光[3]。

1998 年，日本的 Susumu Konno 等[4]报道了一种用 0.5mm 厚的玻璃波导耦合二极管泵浦光，用高反射陶瓷材料作为漫反射壁的聚光腔结构，这种聚光腔具有光—光转换效率较高、泵浦均匀的特点。之后他们对这种聚光腔又进行了进一步的改进，采用双棒三镜折叠腔，在二极管泵浦功率为 369W、重复频率 20kHz 的条件下，实现了 68W 的倍频绿光输出，光—光转换效率达 18.4%，电光转换效率为 7.1%。

1998 年，美国 Livermore 实验室[5]采用双声光开关调制的 Z 型谐振腔，利用自行研制的 CPC（复合抛物线聚光腔）激光模块，采用 KTP 作为倍频晶体腔内倍频，双端输出高达 315W 的绿光输出。

1998 年，Eric C. Honea 等[6]采用端面泵浦、双调 Q 以及 V 型腔内腔倍频技术，实现 140W 绿光输出，是目前端面泵浦获得的绿光最高功率。

同年，美国 LLNL 的 J. C. Jim 等[7]报道，他们采用自行研制的 CPC（Compound Parabolic Concentrators）聚光腔，当二极管侧面泵浦功率为 1180W 时，实现了 451W 的连续基频激光输出；采用 L 型谐振腔，LBO 晶体腔内倍频，实现了 182W 的 13kHz 绿光输出。

1999 年，日本的 Tesuo Kojima 等[8]将谐振腔改为四镜 Z 型折叠腔，并分析了谐振腔内非线性晶体 KTP 的热效应对输出绿光功率稳定性的影响，获得了功率稳定的 27W（$M^2 = 8$），以及功率为 12W（$M^2 = 1.2$）TEM$_{00}$ 模连续绿光输出，对应的光—光转换效率分别为 8.2% 和 4.8%。

2000 年，日本三菱电子研究所 Susumu Konno 等[9]采用双棒 L 型腔，当泵浦功率为 800W、重复频率 10kHz 时，用 LBO 晶体腔内倍频单端输出 138W 的绿光，光束质量因子 $M^2 = 11$。

2001 年，N. Pavel 等[10]端面泵浦用饱和吸收体被动调 Q，LBO 腔内倍频，产生 226mJ 的绿光输出，脉冲宽度为 86ns，脉冲重复频率为 4.2kHz。

2004 年，韩国的 Jonghoon Yi[11]采用 Z 型腔在 398W 泵浦功率下输出 101W 的绿光，光—光转换效率为 25.4%，其转换效率是目前最高的。

2009 年，相干公司的 David 等[12]采用双棒串接，LBO 腔内倍频的结构获得了 420W 绿光输出，脉宽 70ns，重频 10kHz，M^2 约为 24。这是腔内倍频 532nm 绿光激光器的最高平均功率。

近年来，国内全固态高功率绿光激光器的研究也取得了突飞猛进的发展，中国电子科技集团第十一研究所、中国科学院物理研究所、中国工程物理研究院应用电子学研究所、西北工业大学、天津大学等单位的腔内倍频绿光激光器均达到了百瓦级。中国电子科技集团第十一研究所的姜东升等[13]采用国产半导体激光器组件，利用 Z 型腔，实现了平均功率 120W 的绿光输出；中国科学院物理研究所许祖彦课题组[14]利用 LBO 晶体，采用两个泵浦模块中间加 90°石英旋光片的方式，利用双声光调 Q 器件获得 140W 绿光输出；中国工程物理研究院姚震宇等[15]实现了 162W 调 Q 绿光输出，重复频率 10kHz，脉宽 80ns。西北工业大学白晋涛等[16]采用双棒串接、声光调 Q 的方式，实现绿光输出 185W。天津大学采用美国 CEO 公司泵浦组件，平凹腔结构，用高温 KTP 晶体倍频，实现了 110W 的高稳定绿光输出[17]。

8.1.2　腔外倍频绿光激光器

腔外倍频顾名思义是指在谐振腔外，用非线性晶体实现倍频光输出（图 8-2）。它的优点是能够分别对基频光的谐振腔和附加倍频腔进行最优化设计，实现最佳的光—光转换效率，并且易于控制光束质量，得到较理想的倍频光。尤其在能获得高功率、高光束质量的 MOPA 结构中，腔外单通倍频是其最佳的方案。此外，它也能有效避免内腔倍频造成的"绿光噪声"。

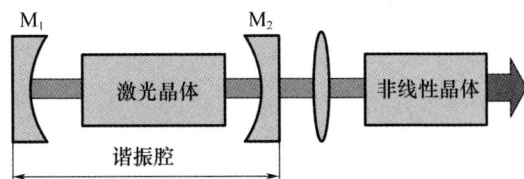

图 8-2　腔外倍频绿光激光器示意图

1988 年,W. J. Kozlovsky 等[18]用单块 Mg：LiNbO3 晶体腔外单通倍频获得了 30mW 的单频绿光输出。

1997 年,日本原子能研究所 Masaki Oba 等[19]采用 MOPA 结构,利用三块板条双通放大加 KTP 腔外倍频,获得 100Hz、350mJ 绿光输出。

1998 年,日本先进光子研究中心 Kazuyoku 等[20]采用预放单通,主放双板条双通结构,LBO 作为倍频晶体,得到了 170Hz、单脉冲能量 620mJ 的绿光输出。

2000 年,Sébastian Favre 等[21]报道了长脉冲体制下的腔外单通倍频,获得了脉宽 200μs、平均功率 145W、最高倍频转换效率 17.4% 的倍频绿光输出。

2002 年,冯衍等[22]采用长度为 20mm 的 KTP 晶体,在重复频率 15kHz 时获得 20W 绿光输出,光束质量约为 4。

2004 年,崔建丰等[23]对大模体积高光束质量的 LD 泵浦 Nd:YAG 声光调 Q 基频光进行 LBO 晶体腔外单通倍频,获得 M^2 为 5.5 的大于 20W 准连续绿光输出。

2005 年,日本三菱公司先进技术研发中心的 Kojima 等[24]采用 LBO 腔外倍频获得 415W 的绿光输出,重频为 8kHz,创造了当时最高绿光输出功率的记录。

2008 年,郑州大学的李继武等[25]采用脉冲氙灯作为泵浦源,腔外倍频,实现了重复频率为 1～10Hz 的 532nm 调 Q 脉冲输出,脉宽 10ns,单脉冲能量 100mJ 以上。

2009 年,北京军用固体激光技术国防科技重点实验室的秘国江等[26]采用氙灯泵浦,一级双程预放大和两极单程主放结构,利用 BBO 晶体腔外倍频,在重频 20Hz 时,获得 240mJ 的绿光输出。

2011 年,北方激光科技集团有限公司李欣荣等[27]研制了在大能量窄脉宽情况下实现高平均功率输出的绿光激光系统。利用激光二极管抽运 Nd:YAG晶体,采用 RTP 晶体电光调 Q 和主振荡功率放大的功率分摊技术,实现大能量窄脉宽高重复频率 532nm 绿光激光输出。脉冲平均能量 127mJ、工作频率 100Hz、脉冲宽度 7.2ns、光束质量 20mm·mrad、532nm 插头效率 2.1%。

中国工程物理研究院应用电子学研究所 2004 年研制了平均功率达 100W 的电光调 Q 主振荡功率放大器 Nd:YAG 板条绿光激光器[28],单脉冲能量 245mJ,重复频率 400Hz,并于 2005 年将输出功率进一步提高到 160W[29],单脉冲能量大于 405mJ,倍频效率约为 40%,绿光光束质量 $\beta = 4.56$。2013 年,采用高重频、高储能板条增益模块功率定标放大与腔外倍频技术,获得了平均功率 528W、重复频率 1000Hz 的倍频光[30],倍频效率达到了 56%,其单束输出激光平均功率突破国际最高水平。

8.2 钠导星激光器

钠导星最常用的波长是钠原子的 D_2 谱线,因为它具有最大的散射截面。根据钠原子的超精细结构,D_2 线分离为间隔 1.772GHz 的 D_{2a} 线(589.159nm)和 D_{2b} 线(589.157nm)。当大气层温度在 190K 附近时,D_{2a} 线和 D_{2b} 线多普勒展宽宽度均约为 1GHz,整个 D_2 线展宽宽度约为 3GHz,呈现为"双驼峰"式结构[31],并且 D_{2a} 线的"驼峰"比 D_{2b} 线"驼峰"的吸收截面高出近 1 倍。因此,钠导星激光器的中心波长对准 D_{2a} 线(589.159nm)时效果最佳,且线宽应小于 3GHz。另外,钠原子的吸收是非线性的[32],会产生饱和效应,峰值功率密度不可太高,因此在时间特性上不适宜采用低占空比、高能量的脉冲激光器。

正由于钠原子具有上述物理特性,因此钠导星激光器要求具有严格、特殊的光谱特性和时间特性[32-35],其研制难度比瑞利导星激光器高得多。因而早期的激光人造导星以瑞利导星为主,但由于瑞利导星存在一些固有的缺点,所以随着激光技术的发展,钠导星已逐渐占据主导地位。按产生方式的不同,钠导星激光器可以分为染料激光器、全固体激光器和光纤激光器。

8.2.1 染料钠导星激光器

染料激光器由于可以直接受激辐射产生 589nm 激光,在钠导星激光器早期研究领域受到科学家们的青睐。

1993 年,美国劳伦斯·利弗莫尔国家实验室(LLNL)研制出平均功率达 1.1kW 的染料钠导星激光器[36-38],重频为 26kHz,脉宽约 32ns,中心波长漂移小于 ±50MHz,线宽约 2.7GHz,图 8-3 为其原理示意图。

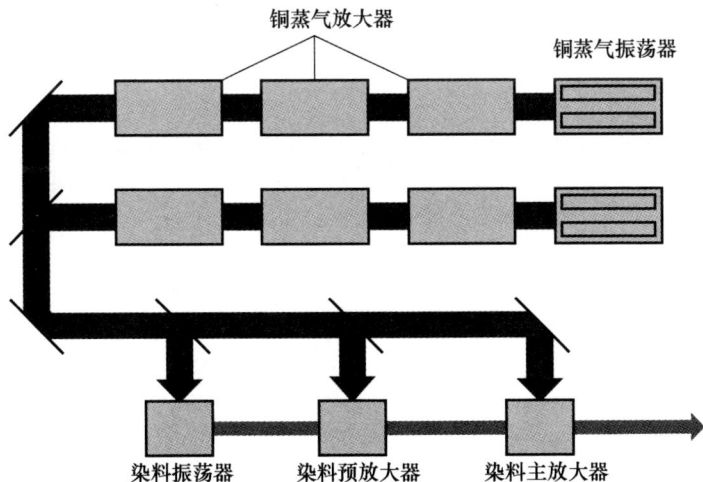

图 8-3 LLNL 染料钠导星激光器原理示意图

图 8 - 3 中,泵浦源采用波长为 510nm 铜蒸气激光器,染料激光器采用链路式功率定标放大(MOPA)结构,整个激光器耗能约 200kW,激光头(不含电源、制冷机)占地面积约 15m²。由于该激光器在钠层的峰值功率密度远超过了钠原子的饱和光强,因此实际应用中并不需要如此高的平均功率。LLNL 基于上述激光器原理为凯克天文台和立克(Lick)天文台完成了 20W 级和 100W 级紧凑型染料导星激光器的研制[39,40]。

1996 年,德国的马克思·普朗克研究所为 Calar Alto 天文台成功开发出 ALFA 染料激光器[41-43]。它采用 30W 的 514nm 的 Ar 离子激光器作为泵浦源,染料介质为若丹明 6G,溶剂为乙烯乙二醇,谐振腔采用环形腔结构,并用标准具压窄激光线宽,最高获得了 4.5W 的近衍射极限连续单频钠导星激光。同时为了实现输出激光谱线与钠 D_{2a} 的精确对准,还采用主动稳频及谱线闭环控制措施。

2004 年,马克思·普朗克研究所的研究人员与欧洲南方天文台合作,对 ALFA 钠导星激光器进行了升级改进[44-48],用结构紧凑的全固态 532nm 激光器取代 Ar 离子激光器,研制成功效率更高、结构更紧凑的 Parsec 染料钠导星激光器。该激光器从设计—发展—集成共耗费 3 年时间,它采用 5 个 10W 的 532nm 商用全固态激光器作为泵浦源,最高输出 20W 的连续单频钠导星激光,光束质量 $M^2 < 1.15$,线宽小于 10MHz。由于 532nm 更靠近若丹明 6G 的吸收峰,可以获得更高的转换效率,因此 Parsec 激光器的光—光转换效率高达 40%,是 ALFA 激光器的(光—光效率仅约为 15%)2 倍多。图 8 - 4 所示为 Parsec 染料钠导星激光器原理示意图。

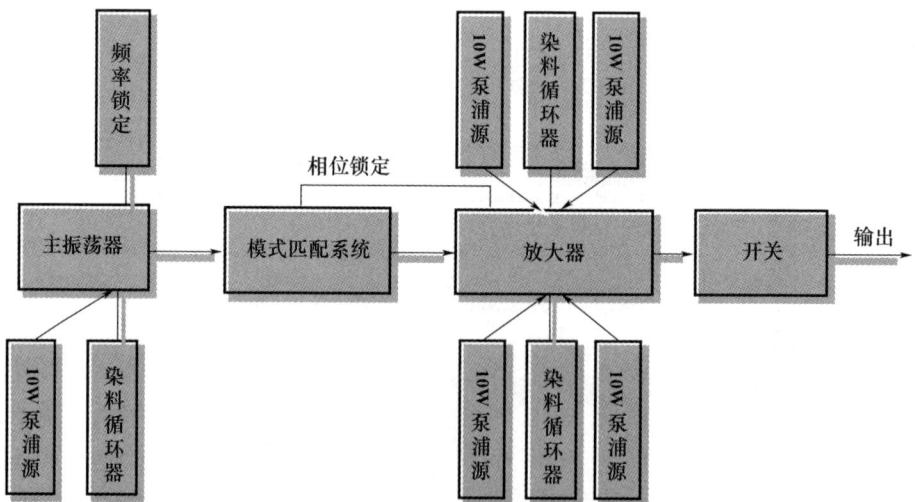

图 8 - 4　Parsec 染料钠导量激光器原理示意图

Parsec 激光器包括一个主激光器和一个环形谐振腔放大器。主激光器决定频率,环形谐振腔起功率放大作用。用 5 个 532nm、10W 连续固体激光器泵浦 Parsec 激光器。主激光器包括一个改进的连续 899 环形染料激光器,由一台 532nm 激光器泵浦。放大器包括一个环形腔和两个染料喷射口,每个喷射口有一对 532nm 的激光器泵浦。

图 8 − 5 所示为集成化的 Parsec 激光器照片,左边为主振荡器,右边为环形从谐振腔放大器。整个激光器占地面积约为 2.2m^2,已经达到了可与全固态激光器相比拟的尺寸。

图 8 − 5 Parsec 染料激光器装置照片

然而,由于染料激光器安全性差、易退化变质、循环冷却复杂、长期工作不稳定等固有缺陷限制,近年来,其在钠导星激光器领域的应用逐渐被全固态激光器和光纤激光器取代。

8.2.2 全固体钠导星激光器

目前,在全固态激光器增益介质中,尚未找到可以直接发射 589nm 或者 1178nm 的材料,因此只有将固体激光器与等非线性频率变换技术(和频、受激拉曼散射或光参量放大器)相结合才能产生钠导星激光。

1. 和频激光器

固体和频钠导星激光器在 20 世纪 90 年代初期由麻省理工学院林肯实验室 Thomas H. J. 等[49]发明,在美国空军和陆军的联合支持下,他们以闪光灯作为泵浦源,分别研制完成 0.5J、10Hz 和 24mJ、840Hz 的两台钠导星激光器,线宽为 1.5~3GHz。进入 20 世纪 90 年代中后期以后,随着高效紧凑的二极管泵浦源技术的快速发展,二极管泵浦的全固态和频激光器逐渐占据主导地位,目前已发展成为技术成熟度最高的钠导星激光器,广泛应用于世界上最先进的天文台中。

和频激光器按产生方式又可分为腔内和频与腔外和频,腔内和频方式可节省激光器体积,而且比较容易实现连续体制工作,我国的长春光学精密机械与物理研究所[50]、中国科学院理化技术研究所[51,52]、中国电子科技集团公司第十一研究所[53]等单位在该方面也进行了研究。但兼顾功率、光束质量、线宽等指标,腔外和频方式更适用于产生钠导星激光器。

1998年,芝加哥大学E. Kibblewhite等[54]设计并完成了宏微脉冲体制钠导星激光器装置的研制。宏脉冲由二极管驱动电源设置控制,产生重频400~500Hz、占空比约200μs的脉冲;微脉冲通过锁模技术实现,重频为100MHz,脉宽约为0.5ns。宏微脉冲体制的钠导星激光器主要用于分孔径发射接收系统,同时用锁模技术增加梳状微脉冲,可提高近红外基频光的峰值功率密度,有利于高效率和频产生。

2004年,芝加哥大学和加州理工学院合作,为帕洛慕天文台交付了一台取名为CSFL(Chicago Sum Frequency Laser)的钠导星激光器样机[55-57]。CSFL激光器采用二极管激光器作为泵浦源,泵浦两台Nd:YAG激光器产生1064nm和1319nm基频激光,然后在腔外通过非线性LBO晶体和频产生589nm的黄光。图8-6为CSFL的光路示意图。

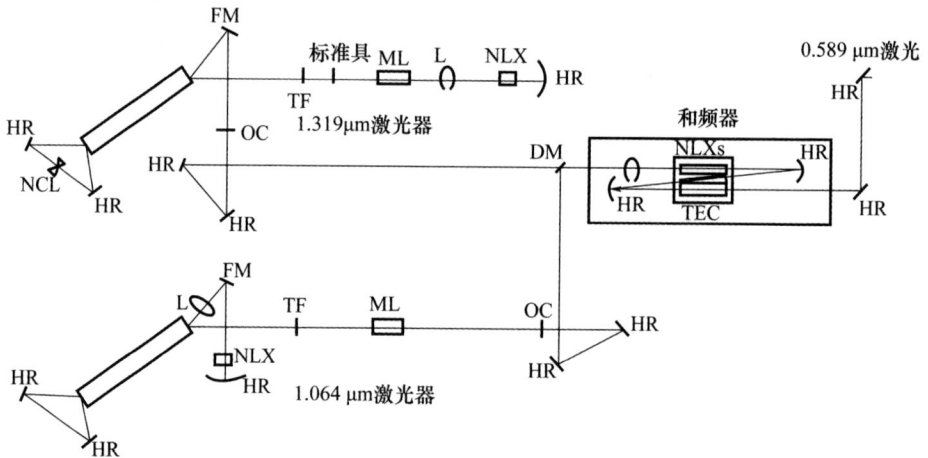

图8-6　宏微脉冲体制CSFL光路示意图

图8-6中1.064μm和1.319μm激光器腔型采用折叠腔结构,并用主动声光锁模器(图中ML)进行脉冲锁模。在谐振腔内插入滤波片(TF)和标准具的作用是调谐输出中心波长及压窄线宽,同时还插入一块倍频晶体(NLX)抑制弛豫振荡尖峰。激光器运转时宏脉冲重频为500Hz、脉宽为180μs,锁模微脉冲重频为100MHz、脉宽为0.7ns。为了提高和频输出功率,和频模块部分采用三块LBO和频晶体(NLXs),当注入14W的1.064μm和8W的1.319μm时,最高和频输出7.5W,线宽约为0.9GHz。图8-7所示为和频589nm钠导星激光脉宽

与线宽测量结果,图8-8为激光器装置照片。

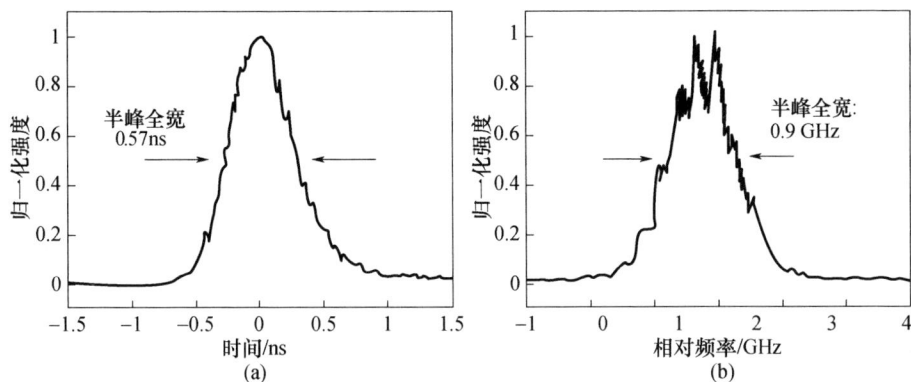

图8-7 和频589nm钠导星激光脉宽(a)及线宽(b)

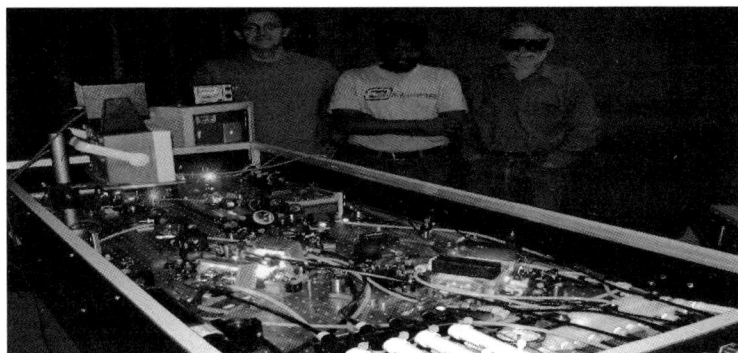

图8-8 宏微脉冲体制CFSL激光器装置照片

美国空军研究实验室(AFRL)早在20世纪80年代就开始资助麻省理工学院林肯实验室研制钠导星激光[49]。2001年,他们开始组建独立的研究团队,并且另辟蹊径,将精密的电学反馈控制技术应用于激光器中,实现高功率单频激光注入锁定放大及高效率外谐振腔和频。2002年,美国空军研究实验室成功获取20W连续单频钠导星激光[58],线宽小于10kHz。2004年,他们又将连续单频钠导星激光的功率提升至50W[59-61]。图8-9为其原理示意图。

图8-9中,采用Pound - Drever - Hall(PDH)边带锁频技术[62]分别将1064nm与1319nm连续单频种子光注入一个外部环形谐振腔实现注入锁定放大,功率由100mW级放大至50W以上,每个环形谐振腔采用一套电学反馈控制系统。然后,将放大后的1064nm与1319nm激光同时注入一个和频腔,使两束基频激光在和频腔内产生共振增强,提高和频转换效率,和频腔内需采用两套电学反馈控制系统。最后,以钠池或者波长计探测信号为参考,再采用一套电学反

馈控制系统将输出激光谱线精确锁定至钠 D_{2a} 线峰值（589.15902nm）。整台激光器累计共采用了 5 套电学反馈控制系统，将光—机—电结合技术发挥至极点。

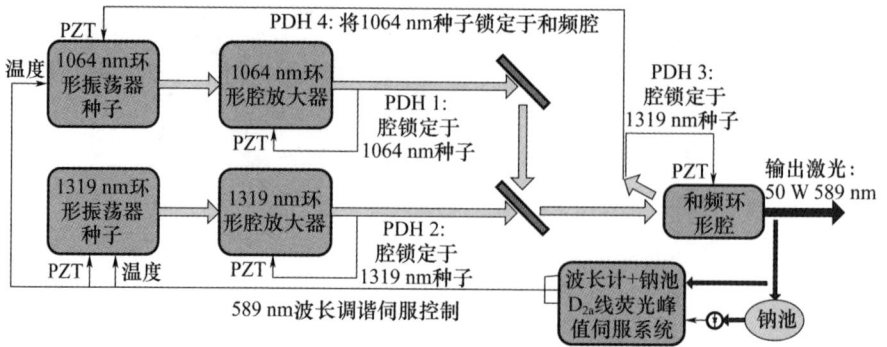

图 8-9　AFRL 钠导星激光器原理示意图

当注入和频腔的 1064nm 功率为 56W，1319nm 功率为 44W 时，和频光功率最高达 59.8W，和频效率接近 60%。经分光测试、传输整形产生一定损耗，最终由样机输出 51.5W，光束质量 $M^2 < 1.1$，线宽小于 10kHz。该激光器结构紧凑，激光头部分体积为 $0.6m \times 1.8m \times 0.25m$，目前正应用于"星火光学靶场"3.5m 望远镜的自适应光学系统，如图 8-10 所示。

图 8-10　钠导星激光器在"星火光学靶场"中的应用

国际上著名的洛克希德·马丁相干技术公司(LMCT)近几年在商用钠导星激光器开发领域发展迅猛,先后为北半球双子座天文台、凯克天文台(用于替代原染料钠导星激光器)和南半球双子座天文台研制出高功率连续锁模体制钠导星激光[63-66]。图8-11为LMCT连续锁模激光器光路示意图。

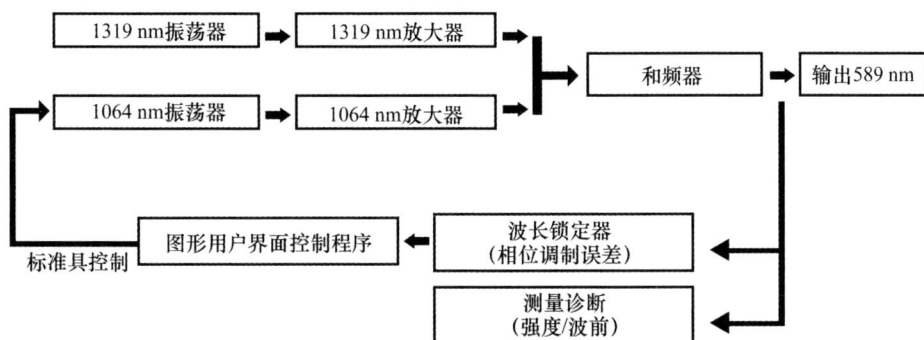

图8-11 LMCT连续锁模激光器光路示意图

如图8-11所示,1064nm与1319nm基频激光均采用功率定标放大(MOPA)方式,振荡级为折叠腔连续锁模激光器,并插入标准具进行谱线控制,输出100MHz超高重频的窄线宽激光。放大器为相干技术公司专利产品——自成像波导放大器,对1064nm与1319nm连续锁模激光高效率放大至大约100W。和频晶体为50mm长的LBO晶体,通过精确的时间同步与空间同步控制,单通和频输出589nm钠导星激光。同时,波长计探测输出激光的中心波长,提供一个反馈信号驱动1064nm振荡级标准具上的压电陶瓷(PZT),实现输出谱线的闭环控制。

LMCT最早完成研制的是应用于北半球双子座天文台上的钠导星激光器,在2004年完成产品交付[63],输出平均功率约12W。紧接着,LMCT又接到来自Keck天文台和南半球双子座天文台的两笔订单,技术指标要求更高,平均功率分别要求达20W、50W。2010年,LMCT完成了此两台激光器的研制[66],表8-1为该两台激光器的主要技术指标。

表8-1 凯克与南半球双子座钠导星激光器主要指标

		凯克天文台	南半球双子座天文台
589nm 功率/W	通常状态	38	58
	最高	47	76
光束质量(M^2)		<1.2	<1.3
功率不稳定性(数小时)		1%(rms)	6%(rms)
和频效率		30%	29%

（续）

	凯克天文台	南半球双子座天文台
线宽/GHz	1.8	2.1
频率漂移/MHz	< ±19	< ±150
重复频率/MHz	77	77
脉宽/ns	约0.3	约0.3
备注	除功率外的所有指标均是在通常状态下测试结果	

目前，LMCT已经为凯克天文台和南半球双子座天文台完成了产品交付、现场集成安装调试，图8－12为交付激光器在夏威夷凯克天文台进行现场测试时的照片。

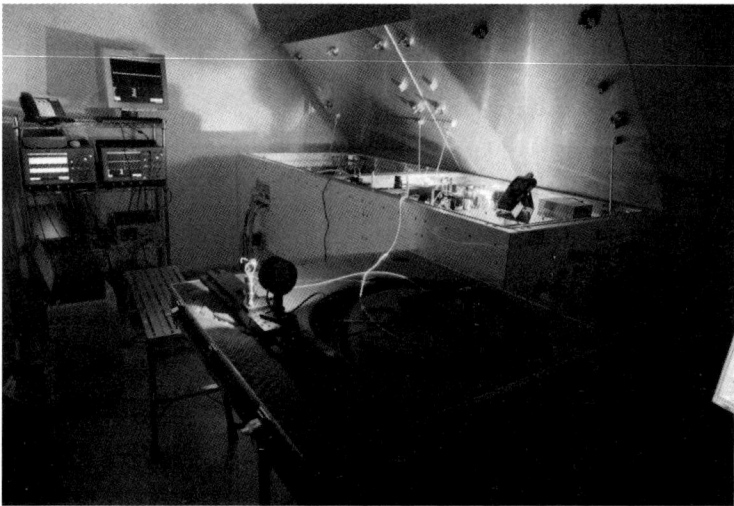

图8－12　LMCT连续锁模激光器在凯克天文台

我国在全固态和频钠导星激光器研究领域虽起步晚于美、德等国家，但近些年来发展迅速，中国工程物理研究院应用电子学研究所和中国科学院理化技术研究所在该领域均取得突破性进展，综合技术能力已达到国际先进水平，部分关键指标甚至国际领先。

中国科学院理化技术研究所2009年通过1064nm与1319nm固体激光器腔外和频实现了0.8W的连续589nm激光输出[67]，线宽小于1.5GHz，光束质量 $M^2 = 1.29$，中心波长对准589.159nm，光路示意图如图8－13所示。

2011年，中国科学院理化技术研究所采用准连续体制1064nm与1319nm激光在非线性晶体LBO中和频，获得了高功率、高光束质量、窄线宽的高重频、微秒脉冲钠导星激光[68]，平均功率为33W，光束质量 $M^2 = 1.25$，线宽小于

0.4GHz,波长可精确调控到钠原子 D_2 谱线,稳定性优于 ±0.3GHz,重复频率为 500Hz,脉冲宽度约为 120μs。图 8 - 14 所示为 589nm 激光线宽与波长稳定性测量结果。

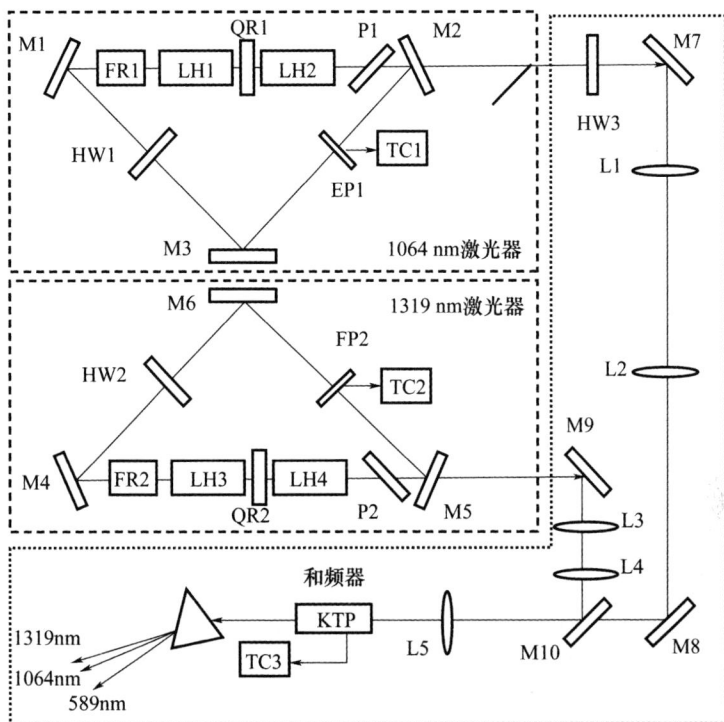

图 8 - 13　0.8W 连续钠导星激光器示意图

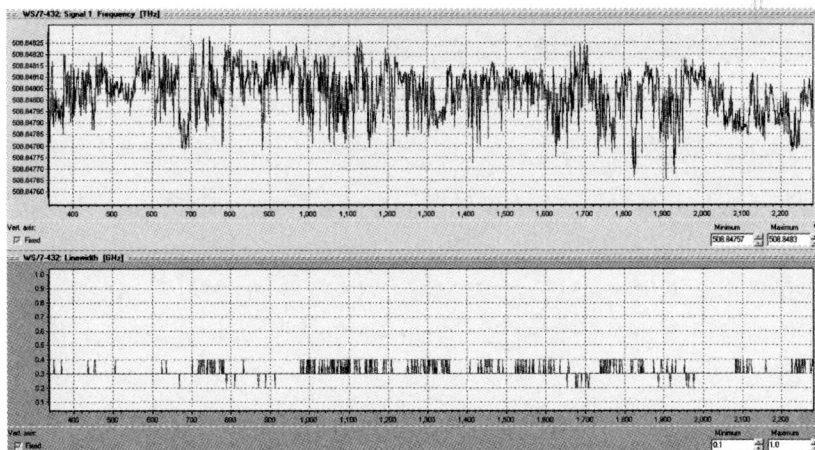

图 8 - 14　589nm 激光线宽与波长稳定性测量结果

中国工程物理研究院应用电子学研究所 2005 年开始开展钠导星激光器关键技术研究,并一直瞄准腔外和频脉冲体制钠导星激光器作为发展方向。2006 年获得 500mW 的和频 589nm 黄光激光,2008 年在国内率先实现平均功率 1.0W、线宽约 1.8GHz、谱线与钠原子 D_{2a} 线对准、重频 400Hz、脉宽约 35ns 的钠导星激光。2010 年,对激光器进行优化改进[69],钠导星激光 3.09W,中心波长为 589.1591nm,线宽约 1.6GHz,重复频率 800Hz。2012 年,采用两台全固态大能量、百微秒长脉冲体制 Nd:YAG 激光器腔外和频,实现钠导星激光单脉冲能量为 340mJ[70],平均功率 17W,重频 50Hz,中心波长为 589.1592nm(偏差 ±0.3pm),线宽约 0.6GHz,光束质量 $M^2 \approx 1.6$,脉宽约 140μs,这是当时国内外单脉冲能量第二高的钠导星激光器(仅次于麻省理工林肯实验室)。2015 年,在上述技术路线基础上,对激光器重频进行了提升,实现平均功率 81W、单脉冲能量 324mJ、重频 250Hz 的钠导星激光器[71],输出激光中心波长锁定 589.159nm、线宽小于 1GHz、脉宽约 145μs、光束质量 M^2 优于 1.3、和频效率约 35.5% (图 8-15)。据国内外公开报道信息判断,这是全固态钠导星激光器最高输出平均功率。

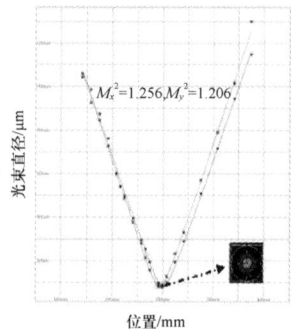

图 8-15 钠导星激光器局部照片及光束质量

2. 拉曼激光器

基于受激拉曼散射(SRS)效应的全固态激光器也是获取钠导星激光器的一条技术途径,其实现方法主要分为两类:一是将 Nd 离子激光器输出的 1064nm 激光拉曼频移至 1178nm,然后再倍频输出 589nm 激光,如图 8-16(a)所示;二是先将 Nd 离子激光器倍频输出 532nm 激光,然后再拉曼频移至 589nm,如图 8-16(b)所示。

从 20 世纪 70 年代末期开始,科学家们就已经通过拉曼固体激光器获得黄光波段的输出[72],并陆续发明了各种拉曼晶体材料及拉曼激光器,我国的山东大学[73-75]、深圳大学[76]、福建物质结构研究所等单位也在该领域取得较好的进展。但是由于受激拉曼散射属于三阶非线性效应,其阈值通常要求极高,自由空间的拉曼固体材料有效作用长度通常又较短,因此拉曼固体激光器通常只能运转于短脉冲体制。随着高性能光纤材料及激光器的快速发展,科学家们发现在光纤这种约束的波导空间内可以获得数十米的拉曼作用长度,从而大大降低拉曼激光器的产生难度,基于光纤材料的拉曼钠导星激光器逐渐占据主导地位。

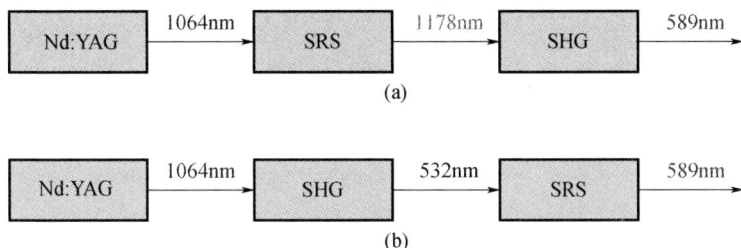

图 8 - 16 两种全固态拉曼钠导星激光器原理示意图
(a)先拉曼后倍频;(b)先倍频后拉曼。

3. 光参量放大器

2009 年,Malte Duering 等[77]报道了一台基于两级光参量放大器(OPA)的全固态钠导星激光器,其原理示意图如图 8 - 17 所示。

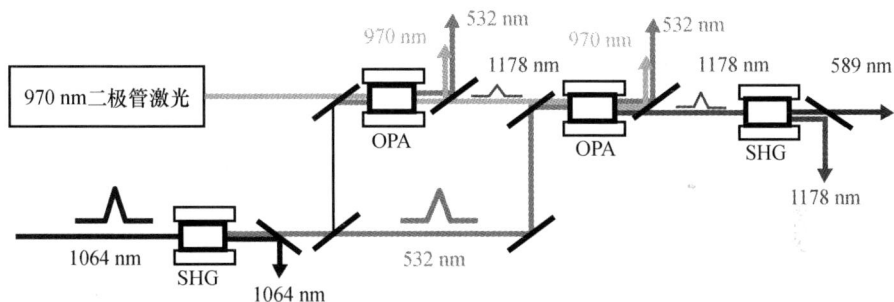

图 8 - 17 基于光参量放大器(OPA)的全固体钠导星激光器

图 8 - 17 中,1064nm 采用 50W 的 Nd:YVO$_4$ 被动锁模激光器,重复频率为1.5MHz,经倍频(SHG)转换获得 40W 的 532nm 绿光,其中 4W 的 532nm 激光与90mW 的 970nm 激光相互作用经第一级 OPA 产生 720 mW 的 1178nm 种子光。剩余 36W 的 532nm 激光再与 1178nm 种子光相互作用经第二级 OPA 输出大约7W 的 1178nm 激光,最后对 1178nm 激光进行倍频,获得 5.5W 的 589nm 激光输出,线宽约 65GHz。在 1064nm 谐振腔内插入标准具,最后将 589nm 激光线宽压窄至 13GHz,此时对应输出功率 3W,光束质量 $M^2 < 1.2$。

尽管该激光器输出线宽较宽,不能称为严格意义上的钠导星激光器,而且输出功率低下。但是研究人员介绍,作为系统基本条件之一的 1064nm 激光器经论证可以放大至1000W以上,为此,他们认为该方案具备发展100W以上钠导星激光器的潜力。

8.2.3 光纤钠导星激光器

按介质属性分类,光纤激光器也属于全固态激光器范畴,但为了与传统自由空间运转传输的全固态激光器进行区别比较,本书单独将其列为一节进行介绍。光纤激光器因为体积小巧、插头效率高、热管理简单,在钠导星激光器研制领域越来越受到国内外研究人员的关注。由于光纤激光器中尚未发现能直接激射589nm或1178nm增益介质材料,因此同样需结合一种或两种非线性频率变换技术才可获得钠导星激光,以下是两类具有典型特色的光纤钠导星激光器。

1. 光纤和频激光器

美国的劳伦斯·利弗莫尔国家实验室是最早开始钠导星激光器研究的机构之一,其在20世纪90年代初期就开发了染料钠导星激光器样机。2003年,他们报道了一种新型的、紧凑小巧的光纤和频钠导星激光器[78],其装置原理示意图如图8-18所示。

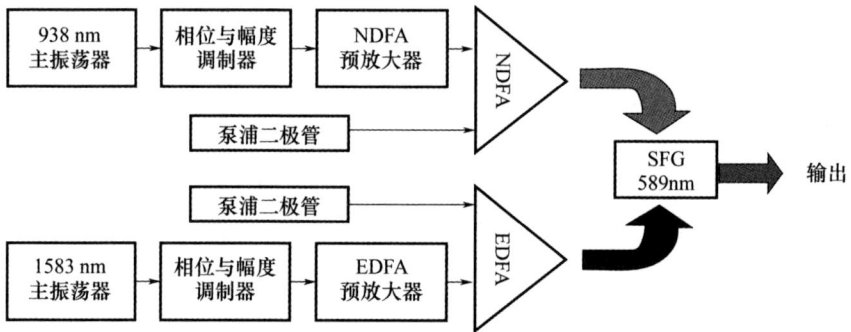

图8-18 光纤和频钠导星激光器示意图

首先用两个连续单频938nm与1583nm激光器作为种子源,然后对其进行相位和幅度调制获得需求的工作体制,再分别通过掺钕光纤放大器(NDFA,两级)与掺铒光纤放大器(EDFA,两级)进行功率定标放大,最后由准相位匹配的周期极化非线性晶体(PPSLT或PPKTP)进行和频,产生589nm钠导星激光。经过四年的持续研究[79,80],2007年,LLNL在PPKTP晶体上实现了2.7W连续体制589nm激光输出,在PPSLT晶体上实现了3.8W准连续体制589nm激光输出,重频为100kHz,脉宽为1μs。目前,该激光器正应用于凯克天文台的Nickel望远镜。

LLNL的研究人员认为,经过对激光器的进一步优化,系统具备获得5~10W的平均功率输出的潜力。然而,该技术途径的和频效率较为低下,连续体制时为

15%,准连续体制时约为20%,要获得平均功率10W以上的激光输出,有必要对和频部分进行大幅度的改进提高。

2. 拉曼光纤倍频激光器

基于和频方式的光纤钠导星激光器由于和频效率较低,未能将其推广至高功率钠导星激光器研制领域。随着拉曼光纤激光器的出现及快速发展,科学家们发现,通过优化设计可以将普通的1070nm波段的光纤激光器高效地拉曼频移至1178nm,然后对1178nm进行直接倍频即可输出589nm激光。2005—2006年,Sharma[81]、Georgier[82]、Taylor[83]等直接向IPG等公司订购连续的1178nm拉曼光纤激光器,然后利用准相位匹配的周期极化非线性晶体开展了此方面的研究。但输出激光平均功率均较低,线宽也不适合钠导星激光器的要求。

2006年,德国欧洲南方天文台的Feng Yan和Luke Taylor等研究人员开始研究如何通过拉曼光纤激光器获得窄线宽、高功率的钠导星激光。2009年,他们与德国Toptica公司、加拿大MPB公司合作,取得了一系列重大进展[84-87],通过单个拉曼光纤放大器倍频最高获得平均功率28W的连续单频钠导星激光,光束质量近衍射极限,线宽小于2MHz,倍频效率高达80%,图8-19为其原理示意图。

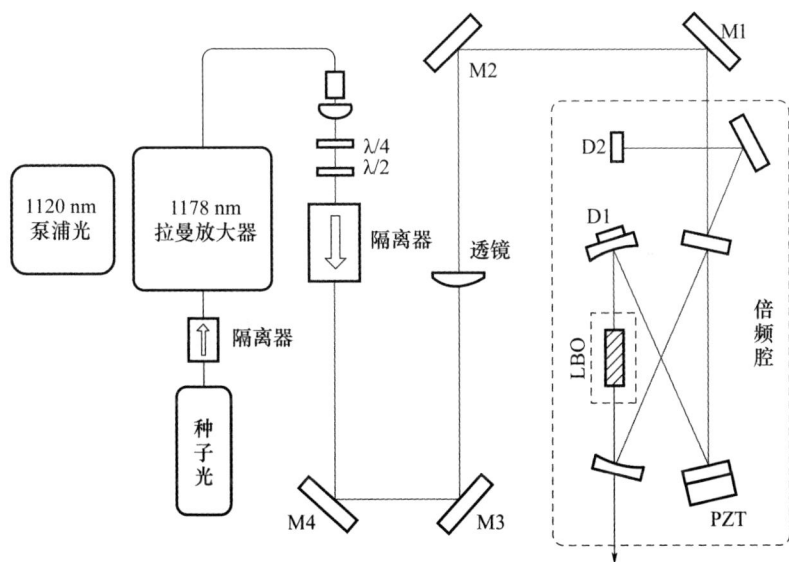

图8-19　基于拉曼光纤放大器倍频的钠导星激光器

与早期的研究相比,Feng Yan和Luke Taylor等做了两个重要的改进:一是拉曼光纤放大器运转于连续单频状态,并采用专利技术解决了同时发生的受激布里渊散射光(SBS)抑制难题[88];二是采用谐振倍频腔取代单通倍频,大幅提高了倍频转换效率。

欧洲南方天文台的研究人员通过单个拉曼光纤放大器倍频获得的 589nm 激光输出约 28W,再未见更高功率的报道,其可能原因是受限于高功率情况下 SBS 非常难以抑制。为此,2010 年,他们用三个 1178nm 拉曼光纤放大器进行相干合成,获得大于 60W 的总合成功率(图 8 - 20),然后进行倍频实现了大于 50W 的连续单频 589nm 钠导星激光输出[89]。

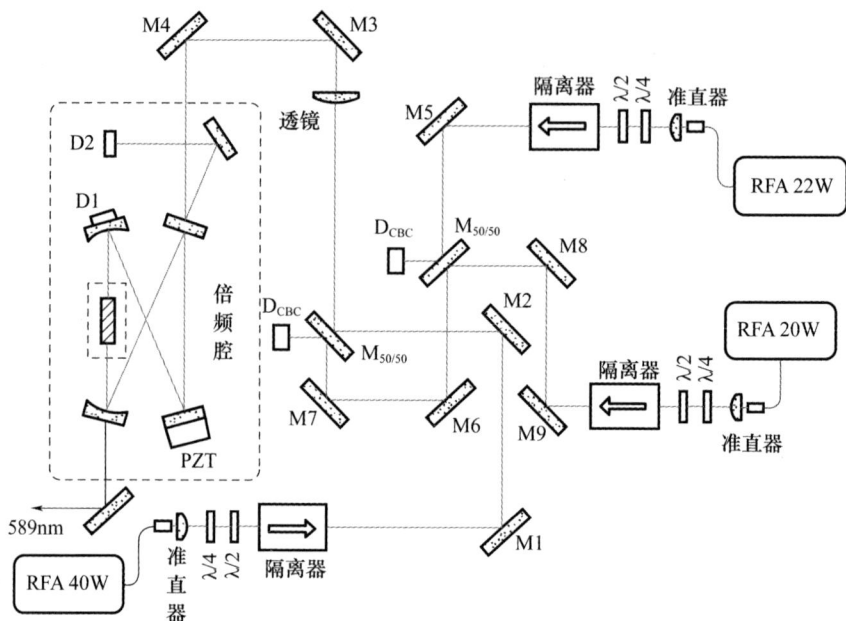

图 8 - 20   基于拉曼光纤放大器相干合成的 50W 钠导星激光器

欧洲南方天文台的研究成果在世界范围内引起了关注[90],目前其专利成果已转移至德国 Toptica 公司。2010 年 6 月,该公司成功签下一笔价值 650 万美元的订单。另外,美国空军研究实验室在原有全固态和频钠导星激光器基础上,也正筹划发展拉曼光纤放大器倍频技术[64]。

上海光学精密机械研究所也开展了该方面技术研究。2014 年,利用光纤放大和拉曼频移获得最大功率为 44W 的 1178nm 激光输出,并设计了自由光谱区为 1.71GHz 的八字环形倍频腔,对 1178nm 基频光进行倍频,获得了 24.3W 的 589nm 钠黄光,倍频效率达到了 68.5%[91]。

8.2.4   其他钠导星激光器

近年,随着新概念、新技术、新材料不断涌现,科学家们也在探索研究一些新型钠导星激光器,比较有代表性的是光泵浦二极管倍频激光器和二极管泵浦碱金属蒸气激光器。

2008 年,美国亚利桑那大学[92]采用 808nm 激光泵浦 1178nm 垂直腔面发射半导体激光器(VECSEL),并通过腔内倍频实现了平均功率 5W 的连续 589nm 黄光激光输出(图 8 - 21)。虽然该激光器尚未实现谱线精确控制,不能称为严格意义上的钠导星激光器,但由于光泵浦二极管激光器体积小巧、电光效率高等优势,在未来小型化钠导星激光器领域具有重要应用潜力。

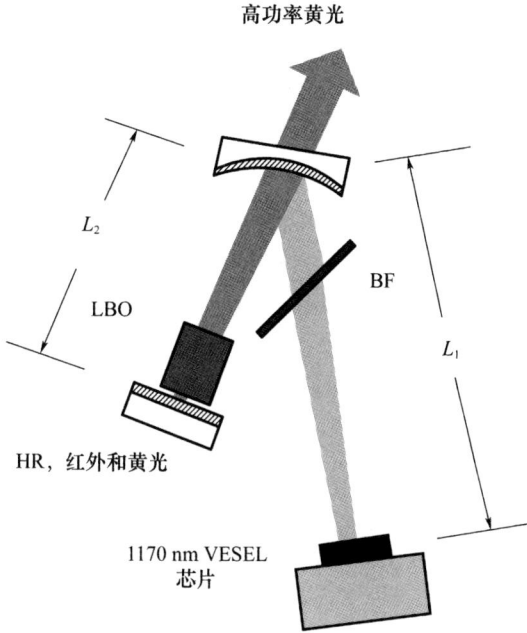

图 8 - 21　光泵浦二极管倍频 589nm 激光器

2008 年,美国空军研究院的 R. Cwynar 等提出了二极管泵浦钠蒸气产生钠导星激光器的新概念[93],光路示意图如图 8 - 22 所示。其原理是利用 589.0nm

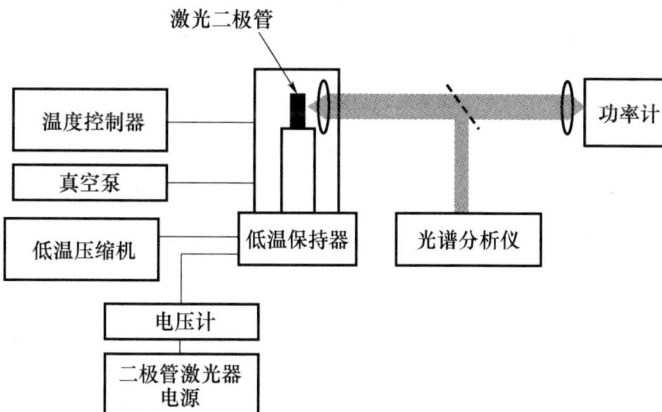

图 8 - 22　二极管泵浦钠蒸气激光器原理示意图

二极管激光泵浦钠蒸气,在一定压力和温度条件下钠蒸气受激辐射产生钠导星激光器,量子效率高达99.9%以上。虽然由于二极管激光波长不能调谐至589.0nm,未能实现钠导星激光输出,但该条技术路线克服了固体钠导星激光器伴随的热效应问题,可能是未来发展高平均功率钠导星激光器的技术途径之一。

综上所述,当前,无论是瑞利导星激光器还是钠导星激光器,基于二极管泵浦固体激光技术和非线性频率变换技术的全固态激光器都凭借结构紧凑、稳定性和可靠性好等优势占据主要地位。

瑞利导星激光器既可采用腔内倍频绿光激光技术路线,也可采用腔外倍频绿光激光的技术路线。其技术成熟度较高,国内外均已实现400~500W平均功率的绿光激光,但由于瑞利导星校正效果的局限性,瑞利导星激光器的应用越来越少。

钠导星激光器是当前天文自适应光学领域科学家们普遍采用的导星激光器,其研究路径较多,包含染料激光器、固体激光器、光纤激光器、光泵二极管激光器、二极管泵浦碱蒸气激光器等。染料激光器由于体积庞大、安全可靠差等劣势已逐渐被淘汰;光纤激光器以及以光泵二极管激光器、二极管泵浦碱蒸气激光器等为代表的其他新型激光器具备效率高、体积小巧等优势,是小型高效钠导星激光器的发展趋势;固体激光器在体积、结构、效率、安全可靠性等方面均无物理限制和突出缺陷,技术发展现状成熟,是当前应用最广泛的钠导星激光器,也是发展高平均功率或高脉冲能量钠导星激光器的最佳路线之一。

参考文献

[1] Liu Y S, Dentz D, Belt R. High – average – power intracavity second – harmonic generation using KTiOPO₄ in an acousto – optically Q – switched Nd:YAG laser oscillator at 5 kHz[C]//Postdeadline Papers, Conference on lasers and Electro – Optics(Optical Society of America, Washington D. C. , 1982.

[2] Yao J Q, Li Y, Xue B, et al. High power intracacity frequency doubled YAG lasr using KTP[C]// ICL'83. ThF1, Beijing, China, Sept, 1983.

[3] Garrec B J L, Raze G J, Thro Y P, et al. High – average – power diode – array – pumped frequency – doubled YAG laser[J]. Opt. Lett. , 1996, 21(24):1990 – 1992.

[4] Konno S, Fujikawa S, Yasui K. Highly efficient 68 – W green beam generation by use of an intracavity frequency – doubled diode side – pumped Q – switched Nd:YAG rod laser[J]. Appl. Opt. , 1998, 37(27): 6401 – 6404.

[5] Chang J J, Dragon E P, Bass I L. 315 W pulsed green generation with a diode – pumped Nd:YAG laser [C]//Conference on Lasers and Electro – Optics, OSA Technical Digests 6, 1998, CPD2 – 2.

[6] Honea E C, Christopher A, Raymond J B, et al. Analysis of an intracavity – doubled diode – pumped Q – switched Nd:YAG laser producing more than 100 W of power at 0. 532 μm[J]. Opt. Lett. , 1998,23(15): 1203 – 1205.

［7］ Jim J C, Emie P D, Ebbers C A, et al. An efficient diode – pumped Nd：YAG laser with 451W of CW IR and 182W of pulsed green output［C］// OSA TOPS on Advanced Solid – State Lasers, 1998,300 – 304.

［8］ Kojima T, Fujikawa S, Yasui K. Stabilization of a high – powerdiode – side – pumped intracavity – frequency – doubled CW Nd：YAG laser by compensating for thermal lensing of a KTP crystal and Nd：YAG rods［J］. IEEE J. Quantum Electron. , 1999, 35(3)：377 – 380.

［9］ Konno S, Kojima T, Fujikawa S, et al. High – brightness 138W green laser based on an intracavity – frequency – doubled diode – side – pumped Q – switched Nd：YAG laser［J］. Opt. Lett. , 2000, 25(2)：105 – 107.

［10］ Pavel N, Saikawa J, andTaira T. Diode end – pumped passively Q – switched Nd：YAG laser intra – cavity frequeney doubled byLBO crystal［J］. Opt. Commun. , 2001, 195(1 – 4)：233 – 240.

［11］ Jonghoon Yi, Hee – Jong Moon, Jongmin Lee. Diode pumped 100W green Nd：YAG rod laser［J］. Appl. Opt. , 2004, 43(18)：3732 – 3737.

［12］ David R D, Oliver Mehl, Gary Y W, et al. Q – switched diode pumped Nd：YAG rod laser with output power of 420W at 532nm and 160W at 355nm［J］. SPIE,2009,7193：0Z – 1 – 0Z – 8.

［13］ 姜东升,赵鸿,王建军,等.120 W 的二极管泵浦 Nd：YAG 绿光激光器［J］. 强激光与粒子束,2005, 17(S0).

［14］ Geng Ai cong, Bo Yong, Bi Yong, et al. High beam quality green generation with output 140W based on thermally near unstable flat – flat resonator［J］. Chin. Phys. Lett, 2005,22(1)：125 – 127.

［15］ 姚震宇,蒋建锋,涂波,等.162W 激光二极管抽运 Nd：YAG 腔内倍频激光器［J］. 中国激光,2005, 32(11).

［16］ 白晋涛.185W LD 侧泵准连续 Nd：YAG/HGTR – KTP 高功率绿光激光器［C］. 中国光学学会学术大会,广州,2006.

［17］ Xu Degang, Yao Jianquan , Zhang Baigang, et al. 110 W high stability green laser using type Ⅱ phase matching KTiOPO4 (KTP) crystal with boundary temperature control［J］. Opt. Commun. , 2005, 245：341 – 347.

［18］ Kozlovsky W J, Nabors C D, Byer R L. High efficiency second harmonic generation of a CW frequency stable laser［J］. Optics, 1988, 12：20 – 21.

［19］ Oba Masaki, Masaaki Kato, Yoichiro Maruyama. LD – pumped high energy,high repetition frequency Nd：YAG green laser［C］. CLEO, 1997：194.

［20］ Kazuyoku Tei,Masaaki Kato, Yoshito Niwa et al. LD – pumped 0. 62J 105W Nd：YAG green laser［J］. SPIE, 1998, 3265：212 – 214.

［21］ Favre Sébastian, Thomas Sidler, Rene – Paul Salathe. High power second harmonic generation with free running Ng：YAG slab laser for micro – machining applications［C］. SPIE, 2000, 4088：195 – 198.

［22］ 冯衍,毕勇,张鸿博,等.20W 腔外倍频全固态 Nd：YAG 绿光激光器［J］. 光学学报, 2003, 23(4)：469 – 471.

［23］ 崔建丰,樊仲维,毕勇,等.LD 抽运 Nd：YAG 腔外倍频准连续 20W 绿光激光器研究［C］. 中国光学学会, 杭州, 2004.

［24］ Kojima T, Furuta K, Kurosawa M, et al. 400 – W Diode – Pumped Solid – State Green laser［C］// CLEO 2005：280 – 281.

［25］ 李继武,李忠洋,钟凯,等.电光调 Q 1064nm/532nm 脉冲激光器［J］. 应用激光,2008,28(3)：230 – 233.

［26］ 秘国江,杨文是,朱相帮,等.高重复频率大能量锁模激光器技术［J］. 中国激光,2009,36(7)：

1822 – 1825.

[27] 李欣荣,孙琦. 大能量窄脉宽高平均功率绿光激光器[J]. 激光与光电子学进展, 2011,48: 11403.

[28] 王卫民,姚震宇,庞毓,等. 百瓦级绿光 DPL 激光器技术研究[J]. 中国激光,2004,31(增刊):5 – 7.

[29] 唐淳,高清松,童立新,等. 160W 激光二极管抽运电光调 Q 主振荡功率放大器绿光激光器[J]. 中国激光, 2005, 32(11): 1455 – 1458.

[30] 童立新. 高重频大能量 532nm 绿光激光器技术[J]. 中物院科技年报,2014,11:207 – 209.

[31] Holzlöhner R, Rochester S M, Bonaccini D, et al. Optimization of cw sodium guide star efficiency[OL]. http://arxiv. org/PS_cache/arxiv/pdf/0908/0908. 1527v2. pdf.

[32] Welsh B M,Gardner C S. Effects of nonlinear resonant absorption on sodium laser guide star[J]. SPIE, 1989, 1114: 203 – 214.

[33] Milonni P W, Telle J M, Hillman P D. Photon return from a mesospheric sodium guidestar versus excitation laser characteristics[C]. CLEO, 1998,6:452.

[34] Telle J M,Milonni P W, Hillman P D. Comparison of pump – laser characteristics for producing a meso-spheric sodium guidestar for adaptive optical systems on large aperture telescopes[J]. SPIE, 1998, 3264: 37 – 42.

[35] Edward Kibblewhite. Calculation of returns from sodium beacons for different types of laser[J]. Proc. of SPIE, 2008, 7015: 7015M – 1 –7015M – 9.

[36] Herbert Friedman, Kenneth Avicola, Horst Bissinger, et al. Laser guide star measurements at Lawrence Livermore National Laboratory[J]. SPIE, 1993, 1920:52 – 60.

[37] Friedman H W. Laser system design for the generation of a sodium – layer laser guide star[J]. Laser Isotope Separation, 1993, 1859: 251 – 262.

[38] Kenneth Avicola,James Brasc, James Morris, et al. Sodium laser guide star system at Lawrence Livermore National Laboratory: system description and experimental results[J]. Adaptive Optics in Astronomy, 1994, 2201:326 – 341.

[39] Max C E, Gavel D T, Olivier S S, et al. Issues in the design and optimization of adaptive optics and guide stars for the Keck Telescopes[J]. Adaptive Optics in Astronomy, 1994, 2201:189 – 200.

[40] Herbert Friedman, Gaylen Erbert, Thomas Kuklo, et al. Sodium Beacon Laser System for the Lick Observa-tory[J]. SPIE, 1995, 2534:150 – 160.

[41] Andreas Quirrenbach, Wolfgang Hackenberg, Hans – Christoph Holstenberg, et al. The Sodium Laser Guide Star System of ALFA[J]. SPIE, 1997, 3126:35 – 43.

[42] Rabien S, Davies R, Hackenberg W, et al. Beam quality and polarization analysis of the ALFA – Laser at Calar Alto and influence on brightness and size of the laser guide star[J]. Part of the SPIE Conference on Adaptive Optics Systems and Technology, 1999, 3782(7):368 – 377.

[43] Butler D J, Davies R I, Fews H, et al. Calar Alto ALFA and the sodium laser guide star in Astronomy[J]. Part of the SPIE Conference on Adaptive Optics Systems and Technology, 1999, 3762(7):184 – 193.

[44] Rabien S, Davies R I, Ott T, et al. PARSEC, the Laser for the VLT[J]. Proceedings of SPIE, 2002, 4494:325 – 335.

[45] Rabien S, Davies R I, Ott T, et al. Design of PARSEC, the VLT laser[J]. Proceedings of SPIE, 2002, 4839:393 – 401.

[46] Richard Davies, Thomas Ott, Jianlang Li, et al. Operational Issues for PARSEC, the VLT Laser[J]. Pro-ceedings of SPIE, 2003, 4839:402 – 411.

[47] Bonaccini D, Allaert E, Araujo C, et al. The VLT Laser Guide Star Facility[J]. Proceedings of SPIE,

2003, 4839: 381 – 392.

[48] Rabien S, Davies R I, Ott T, et al. Test Performance of the PARSEC Laser System[J]. Proceedings of SPIE, 2004, 5490: 981 – 988.

[49] Jeys Thomas H. Development of a mesospheric sodium laser beacon for atmospheric adaptive optics[J]. The Lincoln Laboratory Journal, 1991, 4(2): 133 – 150.

[50] 吕彦飞, 檀慧明, 钱龙生. 激光二极管阵列抽运 Nd:YAG 腔内双波长运转 589nm 和频激光器[J]. 中国激光, 2006, 33(4): 438 – 442.

[51] 耿爱丛, 薄勇, 毕勇, 等. V 型腔腔内和频产生 3W 连续波 589nm 黄光激光器[J]. 物理学报, 2006, 55(10): 5227 – 5230.

[52] Bo Yong, Geng Aicong, Lu Yuanfu, et al. A 4.8 – W M^2 = 4.6 continuous – wave intracavity sum – frequency diode – pumped solid – state yellow laser[J]. Chin. Phys. Lett., 2006, 23(6): 1494 – 1497.

[53] 梁兴波, 苑利钢, 姜东升, 等. 10.5W 准连续波 589nm 黄光激光器[J]. 激光与红外, 2008, 38(9): 876 – 878.

[54] Kibblewhite E J, Fang Shi. Design and field tests of an 8 watt sum – frequency laser for adaptive optics[J]. SPIE, 1998, 3353: 300 – 309.

[55] Viswa Velur, Edward Kibblewhite, Richard Dekany, et al. Implementation of the Chicago sum frequency laser at Palomar laser guide star test bed[J]. Proceedings of SPIE, 2004, 5490: 1033 – 1040.

[56] Dekany R. Palomar Laser Guide Star Status[C] // UCLA Lake Arrowhead Conference, 2004.

[57] Richard Dekany, Viswa Velur, Hal Petrie, et al. Laser guide star adaptive optics on the 5.1 meter telescope at Palomar Observatory[C] // Amos Technical Conference Proceeding, 2005.

[58] Denman C A, Hillman P D, Moore G T, et al. 20W CW 589nm sodium beacon excitation source for adaptive optical telescope applications[J]. Optical Materials, 2004, 26: 507 – 513.

[59] Denman C A, Hillman P D, Moore G T, et al. 50 – W CW Single Frequency 589 – nm FASOR[J]. OSA Trends in Optics and Photonics, Advanced Solid – State Photonics, 2005, 85: 698 – 702.

[60] Denman C A, Hillman P D, Moore G T, et al. Realization of a 50 – watt facility – class sodium guidestar pump laser[J]. Proceedings of SPIE, 2005, 5707: 46 – 49.

[61] Denman C A, Hillman P D, Moore G T, et al. The Starfire Optical Range sodium guidestar FASOR[J]. Proceedings of the twenty – first annual solid state and diode technology review, Albuquerque, New Mexico, 2008.

[62] Drever R W P, Hall J L, Kowalski F V. Laser phaser and frequency stabilization using an optical resonator [J]. Applied Physics B, 1983, 31: 97 – 105.

[63] Tracy A J, Hankla A K, Camilo Lopez, et al. High – power solid – state sodium beacon laser guidestar for the Gemini North Observatory[J]. Proc. of SPIE, 2004, 5490: 998 – 1009.

[64] Hankla A K, Jarett Bartholomew, Ken Groff et al. 20W and 50W solid – state sodium beacon guidestar laser systems for the Keck I and Gemini South telescopes[J]. Proc. of SPIE, 2006, 6272: 1 – 9.

[65] Ian Lee, Munib Jalali, Neil Vanasse, et al. 20W and 50W guidestar laser system update for the Keck I and Gemini South telescopes[J]. Proc. of SPIE, 2008, 7015, 1 – 11.

[66] Nicholas Sawruk, Ian Lee, Munib Jalali, et al. System overview of 30W and 55W sodium guide star laser systems[J]. Proc. of SPIE, 2010, 7736, 1 – 8.

[67] Lu Yuanfu, Xie Shiyong, Bo Yong, et al. Generation of tunable and narrow linewidth continuous – wave yellow laser by sum – frequency mixing of diode – pumped solid – state Nd:YAG ring lasers[J]. Optics Communications, 2009, 282: 3573 – 3576.

[68] 许祖彦,谢仕永,薄勇,等.30W级第二代钠信标激光器研究[J].光学学报,2011,31(9):101-103.

[69] 鲁燕华,张雷,马毅,等.高效率PPSLT准相位匹配和频钠导星激光器[J].光学学报,2010,30(8):2306-2310.

[70] 鲁燕华,谢刚,庞毓,等.340mJ全固态钠信标激光器[J].中国激光,2012,37(7):203.

[71] Lu Yanhua, Fan Guobin, Ren Huaijin, et al. High-average-power narrow-line-width sum frequency generation 589nm laser[J]. Proc. SPIE, 2015, 9650:81-87.

[72] 王志超,杜晨林,阮双琛.全固态黄光激光器研究进展[J].激光与光电子学进展,2008,45(1):29-36.

[73] 刘波,张行愚,王青圃,等.LD抽运Nd:YVO4自拉曼倍频黄光激光器[J].光子学报,2007,36(10):1777-1779.

[74] 王正平,胡大伟,张怀金,等.外腔式BaWO4拉曼激光器[J].红外与激光,2009,38(4):683-686.

[75] 胡大伟,王正平,张怀金,等.外腔型YVO4拉曼激光器[J].光学精密工程,2009,17(5):975-979.

[76] 杜晨林,王志超,阮双琛.LD泵浦Nd:YVO4自拉曼1176nm激光器[J].深圳大学学报理工版,2008,25(4):418-421.

[77] Duering Malte, Vesselin Kolev, Davies B L. Generation of tuneable 589nm radiation as a Na guide star source using an optical parametric amplifier[J]. Optics Express, 2009, 17(2):437-446.

[78] Pennington D M, Beach R, Dawson J, et al. Compact fiber laser approach to generating 589nm laser guide stars[J]. CLEO, 2003.

[79] Pennington D M, Dawson J W, Drobshoff A, et al. Compact fiber laser for 589nm laser guide stars generation[J]. CLEO, 2005.

[80] Davson J W, Drobshoff A D, Beach R J, et al. Multi-watt 589nm fiber laser source[C]. Proc. of SPIE, 2006, 6102:1-9.

[81] Sharma. 1.52W frequency-doubled fiber based continuous wave orange laser radiation at 590nm[J]. Rev Laser Eng, 2005, 33(2):130-131.

[82] Georgiev et al. Watts-level frequency doubling of a narrow line linearly polarized Raman fiber laser to 589nm[J]. Optics Express, 2005, 13(18):6772-6776.

[83] Taylor Luke R, Yan Feng, Calia D B, et al. Multi-Watt 589-nm Na D2-line Generation via Frequency Doubling of a Raman Fibre Amplifier:A source for LGS-assisted AO[J]. Proc. of SPIE, 2006, 6272:1-9.

[84] Taylor Luke, Yan Feng, Calia D B. High power narrowband 589nm frequency doubled fibre laser source[J]. Optics Express, 2009, 17(17):14687-14693.

[85] Yan Feng,Taylor Luke, Calia D B. 25W Raman-fiber-amplifier-based 589nm laser for laser guide star[J]. Optics Express, 2009, 17(21):19021-19026.

[86] Yan Feng, Taylor Luke, et al. 39W narrow linewidth Raman fiber amplifier with frequency doubling to 26.5W at 589nm[J]. presented at Frontiers in Optics, San Diego, 2009, post-deadline paper PDPA4.

[87] Calia D B, Yan Feng, Hackenberg W, et al. Laser development for sodium laser guide stars at ESO[J]. Telescopes and Instrumentation, 2010, 139:12-19.

[88] Yan Feng, Taylor Luke R, Calia D B. 150W highly-efficient Raman fiber laser[J]. Optics express, 2009, 17(26):23678-23683.

[89] Taylor L R, Yan Feng, Calia D B. 50W CW visible laser source at 589nm obtained via frequency doubling of three coherently combined narrow-band Raman fibre amplifiers[J]. Optics Express, 2010, 18(8):8540-8555.

[90] Clements W R, Kaenders W. High-power guidestar lasers are ready for next-generaion AO astronomy

[OL]. http://www.laserfocusworld.com.

[91] 张磊, 冯衍. 新型拉曼光纤钠导星激光器的研究[C]// 中国工程物理研究院青年激光论坛, 2014.

[92] Fllahi M, Li F, Kaneda Y, et al. 5 – W yellow laser by intra cavity frequency doubling of high – power vertical – external – cavity surface – emitting laser[J]. IEEE Photonics Technology Letters, 2008, 11:1700.

[93] Cwynar R, Mussler B, Shaffer M K, et al. Diode Laser Pump source of sodium vapor laser[C]// Eleventh Annual Directed Energy Symposium, 2008.

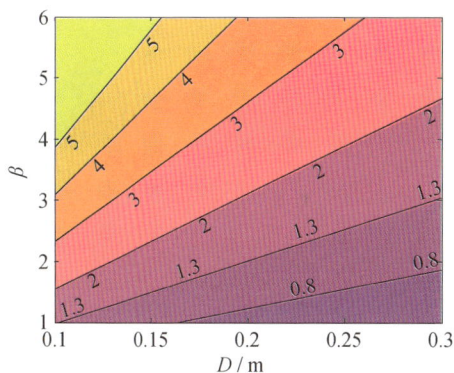

图 4 - 1　$D_b < r_0$ 时的钠导星直径等高图

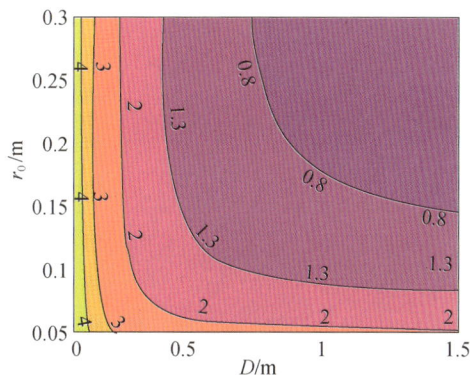

图 4 - 2　$D_b > r_0$ 时的钠导星直径等高图

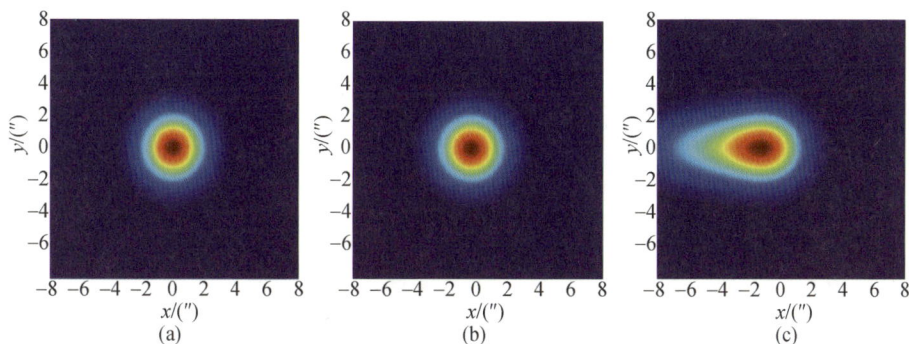

图 4 - 4　不同收发间距的钠导星子孔径成像光斑形态

(a)收发间距 0;(b)收发间距 5m;(c)收发间距 10m。

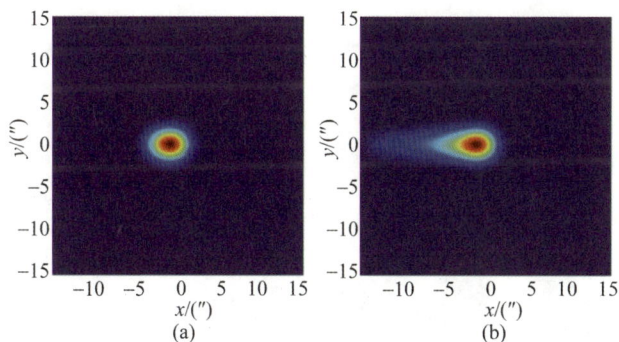

图 4 - 5　不同曝光时长的瑞利导星光斑图像(15km 高度、5m 收发间距)

(a)采样时间 5μs;(b)采样时间 10μs。

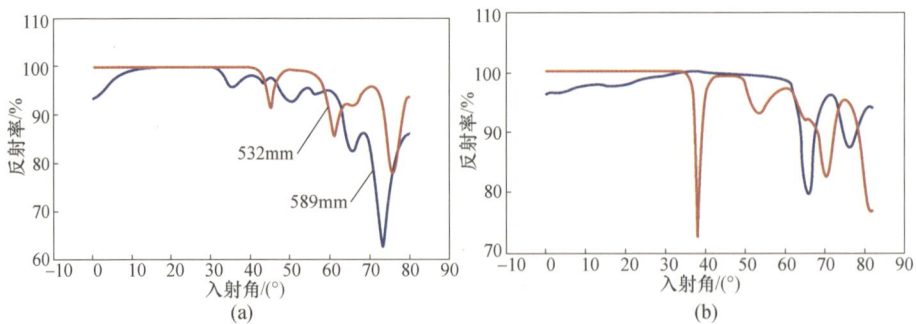

图 4 - 7　不同入射角要求条件下膜系设计曲线

（a）入射角 22.5°；（b）入射角 45°。

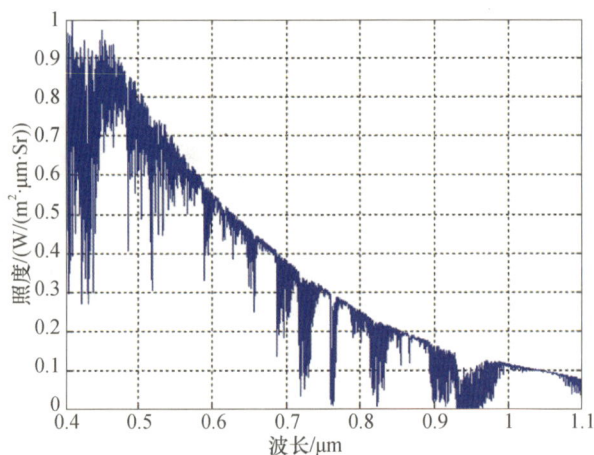

图 4 - 10　晴朗天空的相对光谱亮度的典型分布

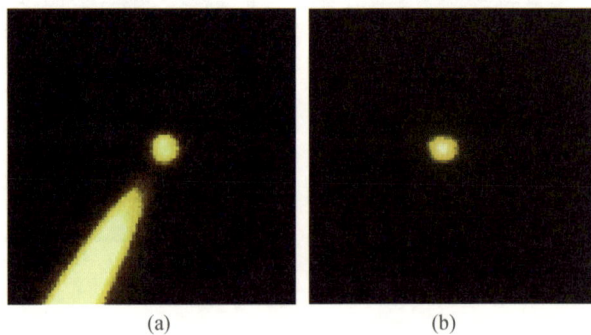

图 4 - 32　采用复合选通技术获得的钠导星图像

（a）未采用选通；（b）复合选通。

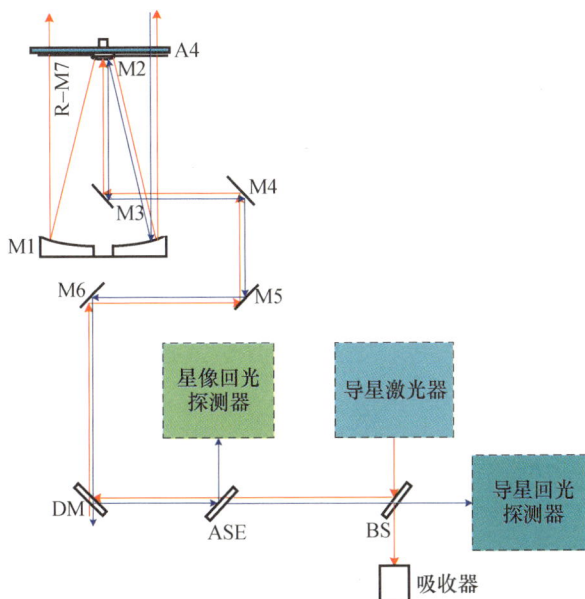

图 4 - 37　半反半透耦合收发工作方式示意图

M1—主镜；M2—副镜；M3 ~ M6—高反镜；DM—变形镜；ASE—分色镜；PS—偏振分光镜。

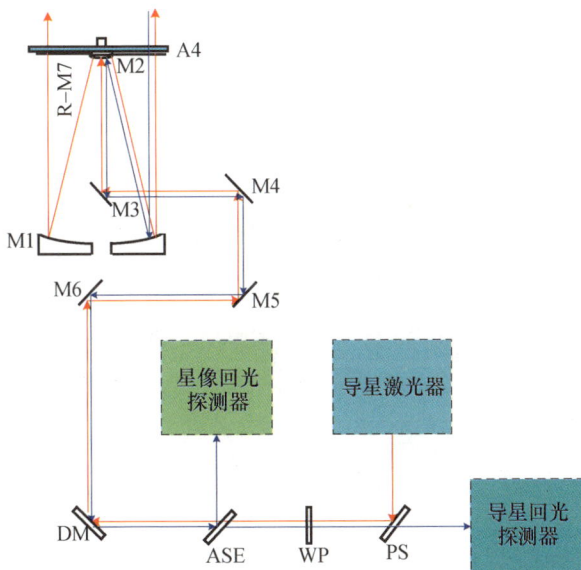

图 4 - 38　偏振耦合分光的导星激光系统

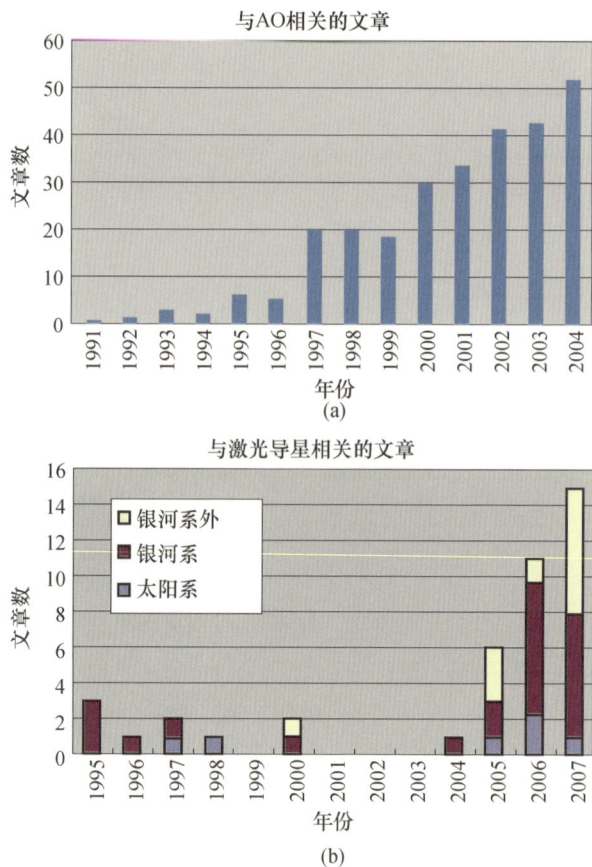

与AO相关的文章

(a)

与激光导星相关的文章

(b)

图4-50　自适应光学及激光导星文献统计

（a）自适应光学系统；（b）基于导星的自适应光学系统。

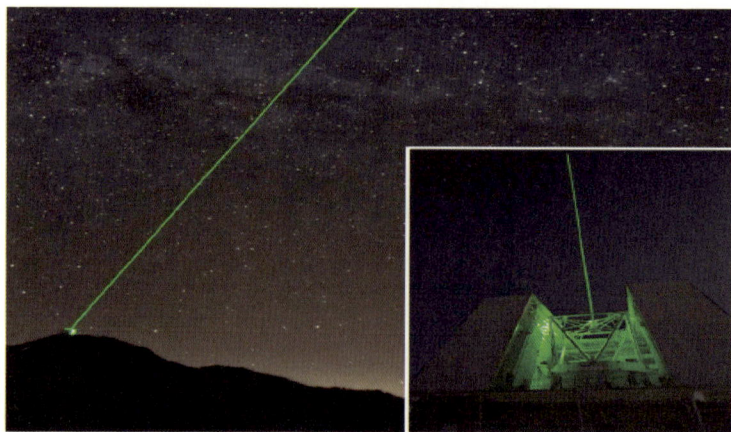

图4-54　MMT望远镜

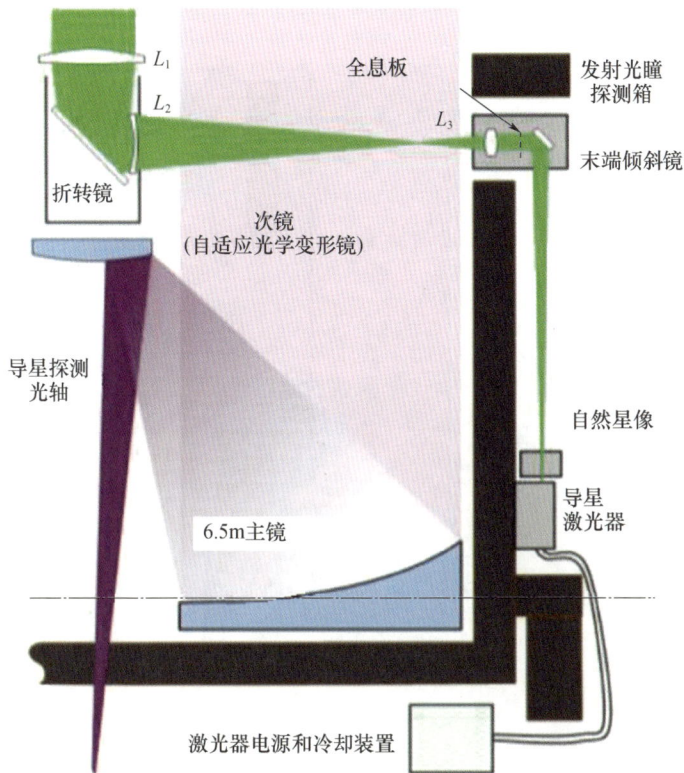

图 4－55　MMT 望远镜的发射接收光路

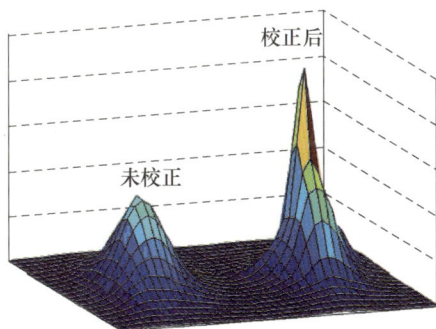

图 4－56　MMT 望远镜试验结果

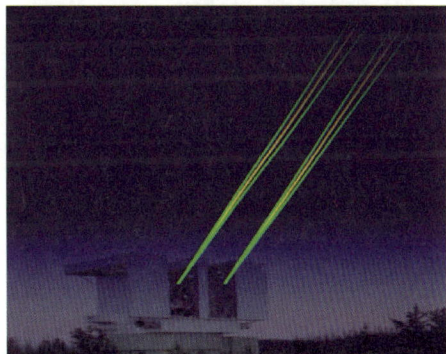

图 4－59　双目望远镜

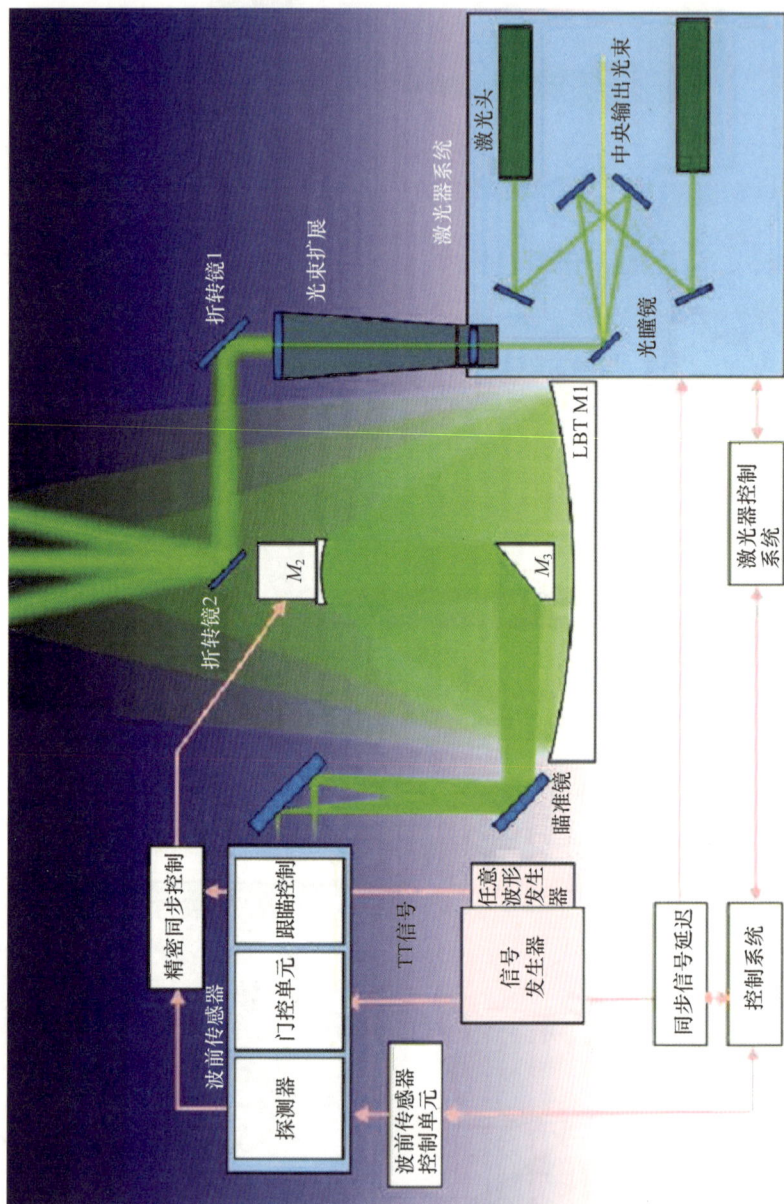

图4-60 双目望远镜发射接收光路

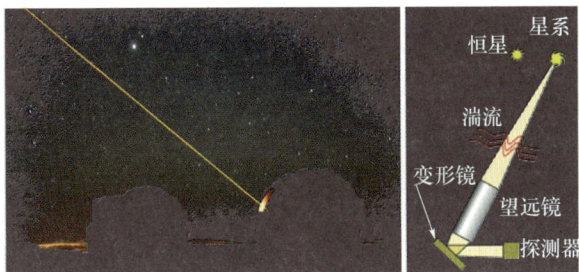

图 5 - 6   凯克天文台的钠导星

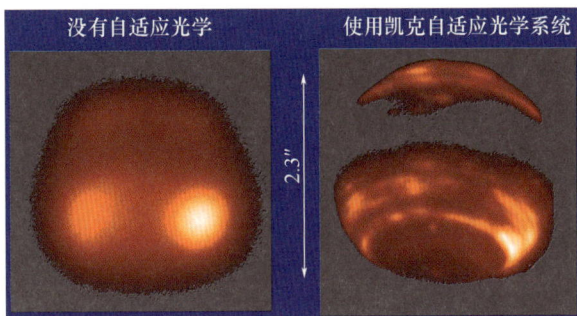

图 5 - 7   AO 开闭环时海王星的观测图片

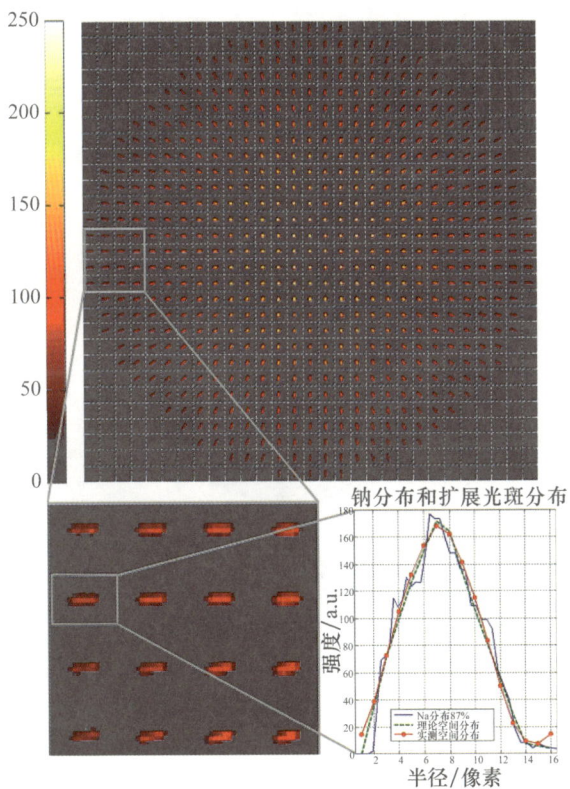

图 5 - 13   模拟试验获得的径向拉长导星光斑阵列图像

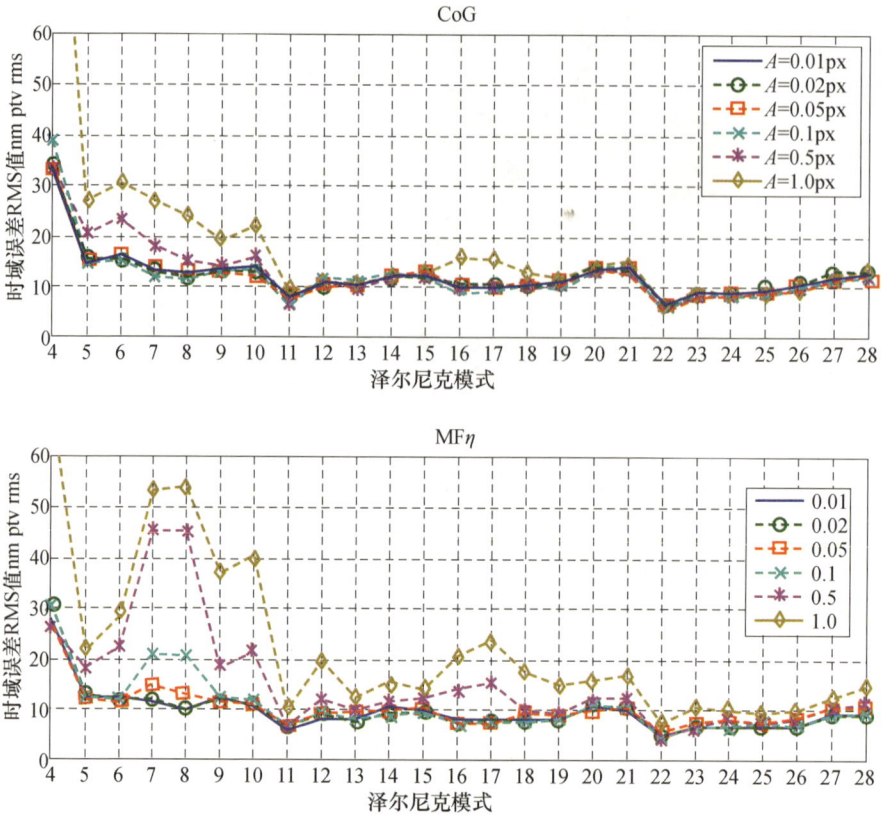

图 5 – 15　CoG 法与 MF 法对不同幅度扩展导星波前重构模式差异

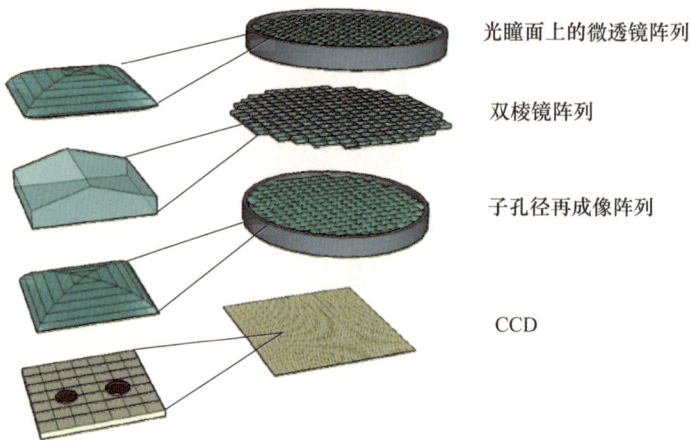

图 5 – 21　双棱镜阵列成像结构示意图

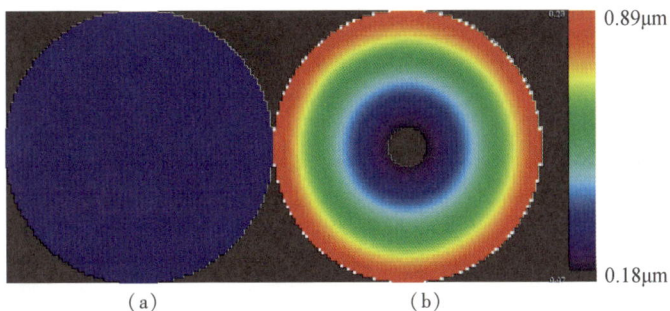

图 5 – 23　近地层每个子孔径光程差

（a）双棱镜阵列,50 个光子/子孔径;（b）HS – WFS,100 个光子/子孔径。

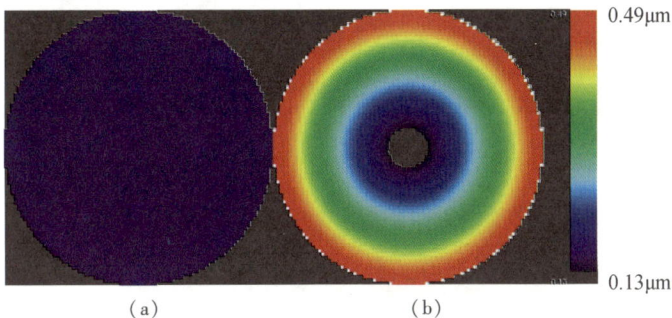

图 5 – 24　近地层每个子孔径光程差

（a）双棱镜阵列,100 个光子/子孔径;（b）HS – WFS,200 个光子/子孔径。

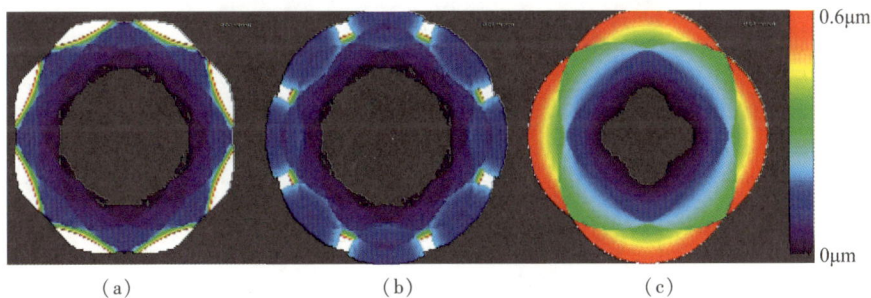

图 5 – 26　12km 高度测量结果

（a）200 光子/子孔径、仅有双棱镜阵列;（b）200 光子/子孔径、双棱镜 + 四棱锥阵列;

（c）400 光子/子孔径的传统 HS – WFS。

图 8-5　Parsec 染料激光器装置照片

图 8-8　宏微脉冲体制 CFSL 激光器装置照片

图 8-10　钠导星激光器在"星火光学靶场"中的应用

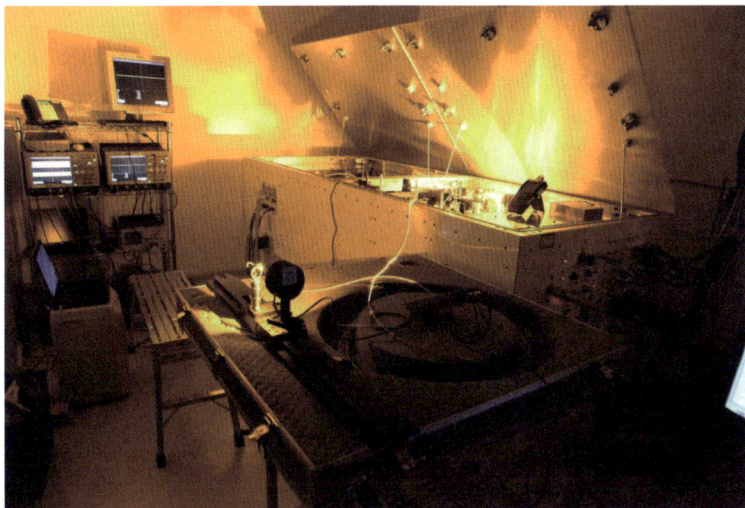

图 8 - 12　LMCT 连续锁模激光器在凯克天文台

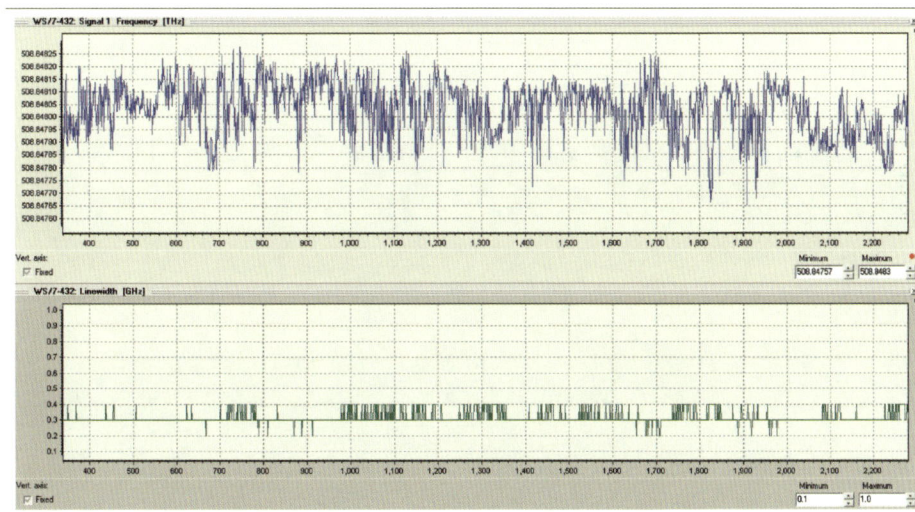

图 8 - 14　589nm 激光线宽与波长稳定性测量结果

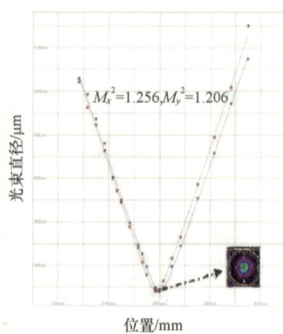

图 8 - 15　钠导星激光器局部照片及光束质量